U0077805

對本書的頌譽

《程式設計守則》結合了各種對於初學者絕佳的引導，還有許多精妙的內容，甚至連專家都能受用。Zimmerman 還讓本書一直維持很好玩的感覺——他用事實證明，想保持有趣又兼具教育性，確實是做得到的。

— *PlayStation 4/5 首席系統架構師 Mark Cerny*

《程式設計守則》針對初出茅廬以及有點經驗的程式設計者，提供了許多深刻的見解。Zimmerman 的個人風格確實讓本書成為一本很有趣的讀物；在如今這個時代，各種技術已逐漸滲透到商業與社會的各個層面，該如何做出更好的軟體，本書的 21 條守則確實做出了很重要的貢獻。

— *Paul Daugherty，Accenture* 集團
首席技術執行兼首席技術長

《程式設計守則》充滿各種實用的經驗法則，任何軟體工程師都能用它來提高自己的技能。我很慶幸自己在職業生涯早期，就能直接從 Chris 身上學到這些經驗教訓，並把這些經驗成功應用到各種軟體領域中。現在有了這本書，你就有機會享受到同樣的待遇了。

— *Chris Bentzel*，波士頓動力（*Boston Dynamics*）公司軟體總監

程式設計守則
如何寫出更好的程式碼

The Rules of Programming
How to Write Better Code

Chris Zimmerman 著

藍子軒 譯

© 2024 GOTOP Information, Inc. Authorized Chinese Complex translation of the English edition of The Rules of Programming ISBN 9781098133115 © 2023 Chris Zimmerman. This translation is published and sold by permission of O'Reilly Media, Inc., which owns or controls all rights to publish and sell the same.

目錄

前言

歡迎閱讀《程式設計守則》。這是一整套好記又好用的守則，可以幫助你寫出更好的程式碼。程式設計還蠻困難的，不過只要遵守一些守則，整件事就會變得容易一點了。

以下就是閱讀本書的一些小建議：

- 所有的守則全都是獨立的。如果你在目錄裡看到某個看起來很有趣的守則，想直接跳過去閱讀，這樣完全沒問題，請隨意就好。本書完全支援這樣的閱讀模式。

- 話雖如此，不過我還是建議先從守則 1：「越簡單越好、但也不能太過於簡單」開始。因為它可以說是其他所有守則的良好基礎。

- 書中的範例都是用 C++ 寫的。如果你是一個 Python 或 JavaScript 的程式設計者，在你深入瞭解各種守則之前，請先閱讀附錄 A「Python 程式設計者如何看懂 C++」或附錄 B「JavaScript 程式設計者如何看懂 C++」，這樣你在閱讀本書時會比較順利一點。你可以把這兩個附錄當成試金石（Rosetta Stones），學習如何把 C++ 轉換成你比較熟悉的概念。如果你有其他程式語言的經驗，但還是覺得 C++ 範例實在很難理解，我建議你可以先去看看 Rosetta Code（*https://oreil.ly/Rr2BL*）這個了不起的網站。

- 如果你是 C++ 程式設計者，請注意我在程式碼範例裡簡化了一些東西，希望能讓非 C++ 程式設計者更容易閱讀。舉例來說，本書範例有些地方會使用帶有正負號的整數，但 C++ 程式更常用的是不帶正負號的整數，而且我也把帶正負號與不帶正負號的值之間進行隱式轉換的警告停用掉了。我還使用了隱晦的「using std」設定來對範例進行編譯，以避免出現大量的「std::」分散掉各位的注意力。

- 最後要說的是，每次我提到書裡的**守則**時，都會用「括號包起來」的形式把守則呈現出來。如果你看到的是沒有用括號包起來的規則，那就只是一條普通的舊規則，而不是我正式認可的守則。如果沒有用括號包起來做區分，兩者之間的區別就很容易讓人搞不清楚；希望各位能理解我的做法。

希望你能盡情享受後續的內容！我想你應該可以發掘出一些有用的想法，幫助你提高程式設計的技能。

寫程式的女生

本書所有的版稅全都歸 Girls Who Code（寫程式的女生）（*https://oreil.ly/QyCTX*）所有，這個組織致力於幫助年輕女性發現程式設計的好處。我大學畢業時，資訊科學相關科系的畢業生有超過三分之一是女性；但如今卻越來越接近五分之一了。我認為，如果性別比例更平衡一點，應該會更有代表性，我們大家也會過得更好。或許你也會過得更好。你可以透過捐款或志願服務的方式來支持 Girls Who Code，這將會是實現此一希望的一小步。

本書編排慣例

本書使用以下排版約定慣例：

斜體字（*Italic*）

　　用來表示新術語、URL、電子郵件地址、檔案名稱和副檔名。中文以楷體表示。

定寬字（`Constant width`）

　　用來表示程式碼，或是在內文中引用到的程式碼元素（例如變數、函式名稱、資料庫、資料型別、環境變數、程式語句和關鍵字）。

使用程式碼範例

各位可以從 *https://oreil.ly/rules-of-programming-code* 下載到一些補充資料（程式碼範例、練習等）。

如果你在使用程式碼範例時，遇到一些技術上的問題或疑問，請發送電子郵件至 *bookquestions@oreilly.com*。

本書的目的主要是協助你完成工作。一般來說，本書所提供的範例程式碼，都可以在你的程式碼和文件裡使用。除非你要大量複製本書的程式碼，否則並不需要聯繫我們以獲得許可。舉例來說，你如果寫出一個程式，使用到本書裡的幾段程式碼，這樣並不需要先獲得我們的許可；如果你要販賣或銷售 O'Reilly 書籍裡的範例程式碼，則需要先獲得我們的許可。引用本書的內容或範例程式碼來回答問題，並不需要先獲得許可；把本書大量的範例程式碼合併到你的產品文件中，就要先獲得許可。

我們並不要求一定要註明引用的出處，但如果你這麼做，我們會很感謝你。註明出處時，通常包括書名、作者、出版商和 ISBN。舉例來說：「*The Rules of Programming* by Chris Zimmerman (O'Reilly). Copyright 2023 Chris Zimmerman, 978-1-098-13311-5」。

如果你覺得自己對程式碼範例的使用方式，可能不屬於合理使用或上述的許可範圍，請隨時透過 *permissions@oreilly.com* 與我們聯繫。

致謝

首先，感謝我那可愛又才華洋溢的妻子 Laura，她鼓勵我花時間去寫這本書，而不是去做我原本能做的其他事情。

我非常感謝所有幫助本書發展出各種守則的人。這些人包括過去、現在所有 Sucker Punch 公司的程式設計者，因為無論是有意無意，你們確實都做出了貢獻，尤其是 Apoorva Bansal、Chris Heidorn、David Meyer、Eric Black、Evan Christensen、James McNeill、Jasmin Patry、Nate Slottow、Matt Durasoff，Mike Gaffney、Ranjith Rajagopalan、Rob McDaniel、Sam Holley、Sean Smith、Wes Grandmont 和 William Rossiter。

我還要感謝所有非 Sucker Punch 公司的外部人士，為我提供了各種不同角度的視野：Adam Barr、Andreas Fredriksson、Colin Bryar、David Oliver、Max Schubert、Mike Gutmann 和 Seth Fine。

特別要感謝那些大無畏的前期讀者們，他們仔細閱讀過本書的每一條守則：Adrian Bentley、Bill Rockenbeck、Jan Miksovsky 和 Julien Merceron。我必須很正式的說，這次真的欠了你們一個人情。

最後我要感謝 O'Reilly 團隊裡的每個人，在我一路摸索如何寫出本書的過程中，一直很有耐心給我各種指導：Charles Roumeliotis、Gregory Hyman、Libby James、Mary Treseler、Sara Hunter、Suzanne Huston，尤其是 Sarah Grey，她一直很努力篩選掉我堅持要添加的一些無趣的笑話，其實這真的是幫了你們其他人很大的一個忙。

這些守則是怎麼來的？

本書的這些程式設計守則，其實是來自一堆令人抓狂的經驗。

我曾在微軟待了大約十年左右，在微軟負責管理程式設計團隊，然後在 1997 年和朋友一起創立了 Sucker Punch 這家遊戲公司。這兩家公司都算是相當成功——因為大體上來說，這兩家公司都能招募到相當優秀的人才，也能培養出一流的程式設計團隊。對於 Sucker Punch 公司來說，這一點直接導致我們公司 25 年以來，獲得了相當成功的遊戲開發成果。我們開發了三款《Sly Cooper》系列遊戲，讓各年齡層的孩子都能體驗到浣熊大盜 Sly Cooper 與他的小伙伴們驚險刺激的生活。我們也開發了五款《inFamous》系列遊戲，賦予遊戲玩家各種超能力，讓玩家可以自由選擇如何運用超能力來行善或作惡。後來我們還推出了《對馬戰鬼》（*Ghost of Tsushima*）這個代表作，玩家在遊戲中扮演一個孤獨的武士，獨自一人反抗 1274 年入侵日本的大軍 [1]。

微軟與 Sucker Punch 公司的招聘策略，大多是僱用年輕、聰明的程式設計者，然後再把他們訓練成專業的開發者。不可否認，這種做法相當成功，但同時也給我們帶來某些很特殊的挫折感。

我發現自己總是反覆遇到一些同樣的問題。我們幫團隊找來的新程式設計者，通常都是剛從大學畢業的新人。我在審視他們的程式碼時，經常發現他們會引進一些新功能，來解決某個非常簡單的問題——我發現他們都想要解決更大的問題，至於原本想解決的那個非常簡單、非常具體的問題，往往只不過是他們的解法其中一個小小的案例而已。

哎呀呀！其實很多時候我們並不需要去解決什麼大問題；就算想解決，也不是現在呀！那種能夠解決大問題的做法，對於我們所遇到的小問題來說，往往都是比較平庸的解法——不但用起來比較複雜，理解起來也比較複雜，而

1　眼尖的人或許已經注意到，我遺漏了 Sucker Punch 公司的第一款遊戲《Rocket: Robot on Wheels》。這其實是因為，你們大概很少有人玩過這個遊戲吧；如果你是少數玩過此遊戲的人，請受我一拜。

且還有可能把更多的 bug 隱藏起來。可是，在程式碼審查階段[2]（此時我們並不需要去解決大問題，只要去解決自己所能理解的問題就行了）貿然去嘗試解決大問題，實在是很沒效率的做法。即使如此，大家還是死性不改，怎麼講都講不聽。

因為我實在太沮喪，所以我的態度開始強硬了起來。「好吧，」我說：「新守則如下。除非你能針對同樣的問題舉出三個例子，否則絕不能採用通用化的解法。」

讓我感到很驚訝也很欣慰的是，這竟然是個很有效的做法！把「一般通用的理念」轉化成「具有實際標準的守則」，真的是成功傳達某種理念的有效做法。當然，我們大多數的新程式設計者，都曾犯過「太早去考慮通用性」的錯誤，而這個守則確實可以幫助他們，避免一再犯下這樣的錯誤。而且，這還可以幫助他們認識到，什麼時候才應該「考慮採用通用化的做法」。能舉出的例子還不到三個？那就別去考慮什麼通用性了吧。超過三個以上呢？這樣就可以開始考慮有沒有通用化的機會了。

這條守則之所以奏效，是因為它很好記，而且守則可適用的情況也很容易分辨。如果程式設計者碰到某個明確的問題，就想開始考慮某種通用的做法，這時候他可以先退一步，先算一下這問題能找出幾個具體的例子，然後他往往就能做出更好的判斷，決定要不要採取通用的做法。這樣一來，他們往往就能寫出更好的程式碼。

隨著時間的推移，我們發現 Sucker Punch 公司這一整套理念，可以提煉成幾句很好記的小短句——準確來說，應該叫做格言才對。格言這東西很早之前就有了——格言總是可以透過一些簡短、精闢的陳述，擷取出一些很基本的真理。我敢打賭，你隨隨便便就能想出幾句來。就算我給你一些限制，只能說鳥類相關的格言，你還是可以隨便想出至少兩句以上！我就先來說幾句好了：

- 小雞孵出來之前，先別急著算有幾隻[3]。

- 一鳥在手，勝過二鳥在林。

- 早起的鳥兒有蟲吃。

- 別把雞蛋放在同一個籃子裡。

像這樣的格言之所以廣為流傳，主要是因為它確實很管用。如果用現代的說法，這就像是「病毒式傳播」——幾千年來，格言一直用它所蘊含的智慧來「感染」每個人 [4]。Sucker Punch 公司之所以選擇這樣的方式，把程式設計理念傳染給團隊的新成員，這也沒什麼好奇怪的。

所以，我們就這樣一點一滴從一條一條的守則，演化出一整套守則——也就是本書所要談的「程式設計守則」。這些守則代表了 Sucker Punch 公司工程文化的許多重要面向：我們認為它造就了我們的成功，而且也是我們團隊裡每個新成員必須好好學習，才能變得更有效率的一些想法。即使像我這樣的程式設計老手，偶爾也需要自我提醒一下！

接下來每一章都會說明一條守則，並提供了大量的範例，來說明其背後的想法。每讀完一章，你應該就會更清楚瞭解，該守則所鼓勵的程式設計實務做法，以及可適用的情境。

這些守則用書本的形式來呈現，能不能同樣具有傳染性呢？且讓我們拭目以待吧。

4　**「格言」**（*aphorism*）這個詞是 Hippocrates 在西元前 400 年左右創造出來的。好吧，嚴格來說，他所創造的其實是 Αφορισμός。這是他一本關於醫學診斷和治療守則的書名，其中有一些守則在經過幾千年之後，直到現在還是很有道理，例如第 6 節的第 13 句格言——「打噴嚏可以治癒打嗝」。這實在說得太對了。

如果你不認同這裡的
守則，該怎麼辦？

我並不希望你完全認同這裡所有的 21 條守則。

如果你發現自己只是很有禮貌的點點頭，對每條守則和我所舉的例子略表贊同──「哦，是呀，是有點道理，這例子感覺很熟悉，我以前也有過這樣的想法，只是我用不同的語言來描述而已」──呃……那這樣就沒有達到我的目的了。

我希望能給你一些東西，讓你有所啟發。理想情況下，也許可以啟發出一、兩個新的見解。我希望可以用一個具體的名稱，來描述你曾經有過的某種模糊的感覺；也許你一直無法確定的某個東西，我可以給你一個清晰的範例。我甚至可以給你一些全新的東西，讓你去思考一下。

但是，你可能也會看到一、兩個實在無法認同的想法。你可能會覺得，有些東西我一定是完全搞錯了──某一條守則根本就是個糟糕的建議。

如果是這樣的話，那就太棒了！能夠找出某一條你強烈反對的守則，其實是件蠻好的事。但如果是不假思索、純粹反射式的拒絕掉某條規則，恐怕就只能說是你搞錯了。

我可以向你保證，本書所討論的守則，絕不會是全然錯誤的做法──至少它對「我們」來說確實是正確的，不過對「你」來說，的確有可能是錯誤的做法。理解這其中的道理，可以有助於你進一步理解、強化你自己的程式設計哲學。這也就表示，你可以瞭解到 Sucker Punch 公司與你自己的團隊之間有什麼差異；正是因為有這些差異，所以這些守則成為了我們公司文化的重要組成部分，但是對你的團隊來說卻不一定能夠合用。在這些守則的說明中，我們使用了一些 Sucker Punch 公司所製作的遊戲作為範例，這些例子應該足以說明，我們所設計的遊戲為何如此與眾不同。另外還有很多其他的東西，在本書的最後一章「結論：制定出你自己的守則」也會進行討論。

每當我遇到一些程式設計理念，與我自己的經驗並不一致時，我發現下面這樣的自我協調程序，還蠻有幫助的：

1. 與其看它有什麼問題和缺陷，不如試著找看看其中是否蘊含什麼真理。或許我並不贊同某個理念，但那其實有可能是因為，我自己懷有不同的假設。或許可以嘗試想想看，那樣的理念在什麼情況下是正確的？

2. 也可以嘗試從另一個角度來看問題。我不認同該理念的相反觀點，在什麼情況下會是錯誤的？在什麼樣的情況下，該理念的正確性會發生變化？

3. 請注意，情況總是會有所變化。也許某個理念現在對你來說或許是錯誤的，但是對你的下一個專案來說，卻有可能是正確的。這時候你就是來到了另一種新的情況，你的理念也需要隨之改變；或許你就是陷入了那樣的情況，你一定要保持警戒才行。

像上面那樣的程序，我自己就已經經歷過很多次了。舉例來說，測試驅動開發（TDD）對我而言就是如此。以我們 Sucker Punch 公司的經驗來說，這個做法實在很難徹底實現；話雖如此，但它所蘊含的真理，對我們來說還是很明顯。隨後你就會在我們的守則裡看到，我們所遇到的情況會讓 TDD 的做法變得很尷尬，但是我們也知道，那樣的情況確實有可能改變。我們會一直保持很警惕的心態；如果情況確實發生了變化，我們的理念也會隨之改變。

因此，就算你看到很令你感到反感的守則，我還是希望你可以在其中找到有價值的東西……不過你如果選擇採取不同的因應之道，我也完全可以理解，就像 Dorothy Parker 所說的：

> 這並不是一本能夠輕鬆丟到一邊的小說。如果你真的想丟開它，那也要花很大的力氣才行。

如果你真的很想丟的話，建議找個軟軟的東西瞄準再丟吧。

越簡單越好、
但也不能太過於簡單

程式設計真的很困難。

我猜你早就知道了。你會把這本《程式設計守則》拿起來讀,就說明你可能:

- 具有程式設計的能力(至少算是略懂吧)
- 心情還蠻沮喪,因為程式設計真的沒有想像中簡單

程式設計之所以困難,有很多原因,不過我們也有很多不同的策略,可以讓它變容易一點。本書會精心挑選出一些「把事情搞砸」的常見做法,然後再審視一些能避開這些錯誤的守則。這全都是我自己多年來犯下許多錯誤,以及應對他人錯誤的一些經驗累積。

這些守則整體上來說都具有特定的模式,大多數守則背後都有個共同的主題。當年愛因斯坦為了說明理論物理學家的目標,曾經說過一句話,這句話正好可用來作為最好的總結:「越簡單越好、但也不能太過於簡單[1]。」愛因斯坦的意思是,最好的物理理論,就是有能力完整描述所有可觀察到的現象,其中最簡單的那個理論。

如果把這樣的想法套在程式設計領域,那就是 —— 任何問題的最佳解法,就是能滿足問題所有的要求,其中最簡單的那個做法。最好的程式碼,就是最簡單的那段程式碼。

---

[1] 幾乎可以肯定的是,愛因斯坦本人並沒有確切說過那樣的話——應該是後人把他說過的話稍作改編,才變成這樣的一句格言。在正式的書面記錄裡最接近的一句話是:「幾乎難以否認的是,所有理論最高的目標,就是讓一些無法再進一步簡化的基本元素,盡可能越少越簡單越好,同時在面對經驗上任何單一事物時,也不必為了找出適當的解釋而做出妥協。」所以囉,雖然在概念上幾乎是一樣的東西,但原本的說法確實沒那麼討喜啦。此外,愛因斯坦原始的說法,要拿來作為一條守則,感覺也過於冗長了。

想像一下，假設你正在寫程式，想要計算出任何整數在化為二進位之後，其中有幾個位元的值為 1。想要計算出結果，有很多種不同的做法。你或許可以運用一些位元操作技巧[2]，把每一個非零位元逐一歸零，再計算出有幾個位元被歸零：

```
int countSetBits(int value)
{
    int count = 0;

    while (value)
    {
        ++count;
        value = value & (value - 1);
    }

    return count;
}
```

你也可以選擇不採用迴圈的做法，直接利用位元平移和遮罩的操作，以平行的方式計算出非零位元的數量：

```
int countSetBits(int value)
{
    value = ((value & 0xaaaaaaaa) >> 1) + (value & 0x55555555);
    value = ((value & 0xcccccccc) >> 2) + (value & 0x33333333);
    value = ((value & 0xf0f0f0f0) >> 4) + (value & 0x0f0f0f0f);
    value = ((value & 0xff00ff00) >> 8) + (value & 0x00ff00ff);
    value = ((value & 0xffff0000) >> 16) + (value & 0x0000ffff);

    return value;
}
```

或者你也可以採用下面這種最簡單明瞭的寫法：

```
int countSetBits(int value)
{
    int count = 0;

    for (int bit = 0; bit < 32; ++bit)
    {
        if (value & (1 << bit))
            ++count;
    }
```

---

2 在這裡要先向所有非 C++ 程式設計者道個歉，因為接下來的三個範例都會用到一些位元相關的操作。我向各位保證，本書其餘部分就不太會用到位元相關操作了。

```
        return count;
    }
```

前兩種解法都很巧妙……但我這樣說並不是稱讚的意思[3]。如果只是很快看一眼，你應該也搞不太清楚前兩種解法實際的工作原理吧——這兩種解法的程式碼，其實都隱藏了「等一下……這是什麼意思呀？」這樣的東西。只要稍微想一下，你或許就能搞懂怎麼回事，並且看出其中所採用的技巧其實還蠻有趣的。不過，你終究還是要多花點力氣，才能搞清楚怎麼回事。

況且在這個例子裡，你其實已經先佔有先天上的優勢了！我一開始就已經先告訴你這個函式的作用，然後才給你看程式碼，而且函式的名稱也可以明顯看出它的功用。如果你「並不知道」這些程式碼是用來計算位元值為 1 的數量，那你肯定要再多花點功夫，才能搞懂前兩段程式碼的功用。

至於最後一種解法，情況就不同了。它很明顯就是在計算位元值為 1 的數量。它所採用的做法再簡單也不過了，可是又不會太過於簡單，因此，它確實是比前兩種更好的解法[4]。

簡不簡單怎麼衡量呢？

有很多方法，可以讓程式碼變得更簡單。

你或許認為，可以根據團隊中其他人想要理解程式碼的難易程度，來衡量程式碼的簡單程度。如果隨機挑選的同事可以毫不費力讀懂你的程式碼，那麼你的程式碼就可以說是相當簡單。

或者你可能認為，可以用程式碼建立過程的難易程度，來衡量程式碼的簡單程度——你不但可以把輸入程式碼的時間考慮進來，還可以把程式碼功能完整而且沒有錯誤所需要花費的時間列入考量[5]。複雜的程式碼總需要很長的時間才能完全寫正確；簡單的程式碼則比較容易跨越那條名為「正確」的終點線。

---

3 在另一個平行宇宙裡，這叫做「聰明並不是一種美德」。

4 現代處理器有一條專用的指令，可用來計算出任何值其中非零位元的數量——例如在 x86 處理器中就是 popcnt，它只需要一個執行週期就能計算出結果。你也可以用 SIMD 指令來做這類的計算，速度甚至比 popcnt 還要快。但所有這些做法都很難理解，實際上可支援哪些指令，則取決於你所採用的是哪種處理器。除非有非常非常好的理由，我才會考慮去使用比較複雜的東西，否則我寧願使用最簡單的 countSetBits。

5 當然囉，這裡所說的「沒有錯誤」，是指在實驗的錯誤範圍內沒有錯誤。實際上，永遠都還是會有一些你尚未發現的 bug。

當然囉，這兩種衡量方式有很多重疊之處。很容易就能寫出來的程式碼，讀起來往往也比較容易懂。你當然也可以採用其他一些有效的衡量方式，來衡量程式碼的複雜程度：

寫了多少程式碼

比較簡單程式碼，往往都比較簡短一些，不過也有可能是因為把很多複雜性，全都塞進一行程式碼中了。

引入了多少構想

比較簡單的程式碼，總是比較傾向於採用團隊裡每個人都知道的概念作為基礎；它不會輕易引入一些需要重新思考問題的新方法或新術語。

解釋起來需要花多少時間

比較簡單的程式碼，往往比較容易解釋——在程式碼審查過程中，這一點就很明顯，因為這樣審查者才能迅速理解程式碼的意圖。比較複雜的程式碼，往往就需要許多額外的解釋與說明。

如果程式碼用某一種衡量方式來看很簡單，用另一種衡量方式來看應該也會很簡單才對。你只需要選出一些可以讓你最清楚聚焦的衡量方式就行了——我建議可以先考慮採用「比較容易建立」、「比較容易理解」的衡量方式。如果你能寫出很容易看懂的程式碼，而且很快就能派上用場，那你所建立的應該就是簡單的程式碼了。

⋯⋯但也不能太過於簡單

程式碼簡單一點確實很不錯，但它終究還是要能把問題解決才行。

想像一下，假設你每跨出一步，就會踏上一階、兩階或三階的階梯，然後你想計算出有多少種方法，可以爬完某階梯數量的梯子。如果梯子有兩階，就有兩種攀爬的方式——其中一種會踏上第一階，另一種則不會踏上第一階。類似的情況，如果要爬三階的梯子，就會有四種方式——只踏第一階、只踏第二階、第一、二階都踏，或是第一、二階都不踏，直接踏上第三階。四階的梯子就有七種方式，五階有十三種方式，其他則可依此類推。

你可以寫個簡單的程式碼，來進行遞迴運算：

```
int countStepPatterns(int stepCount)
{
    if (stepCount < 0)
        return 0;

    if (stepCount == 0)
        return 1;

    return countStepPatterns(stepCount - 3) +
            countStepPatterns(stepCount - 2) +
            countStepPatterns(stepCount - 1);
}
```

這段程式碼基本的想法是，如果要爬上梯子的最高一階，前一步肯定是在前三階的其中一階。只要把爬到前三階的方法數量全部加起來，就可以計算出爬到最高階的方法有多少數量了。有了這樣的理解之後，只要再把所謂的「基礎狀況」（base cases）搞清楚就行了。前面那段程式碼裡的基礎狀況，可以接受負值的步數，這樣一來就可以讓遞迴運算變得更簡單了。

遺憾的是，這個解法有點限制。沒錯，它確實是有效的做法，至少在 stepCount 值比較小的情況下沒什麼問題，不過 countStepPatterns(20) 計算完成的時間，大約會是 countStepPatterns(19) 的兩倍。電腦的計算速度確實很快，但像這種指數型成長的情況，很快就會讓電腦的速度不夠用了。在我個人的測試中，這段程式碼裡的 stepCount 只要來到二十幾左右，就會開始變得非常緩慢。

如果你想計算出爬梯子的方法數量，這段程式碼就太過於簡單了。最核心的問題在於，計算過程中 countStepPatterns 會被一次又一次重新計算，這也就直接導致執行時間呈現出指數型成長的結果。解決此問題其中的一個標準做法，就是用記憶體把計算過的值記起來，隨後又用到時再直接拿來用，做法如下：

```
int countStepPatterns(unordered_map<int, int> * memo, int rungCount)
{
    if (rungCount < 0)
        return 0;

    if (rungCount == 0)
        return 1;

    auto iter = memo->find(rungCount);
```

```
        if (iter != memo->end())
            return iter->second;

        int stepPatternCount = countStepPatterns(memo, rungCount - 3) +
                               countStepPatterns(memo, rungCount - 2) +
                               countStepPatterns(memo, rungCount - 1);

        memo->insert({ rungCount, stepPatternCount });
        return stepPatternCount;
    }

    int countStepPatterns(int rungCount)
    {
        unordered_map<int, int> memo;
        return countStepPatterns(&memo, rungCount);
    }
```

像這樣運用了記憶體的做法之後,每個值只要被計算過一次,就會被保存到一個雜湊對應表(hash map)中。後續在調用到相同的計算值時,就可以直接到雜湊對應表中找出計算值;由於這大概只需要固定長的時間,所以執行時間呈現指數型成長的情況就消失了。這個運用記憶體的做法,程式碼會稍微複雜一些,但這樣就不會遭遇到執行效能上的瓶頸了。

或許你也可以採用動態程式設計(dynamic programming)的做法,在概念複雜性方面做出一點犧牲,就可以讓程式碼本身變得更簡單一點:

```
    int countStepPatterns(int rungCount)
    {
        vector<int> stepPatternCounts = { 0, 0, 1 };

        for (int rungIndex = 0; rungIndex < rungCount; ++rungIndex)
        {
            stepPatternCounts.push_back(
                stepPatternCounts[rungIndex + 0] +
                stepPatternCounts[rungIndex + 1] +
                stepPatternCounts[rungIndex + 2]);
        }

        return stepPatternCounts.back();
    }
```

這種做法執行起來也夠快,而且比起運用記憶體的遞迴版本來說,又更簡單了。

有時候簡化問題比簡化解法更重要

原本最前面那個遞迴版本的 countStepPatterns，只要遇到階梯數量比較大的情況就會出問題。那段最簡單的程式碼，在階梯數量比較小的情況下非常有效，但是階梯數量變大之後，執行時間就會遇上指數型成長的瓶頸。隨後的版本雖然稍微複雜了一些，但以此作為代價，就可以避免指數型成長的問題……不過，這樣的做法很快就遇到了另一個不同的問題。

如果執行前面那段程式碼來計算 countStepPatterns(36)，可以得出正確的答案 2,082,876,103。但如果執行 countStepPatterns(37) 則會得到 –463,960,867 的結果。這顯然是不正確的！

這其實是因為我所使用的 C++ 版本，會把整數存為帶有正負號的 32 位元值，在計算 countStepPatterns(37) 時發生了位元溢出（overflow）的問題。爬上 37 階的方法有 3,831,006,429 種，這個數字實在太大了，根本無法放入一個帶有正負號的 32 位元整數之中。

所以，這段程式碼或許還是太過於簡單了。我們希望 countStepPatterns 這個函式可適用於任何數量的階梯，這好像也是合理的期待，對吧？ C++ 在面對超大的整數時，並沒有標準的解法，不過還是有（許多）開源的函式庫，可以實作出任意精度的各類整數。或者你也可以靠自己寫個幾十行程式碼，就能實作出來了：

```
struct Ordinal
{
public:

    Ordinal() :
        m_words()
        { ; }
    Ordinal(unsigned int value) :
        m_words({ value })
        { ; }

    typedef unsigned int Word;

    Ordinal operator + (const Ordinal & value) const
    {
        int wordCount = max(m_words.size(), value.m_words.size());

        Ordinal result;
        long long carry = 0;
```

```
            for (int wordIndex = 0; wordIndex < wordCount; ++wordIndex)
            {
                long long sum = carry +
                                getWord(wordIndex) +
                                value.getWord(wordIndex);

                result.m_words.push_back(Word(sum));
                carry = sum >> 32;
            }

            if (carry > 0)
                result.m_words.push_back(Word(carry));

            return result;
        }

    protected:

        Word getWord(int wordIndex) const
        {
            return (wordIndex < m_words.size()) ? m_words[wordIndex] : 0;
        }

        vector<Word> m_words;
    };
```

接著我們只要用 Ordinal 替換掉之前範例程式碼裡的 int，就能針對更多的
階梯數量計算出精確的答案：

```
    Ordinal countStepPatterns(int rungCount)
    {
        vector<Ordinal> stepPatternCounts = { 0, 0, 1 };

        for (int rungIndex = 0; rungIndex < rungCount; ++rungIndex)
        {
            stepPatternCounts.push_back(
                stepPatternCounts[rungIndex + 0] +
                stepPatternCounts[rungIndex + 1] +
                stepPatternCounts[rungIndex + 2]);
        }

        return stepPatternCounts.back();
    }
```

所以……問題解決了嗎？引入了 Ordinal 之後，就能針對更多的階梯數量，計算出準確的答案。當然，增加幾十行程式碼來實作出 Ordinal 並不是什麼特別棒的做法，尤其是考慮到實際上原本的 countStepPatterns 函式只有 14 行而已，難道這就是正確解決問題一定要付出的代價嗎？

這倒也不見得。如果問題本身並沒有簡單的解法，在接受比較複雜的解法之前，你還是可以先仔細審視一下所要解決的問題。你想要解決的問題，實際上真的是一定要解決的問題嗎？有沒有可能是你對問題做了沒必要的假設，所以你的解法也跟著複雜化了？

在這裡的例子中，如果你實際上要計算的對象是現實世界裡真實的階梯，或許你就可以假設階梯的數量有個最大值。如果階梯數量的最大值是 15，那麼本節裡的每個解法全都完全夠用了，就算是最簡單樸實的第一個遞迴解法，也不會有什麼問題。只要在程式碼裡添加一個 assert，提醒一下這個函式有個預設的限制，這樣也就行了：

```
int countStepPatterns(int rungCount)
{
    // 注意！(chris) 如果階梯數量超過 36 以上，
    // 計算出來的結果就會超出 int 的限制...

    assert(rungCount <= 36);

    vector<int> stepPatternCounts = { 0, 0, 1 };

    for (int rungIndex = 0; rungIndex < rungCount; ++rungIndex)
    {
        stepPatternCounts.push_back(
            stepPatternCounts[rungIndex + 0] +
            stepPatternCounts[rungIndex + 1] +
            stepPatternCounts[rungIndex + 2]);
    }

    return stepPatternCounts.back();
}
```

如果真的需要支援很大的階梯數量──比如處理風力發電機的檢查專用梯──只要能算出大概的估計值，這樣是否就足夠了呢？如果真是如此的話，只要改用浮點數去替換掉原本的整數型別，這也是非常容易做到的解法。這個解法實在太簡單了，我甚至連程式碼都懶得秀出來了。

你想想看，實際上不管是什麼東西，到最後終究會遇到東西滿出來放不下的溢出（overflow）問題。為了解決這種極端的臨界狀況，結果總是會讓我們引入太過於複雜的解法。請不要為了解決問題中最嚴格的情況，而掉入這樣的陷阱之中。你應該針對實際需要解決的部分，提供一個簡單的解法，而不要為了更廣泛解決所有的情況，反而提出更複雜的解法；務實而簡單的解法肯定是比較好的。如果無法簡化你的解法，或許你可以先嘗試簡化你要解決的問題。

簡單的演算法

有時候，如果選擇了不恰當的演算法，就會增加程式碼的複雜性。任何特定的問題，都有很多種解法，而其中確實有些解法會比其他解法更複雜。比較簡單的演算法，往往可以讓我們寫出比較簡單的程式碼。問題是，簡單的演算法並不總是那麼顯而易見！

比方說，你正在寫一個程式，想針對一副紙牌進行洗牌的動作。其中一種很明顯的做法，就是模擬你小時候可能學過的洗牌方式——先把一副牌分成兩堆，然後讓兩邊交錯混合，使得兩邊的牌都有大致相等的機會重組成新的順序。只要重複這個動作，直到整副牌的順序被徹底打亂為止 [6]。

相應的程式碼或許就像下面這樣：

```
vector<Card> shuffleOnce(const vector<Card> & cards)
{
    vector<Card> shuffledCards;

    int splitIndex = cards.size() / 2;
    int leftIndex = 0;
    int rightIndex = splitIndex;

    while (true)
    {
        if (leftIndex >= splitIndex)
        {
            for (; rightIndex < cards.size(); ++rightIndex)
                shuffledCards.push_back(cards[rightIndex]);
```

6　在洗了七次牌之後，紙牌的順序就會變得非常隨機了。如果只洗四、五次牌，整副牌根本還達不到隨機的混亂程度。沒錯，我總是堅持多洗幾次牌才肯發牌，連我的家人都有點受不了：「Chris，我們是來打牌的，不是來看你洗牌的。」這時候我只能說，一知半解的知識，真的是很危險的東西呀。

```
            break;
        }
        else if (rightIndex >= cards.size())
        {
            for (; leftIndex < splitIndex; ++leftIndex)
                shuffledCards.push_back(cards[leftIndex]);

            break;
        }
        else if (rand() & 1)
        {
            shuffledCards.push_back(cards[rightIndex]);
            ++rightIndex;
        }
        else
        {
            shuffledCards.push_back(cards[leftIndex]);
            ++leftIndex;
        }
    }

    return shuffledCards;
}

vector<Card> shuffle(const vector<Card> & cards)
{
    vector<Card> shuffledCards = cards;

    for (int i = 0; i < 7; ++i)
    {
        shuffledCards = shuffleOnce(shuffledCards);
    }

    return shuffledCards;
}
```

這種模擬人工洗牌的演算法確實是有效的，而我在這裡所寫出來的程式碼，就是此演算法一個相當簡單的實作結果。你在程式碼裡必須花一點力氣來確保所有索引值全都正確無誤，不過這並不算是太麻煩的事。

然而，洗牌這件事其實還有更簡單的演算法。舉例來說，你也可以用一次處理一張的方式來進行洗牌。在每次的迭代過程中，你都可以直接取一張新牌，然後再與整副牌裡隨機取的某張牌進行交換。實際上，你可以直接就地（in place）執行此操作：

```
vector<Card> shuffle(const vector<Card> & cards)
{
    vector<Card> shuffledCards = cards;

    for (int cardIndex = shuffledCards.size(); --cardIndex >= 0; )
    {
        int swapIndex = rand() % (cardIndex + 1);
        swap(shuffledCards[swapIndex], shuffledCards[cardIndex]);
    }

    return shuffledCards;
}
```

如果用前面介紹過的方式來衡量程式碼的簡單程度，後面這個版本顯然更勝一籌。寫出這段程式碼的時間更短了[7]。程式碼也更容易看得懂。程式碼的行數比較少。解釋起來也更容易。它顯然更簡單、更好——這一切並不是因為程式碼本身，而是因為我們選擇了更好、更簡單的演算法。

別破壞故事的流暢性

簡單的程式碼總是比較容易閱讀——尤其是那種最簡單的程式碼，根本就可以直接從上面一路往下讀，就像在讀一本書一樣。不過，程式畢竟不是書。如果程式的整個流程本身就沒有那麼簡單，寫出來的程式碼自然也會比較難以理解。如果程式碼本身令人費解，而你又經常需要跟著執行的流程，從某個地方跳到另一個地方去，這樣閱讀起來就會困難許多。

有時候程式碼之所以讓人覺得費解，或許是因為程式設計師太過於想要在某處把每個想法表達清楚，最後反而把大家搞昏頭了。我們就用之前洗牌的那段程式碼為例好了。處理左右兩堆牌的程式碼，看起來非常相似。我們可以把其中「移動一張牌」和「移動一堆牌」的邏輯拆分出來，變成兩個單獨的函式，然後再讓 shuffleOnce 分別去調用：

```
void copyCard(
    vector<Card> * destinationCards,
    const vector<Card> & sourceCards,
    int * sourceIndex)
{
    destinationCards->push_back(sourceCards[*sourceIndex]);
```

7　根據我實驗性的一番測量來看，實際上所花的時間有可能因人而異。在寫洗牌的程式碼時，由於我對索引和條件的寫法不太熟悉，嘗試了好幾次才把程式碼寫好。至於隨機選牌的洗牌程式碼，則是第一次嘗試就成功了。

```cpp
    ++(*sourceIndex);
}

void copyCards(
    vector<Card> * destinationCards,
    const vector<Card> & sourceCards,
    int * sourceIndex,
    int endIndex)
{
    while (*sourceIndex < endIndex)
    {
        copyCard(destinationCards, sourceCards, sourceIndex);
    }
}

vector<Card> shuffleOnce(const vector<Card> & cards)
{
    vector<Card> shuffledCards;

    int splitIndex = cards.size() / 2;
    int leftIndex = 0;
    int rightIndex = splitIndex;

    while (true)
    {
        if (leftIndex >= splitIndex)
        {
            copyCards(&shuffledCards, cards, &rightIndex, cards.size());
            break;
        }
        else if (rightIndex >= cards.size())
        {
            copyCards(&shuffledCards, cards, &leftIndex, splitIndex);
            break;
        }
        else if (rand() & 1)
        {
            copyCard(&shuffledCards, cards, &rightIndex);
        }
        else
        {
            copyCard(&shuffledCards, cards, &leftIndex);
        }
    }

    return shuffledCards;
}
```

shuffleOnce 之前的版本比較容易從上面一路往下讀；但這個版本就比較沒辦法了。這樣一來程式碼就會變得比較難閱讀。在閱讀 shuffleOnce 的程式碼過程中，你必須隨著執行流程進入到 copyCard 或 copyCards 的函式裡。然後你必須跟隨這些函式的邏輯，想辦法搞清楚它們的作用，接著再回到原本的函式，然後還要把你從 shuffleOnce 送進去的參數，與你剛才好不容易才搞懂的 copyCard 或 copyCards 對應起來。這比起直接讀原始版本的 shuffleOnce 困難多了。

因此，雖然你為了不想做重複工作而寫了那兩個函式，但它花了你更多的時間來寫程式 [8]，結果竟然還讓你的程式碼變得更難閱讀。而且，你寫的程式碼也變多了！你本來只是為了刪掉重複的程式碼，結果卻讓程式碼變得更複雜，而不是變得更簡單。

很顯然的，減少重複程式碼這件事，並沒有那麼單純！很重要的是，我們應該要知道，刪除重複程式碼其實是要付出一些代價的——如果只是少量的程式碼或單純的想法，最好還是保留原本重複的版本就行了。這樣一來，程式碼會比較好寫，而且也會比較容易閱讀。

所有守則都要遵守的守則

本書其餘的許多守則，其實都要回頭呼應這個「簡單」的主題，也就是要設法讓程式碼越簡單越好，但也不能太過於簡單。

從本質上來說，程式設計本身就是一場與複雜性之間的奮戰。添加新功能通常也就表示程式碼會變得更複雜——程式碼越來越複雜，就會變得越來越難處理，進展也會變得越來越緩慢。最後你就會來到一個極限，任何往前推進的嘗試（例如修正一個 bug 或添加一個功能）都會導致一堆問題，而所造成的問題就與所要解決的問題一樣多。至此想要進一步獲得進展，實際上就變成不可能的事了。

「複雜性」這東西到最後一定會扼殺掉你的專案。

8　同樣的，這也是我實驗而來的看法。實際上，我在使用指針和引用參照時搞了好一陣子，試了好幾遍才讓程式碼順利完成編譯。

這也就表示,所謂有效的程式設計,其實就是想辦法讓那些無可避免的情況越晚發生越好。在添加功能、修正 bug 時,一定要盡可能少添加一些複雜性。你可以想辦法找出能夠消除掉複雜性的機會,或是建構出一些東西,讓新的功能不會增加太多的系統整體複雜性。團隊的合作方式,也應該盡可能加以簡化。

如果你在這些方面做得非常勤懇而努力,你就有機會把那些無可避免的情況往後無限期拖延,讓它越晚發生越好。我在 25 年前寫下了 Sucker Punch 公司的第一行程式碼,此後整個程式碼庫經歷了持續的發展。至少到現在還看不到盡頭——我們現在的程式碼,確實比 25 年前複雜許多,但我們一直把複雜性控制得很好,因此我們還是可以持續獲得很有效率的進展。

既然我們有辦法管理好複雜性,你當然也可以。請保持敏銳,別忘了複雜性就是你最終極的敵人,你一定可以做得很好的。

Bug 是會傳染的

程式設計有個真理，那就是越早發現 bug，修起來越容易。這個說法通常是正確的……不過我認為更正確的說法是，你的 bug 發現得越晚，修起來就越痛苦。

程式碼裡一旦有 bug，大家無意中就會寫出與這個 bug 有關聯的程式碼。有時候，跟 bug 脫不了關係又很不穩定的這些程式碼，與 bug 本身離得並不遠，程式碼和 bug 全都位於同一個系統之中。有時則離得比較遠──也許程式碼位於你的下游，每當它調用你這個有 bug 的系統時，你的 bug 所給出的錯誤結果，反而會成為所有下游程式碼必須依賴的結果；程式碼也有可能在你的上游──而上游的程式碼之所以還能正常運作，很可能是因為你的 bug 會讓你只用特定的方式去調用上游的程式碼。

這其實是很自然的事──也是不太可能完全避免的事。通常我們會注意到的都是出問題的部分，而不是做對的部分。只要一出現問題，我們就會進行調查以找出原因。但只要沒出問題，我們就不會去做任何調查。如果你的程式碼可以正常運作，或是看起來至少還可以正常運作，你很自然就會認為它是以你所想的方式在運作，但實際上它運作的方式，很可能與你想像的不同。由於你並沒有去做調查，所以你永遠不會發現，究竟是什麼樣錯綜複雜的環境，導致你的程式碼正好可以如你所願正常運作。

這樣的問題不但會出現在你自己所寫的程式碼中，如果有別人寫了一些程式碼來調用你的程式碼，同樣也會有一樣的問題。如果你在整個團隊的程式碼庫裡提交了某個 bug，整個程式碼庫就會以緩慢而無可避免的方式，逐漸積累出大量受你 bug 所影響的其他程式碼。而當你修正掉這個明顯的 bug 之後，你整個專案的其他部分反而會突然很神祕地無法正常運作，這時你才會察覺到這些檯面下糾纏不清的關係。

你越早找出 bug，這些糾纏關係就越難有機會發芽、茁壯。因為這樣一來需要清理的糾纏關係就會比較少一點——像這樣的清理工作，通常都是修正 bug 時最花時間的部分。處理 bug 所影響到的部分，往往比修復 bug 本身更花時間，這其實是很常見的情況。

把 bug 視為一種具有傳染性的東西，是很有用的一種概念。系統裡的每個 bug 都會製造出新的 bug，因為有一些新的程式碼可能需要依賴這個 bug 才能正常運作。如果想要阻止這樣的傳染效應，最好的方式就是在 bug 產生邪惡影響並逐漸傳播出去之前，儘早把 bug 處理掉。

不要指望你的使用者

好，所以我們要儘早檢測出問題。但是，我們該怎麼做呢？

第一個你不能指望的，就是你的使用者。無論是那些會去調用你程式碼的團隊伙伴，還是那些會去使用你程式中各種功能的使用者，總之不管是哪一種使用者，都不會是你很好的第一道防線。當然囉，有時他們會向你回報一些問題，但其實他們更多時候會在心裡假設，他們所看到的行為就是你要提供給他們的行為。這其實就是一切糾纏的來源——這些問題往往沒有人會注意到；當然囉，有些問題還是會被注意到，只是後來都被當成設計的一部分了。

關於這點，你也可以嘗試做出一點改善。你可以嘗試寫出一些更符合使用者取向的文件。你可以把你的整個團隊拉進會議室裡，好好解釋一下新的系統或功能。你可以維護一個內部用的最新 wiki 百科網頁，其中包含所有關於如何套用各種東西的詳細資訊，或者把技術相關說明放到你的某個網站上。所有這些做法都是值得的——雖然可能要花不少錢，而且效果各有不同，不過這些做法都還蠻有用的——只不過，這樣並不能真正解決問題。從根本上來說，你的使用者並不像你，能夠如此清楚理解你的意圖，因此無論你怎麼做，他們就是會把 bug 當成是功能的一部分。

還有另一個更好的做法，就是採用某種持續進行的自動化測試做法。大多數程式設計者都同意，自動化測試是一件好事。至少，程式設計者應該都認同，自動化測試對於「其他」程式設計者來說是一件好事，只不過他們自己並不一定有意願去做這件事。

關於持續進行自動化測試的想法，有很多不同的變體做法，當然另外也有一些比較正式的做法，例如「測試驅動開發」（TDD）（*https://oreil.ly/BjsDY*）的做法。

一般來說，其構想就是讓你的系統（或是你的整個專案——這樣就更棒了）擁有一整組的測試，你可以用很快速方便的方式執行這些測試，並且可以讓你的整個系統（或專案）徹底[1]執行過每個功能，然後再把問題回報出來。如果測試的過程真的很快速又方便，大家就會一直去執行——就像每次都要編譯之後才能執行專案一樣。早期出現的任何 bug，其實在剛萌芽的階段很容易就可以把它消滅掉。如果測試的程序「*理論上來說*」還算夠快速、夠方便，大家往往就會比較願意在提交過程去執行測試——這樣也就算是足夠早，足以避免掉那些讓 bug 很難修正、越來越糾纏難解的問題。

這類的測試工作其實是很昂貴的。針對程式碼寫出相應的測試，所要花費的時間很有可能與寫程式碼本身所需的時間一樣多。然而，自動化測試的擁護者會爭辯說，這其實是一種錯覺。（其實還蠻有說服力的！）畢竟，如果等到問題難以修正，才去進行問題檢測與診斷，到時候一定會耗費許多時間與精力；倒不如先用這些時間與精力去寫測試程式碼，這樣還比較值得呢。其實寫程式的過程，就是在除錯（*debug*）的過程，對吧？支持測試的人會很理直氣壯的說，預先進行測試一定會比較快——如果你是那種最堅定不移的支持者，甚至有可能會先寫出測試程式碼，然後才會去寫真正的程式碼。

但是，持續進行自動化測試的做法，其實並不是你應該輕易採用的個人實務做法。如果想讓它發揮作用，就需要投資大量的基礎設施——你需要一個非侵入式的測試框架，還需要一個能與測試搭配良好的部署系統，而且也需要擁有一個在理念上致力於自動化測試的團隊。除非整個團隊都支持這樣的做法，否則你就是在逆風而行。但如果你所在的團隊願意接受這樣的做法，那就太棒了！

雖然以測試為中心的做法具有很明顯的價值，但我們在 Sucker Punch 公司裡並沒有全心致力於這樣的做法。我們確實會針對許多系統進行自動化測試，但全部加起來恐怕也只涵蓋到所有程式碼庫的一小部分而已。這是為什麼呢？

1　……或許也沒那麼徹底啦。究竟應該讓自動化測試覆蓋你整個程式碼庫的多少百分比，關於這點我並不打算發表什麼意見。繼續往下讀你就知道；以我們 Sucker Punch 公司來說，這個百分比其實非常低。

自動化測試可能還蠻棘手的

有些專案或問題，確實比其他專案或問題更適合進行自動化測試。

但有些東西實在很難進行測試；有時候是因為很難全部涵蓋所有可能的輸入，有時候則是因為輸出很難進行驗證。想像一下，假設你正在寫一個全新的有損型音頻壓縮編碼解碼器。你要怎麼幫它寫出相應的自動化測試呢？

如果只是想驗證你的壓縮器會不會整個掛掉，或是想測量一下你的某組測試檔案有多少壓縮量，這其實還蠻容易的。如果想要驗證解壓縮後的音頻，聽起來是否與原始的音頻很相像，這就沒有那麼容易了。由於你正在寫的是一個音頻壓縮編碼解碼器，因此你或許有很足夠的訊號處理數學基礎，可以寫出測試程式把明顯的問題標記出來，但總有某些時候，你一定要把耳機戴到人的耳朵上，要求大家從三個樣本選出其中聽起來比較好的壓縮樣本。這樣的測試，就不是那種執行起來既快速又方便的測試了。

有些程式碼本身就很難進行測試，因為它的成功與否很難進行衡量——而且我們在 Sucker Punch 公司裡所寫的許多程式碼，都屬於這類的情況。比如說，店長這個角色的行為，是否就像真實的店長一樣呢？角色臉部的動畫，是否真的能傳達出厭惡的感覺，還是看起來只像是要打嗝？雖然我手裡拿的是遊戲控制手把，但我的感覺像不像是在拉弓呢？

如果你正在處理的專案，包含了大量難以測試的程式碼，你就會被迫採用混合式模型。能測試的就測試，能控制的就控制，然後永遠不要忘了，你沒辦法對所有的東西進行測試。自動化測試沒有涵蓋到的部分，全都要用真人來直接進行測試——別擔心，只要根據實際的情況，做出相應的計畫就行了。

換個角度來說，你當然也「可以」盡量去構建出更容易進行測試的程式碼。

想像一下，假設你要針對某些程式碼，寫一組外部自動化測試程式——換句話說，你會寫出一些測試程式碼，與你之前所寫的程式碼完全分離；它會運用一整組的測試輸入，來調用你的待測程式碼，去檢查各種相應的功能，然後再看看輸出是否與預期相符。你該怎麼構建出更容易進行測試的程式碼呢？

無狀態的程式碼，更容易進行測試

有個重要的策略，就是在程式碼裡盡量不要用到「狀態」（state）之類的東西。跟狀態無關的程式碼，測試起來容易多了。只要是真正的純函式（pure function）──也就是純粹只依賴「輸入」、完全沒有「副作用」、而且輸出結果完全可預測──這種程式碼都很容易進行測試。像下面這段程式碼就很容易進行測試：

```
int sumVector(const vector<int> & values)
{
    int sum = 0;
    for (int value : values)
    {
        sum += value;
    }
    return sum;
}
```

下面這段就比較難一點：

```
int reduce(
    int initialValue,
    int (*reduceFunction)(int, int),
    const vector<int> & values)
{
    int reducedValue = initialValue;
    for (int value : values)
    {
        reducedValue = reduceFunction(reducedValue, value);
    }
    return reducedValue;
}
```

如果想對 sumVector 進行測試，只需要準備好一組輸入，再搭配相應的輸出就行了。這正是測試驅動開發（TDD）框架最擅長的工作。但如果牽涉到「狀態」，想對這樣的程式碼進行徹底而全面的測試，所要用到的整組輸入就會變得複雜許多。

比方說，如果想對 reduce 進行測試，實際上就困難多了──這種寫法顯然是為了追求通用性，或是邁向多執行緒平行處理做法的前半步，總之它就是針對 vector 裡的值，反覆去調用一個從外面送進來的函式。你當然可以寫個 sum 函式，然後再利用 reduce 把 vector 裡的值全部加起來：

```
int sum(int value, int otherValue)
{
    return value + otherValue;
}

int vectorSum = reduce(0, sum, values);
```

不過，如果想要對 reduce 函式進行測試，可就沒那麼容易了。誰知道從外面送進來的 reduceFunction 函式，實際上會做出什麼事，對吧？它會不會依賴於某個外部的狀態呢？如果它有某種副作用，會發生什麼事呢？如果所調用的函式在處理 values 這個向量的過程中，可能會刪掉其中幾個值，這樣又會有什麼影響呢？（也許你會說，reduce 裡的 values 被設定為 const，其內容應該不至於輕易被改動才對，但其實 reduceFunction 還是有機會改動這個向量裡的內容。）如果你想對 reduce 這個函式進行測試，就必須預先考慮到所有的狀況，並逐一進行測試。相對於 sumVector 而言，reduce 函式所需要進行的測試肯定會複雜很多很多。

如果想對程式碼進行徹底而全面的測試，你就必須向它完整展示所有可能遇到的各種狀態，然後再針對不同的狀態，對相應的輸出逐一進行評估。如果是純函式，「函式的參數」就是唯一重要的狀態。但如果你引入了副作用、內部狀態、或是向外調用任何函式，狀態的數量就有可能暴增。這時候你可能就要被迫做出妥協——你要不就是只能被迫接受那種不太徹底而全面的測試覆蓋率，要不然就是被迫去嘗試寫出大量的、很難管理的測試案例。

我們就來看一個簡單的範例。想像一下，假設你會用到一個按照優先順序排列的角色列表。每個角色都有一個優先等級的值，所以我們很容易就可以取得一份按照優先順序排列的所有角色列表。界面的部分還蠻簡單的：

```
class Character
{
public:

    Character(int priority);
    ~Character();

    void setPriority(int priority);
    int getPriority() const;

    static const vector<Character *> & getAllCharacters();

protected:
```

```
    int m_priority;
    int m_index;

    static vector<Character *> s_allCharacters;
};
```

想讓 s_allCharacters 裡所有的角色全都按照優先順序排列,並不是很困難的事。你可以持續追蹤每個角色在這個優先順序列表裡的位置,每當優先順序發生變化,就要很小心在列表裡做一些來回移位的工作。首先,在創建角色時,就必須把角色插入正確的位置:

```
Character::Character(int priority) :
    m_priority(priority),
    m_index(0)
{
    int index = 0;
    for (; index < s_allCharacters.size(); ++index)
    {
        if (priority <= s_allCharacters[index]->m_priority)
            break;
    }

    s_allCharacters.insert(s_allCharacters.begin() + index, this);

    for (; index < s_allCharacters.size(); ++index)
    {
        s_allCharacters[index]->m_index = index;
    }
}
```

如果有角色被銷毀,則要重新整理一下索引值:

```
Character::~Character()
{
    s_allCharacters.erase(s_allCharacters.begin() + m_index);

    for (int index = m_index; index < s_allCharacters.size(); ++index)
    {
        s_allCharacters[index]->m_index = index;
    }
}
```

如果角色的優先等級改變了,則要重新調整角色在列表裡的位置:

```
void Character::setPriority(int priority)
{
    if (priority == m_priority)
```

```
        return;

    m_priority = priority;

    while (m_index > 0)
    {
        Character * character = s_allCharacters[m_index - 1];
        if (character->m_priority <= priority)
            break;

        s_allCharacters[m_index] = character;
        character->m_index = m_index;

        --m_index;
    }

    while (m_index + 1 < s_allCharacters.size())
    {
        Character * character = s_allCharacters[m_index + 1];
        if (character->m_priority >= priority)
            break;

        s_allCharacters[m_index] = character;
        character->m_index = m_index;

        ++m_index;
    }

    s_allCharacters[m_index] = this;
}
```

這的確是可行的做法,不過要進行測試卻很複雜。其中有一些隱藏狀態,測試程式碼從外部是無法取得的。在進行測試時,可以先建立一組按照優先順序排列的角色,然後再檢查 getAllCharacters 送回來的結果,看看有沒有按照正確的順序排列,這樣應該就足以抓出一些 bug 了;不過,還是有一些 bug 會被漏掉。舉例來說,就算角色的排列順序是正確的,索引的部分還是有可能出錯,但由於我們只能使用 Character 所公開出來的方法,所以實際上也沒辦法進行檢查。索引如果不正確,確實有可能會引起一些問題,但我們又無法保證,這些問題很快就會表現出來(甚至連會不會表現出來被我們看到,都沒辦法完全確定)。這裡總共有三個地方,分別有三段獨立的程式碼,每個地方都想讓索引保持正確,但這樣反而更容易出問題。

另一個無狀態版本的 Character,測試起來就比較簡單,因為它並不會嘗試去維護什麼狀態:

```cpp
class Character
{
public:

    Character(int priority) :
        m_priority(priority)
    {
        s_allCharacters.push_back(this);
    }

    ~Character()
    {
        auto iter = find(
                        s_allCharacters.begin(),
                        s_allCharacters.end(),
                        this);
        s_allCharacters.erase(iter);
    }

    void setPriority(int priority)
    {
        m_priority = priority;
    }

    int getPriority() const
    {
        return m_priority;
    }

    static int sortByPriority(
        Character * left,
        Character * right)
    {
        return left->m_priority < right->m_priority;
    }

    static vector<Character *> getAllCharacters()
    {
        vector<Character *> sortedCharacters = s_allCharacters;

        sort(
            sortedCharacters.begin(),
            sortedCharacters.end(),
            sortByPriority);

        return sortedCharacters;
    }
```

```
protected:

    int m_priority;

    static vector<Character *> s_allCharacters;
};
```

其實這裡還是有用到狀態，因為你還是會用到 s_allCharacters 裡所有的角色，不過，現在它並沒有被隱藏起來。如果想為這個版本的 Character 寫測試程式碼，雖然它並不會像純函式的測試程式碼那樣簡單，但比起之前那個 Character 的版本，現在要為它寫測試程式碼肯定容易多了。

如果是之前的做法，你一定要戰戰兢兢緊盯著順序的狀態，只要順序有變，就必須重新排列順序。但如果不用去管狀態，你就只需要檢查輸出是否符合預期即可，這樣感覺上也就放心多了。

這種無狀態的程式碼，也比較容易一開始就把事情做對。這其實是「測試驅動開發」這套做法的其中一個隱藏優勢——比較容易測試的程式碼，往往寫起來也比較容易。如果你一直都有在考慮如何測試你所寫的程式碼，最後你就會寫出比較簡單的程式碼。

如果無法消除狀態，那就對它進行審查

有時候外在環境就是會強迫你，讓你不得不用狀態來處理問題。比方說，太過頻繁去調用某個函式，實在不是個很好的做法——假設你的角色清單已經排好了順序，但因為有太多地方都會去調用 getAllCharacters，結果你的無狀態實作程式碼一再重新進行排序，這樣其實是很浪費資源的做法。

如果「外部測試」沒辦法取得某些內部狀態，很難進行完整的測試，我們就可以考慮改用「內部測試」的做法[2]。其中一種簡單的做法，就是針對你的資料建立一些「審查」（audit）方法，再用它來進行審查——以這裡的例子來說，我們可以利用一個 audit 函式，來檢查內部狀態有沒有保持一致：

```
void Character::audit()
{
    assert(s_allCharacters[m_index] == this);
}
```

2　你也可以透過某種方式，把內部狀態暴露給你的測試程式碼——舉例來說，你可以讓你的測試程式碼運用「friend」的方式，來削弱封裝的效果。根據我的經驗，改用內部測試的做法，維護起來會比較容易一點。

這是一個很簡短的 audit 函式，因為這裡只是舉個小例子，其他一些比較有意思的東西全都拿掉了。在真正的 Character 物件類別裡，其實還有更多的內部狀態，實際的 audit 函式也比這裡複雜多了。

你也可以另外用一個 auditAll 函式，來審查整個陣列的一致性：

```
void Character::auditAll()
{
    for (int index = 0; index < s_allCharacters.size(); ++index)
    {
        Character * character = s_allCharacters[index];

        if (index > 0)
        {
            Character * prevCharacter = s_allCharacters[index - 1];
            assert(character->m_priority >= prevCharacter->m_priority);
        }

        character->audit();
    }
}
```

內部測試的做法有很多好處；如果你可以把內部測試當成外部測試的補充，這樣更能彰顯其優勢。通常你也可以選擇以某種方式持續執行內部測試；這也就表示，它所測試的對象就會是真實世界裡的實際案例，而不只是你特別針對單元測試所構建出來的人工測試案例而已。

當然囉！還是要有人去調用這些內部函式，它才能發揮其作用！以這裡的例子來說，有個還不錯的經驗法則是，只要角色的狀態一有更動，最後都要記得去調用 Character::audit；只要角色列表一有變動，就要去調用 Character::auditAll。你當然也可以根據自己的需要，把審查的頻率調高或調低一點。

別太信賴前來調用的那一方

在程式設計的過程中，正常情況下團隊裡的其他人往往會來調用你所寫的程式碼。就算你的整個專案只有你自己一個人，你「以後」所寫的程式碼還是有可能回頭來調用你「現在」所寫的程式碼──那個未來的你，到時候很有可能會變得像個陌生人一樣。連未來的你都有可能忘掉所有的細節，更何況是其他來調用你程式碼的人，他們更不可能知道什麼細節。所以千萬別盲目以為那些前來調用你程式碼的人，會很清楚瞭解各種細節的資訊！

那些前來調用程式碼的人，很有可能會送來一堆不相容的參數。他們經常會忘記一開始要先調用初始化函式，離開之前也常忘記調用結束前應該調用的函式。他們所提供的 callback 回調函式，實際上很有可能根本無法滿足函式所預期的基本要求。他們很有可能會把所有東西都搞錯⋯⋯如果你不去揪出那些錯誤，各種問題就不會被修正過來。如此一來，各種糾纏不清的狀況就會持續增加——不過這次的原因，並不是因為我們的程式碼裡有 bug，而是因為前來進行調用的程式碼寫出了一堆的 bug。

不過，下面這個概念或許有點違反你的直覺——其實最容易造成這種 bug 的，並不是前來進行調用的那些程式碼，而是被調用的程式碼。前來調用「你」程式碼的人或許真的犯了錯，但「你」所處的位置，確實才是更容易發現錯誤的位置。

其實只要透過良好的設計，通常就可以讓那些來調用你程式碼的人，不可能把細節搞錯。這就是守則 7：「消除掉各種會出問題的狀況」所要探討的主題。不過，有時候你就是做不到。在這樣的情況下，你該怎麼辦呢？

這裡就有一個例子。假設你正在寫一個「剛體」（rigid-body）物理模擬器，而你的公司正在開發三款不同的遊戲，全都會用到這個模擬器。你會持續追蹤某些內部狀態（例如哪幾個剛體正在相互接觸），而且你一定要把狀態儲存在某個地方。不過，你無法採用 new 這種標準的 C++ 程式碼做法來處理這件事。記憶體不太夠用，而且你的客戶還會使用他們自定義的記憶體管理工具，所以你的做法必須把所有這些情況全都整合進來。

其實有一個非常直截了當的做法——只要在進行初始化步驟時，讓你的客戶直接把他們用來配置記憶體和釋放記憶體的函式移交給你就行了。原本我想先從一些錯誤的初始化範例開始談起，但我們還是直接跳到一個比較沒問題的範例開始談起好了。在下面的程式碼裡，初始化參數（比如重力常數之類的）數量並不多；如果你正好也在寫某個剛體物理模擬器，你的初始化參數應該會更多才對。你可以把所有的初始化參數，全都集中到某個單一結構（struct），然後再把它送入初始化函式（initialize）：

```cpp
struct RigidBodySimulator
{
    struct InitializationParameters
    {
        void * (* m_allocationFunction)(size_t size);
        void (* m_freeFunction)(void * memory);
        float m_gravity;
```

```
    };

    void initialize(const InitializationParameters & params);
    void shutDown();
};
```

我們可以再寫幾個公開的方法，讓外部系統可以新添加或刪除剛體，也可以
設定或取得剛體的最新狀態：

```
struct RigidBodySimulator
{
    struct ObjectDefinition
    {
        float m_mass;
        Matrix<3, 3> m_momentOfInertia;
        vector<Triangle> m_triangles;
    };

    struct ObjectState
    {
        Point m_position;
        Quaternion m_orientation;
        Vector m_velocity;
        Vector m_angularVelocity;
    };

    ObjectID createObject(
        const ObjectDefinition & objectDefinition,
        const ObjectState & objectState);
    void destroyObject(
        ObjectID objectID);
    ObjectState getObjectState(
        ObjectID objectID) const;
    void setObjectState(
        ObjectID objectID,
        const ObjectState & objectState);
};
```

這些程式碼的使用方式可說是非常明顯，對吧？使用模擬器之前要先進行初
始化（initialize），用完之後則要把它關閉掉（shutDown）。添加物件、操作
物件，用完之後再銷毀物件。一點也不複雜。

不過，你還是不能太信賴那些前來調用你程式碼的人，認為他們一定會把最
簡單的細節全都做對。他們很可能會忘了調用 initialize，也有可能向已刪
除的物件發出請求，想取得已刪除物件的狀態；或者，他們也有可能會用一

些隨機的 ObjectID，嘗試去設定物件的狀態，但實際上你根本沒提供過那樣的 ObjectID。

乾脆直接忽略掉這些情況（直接假設大家一定會把細節做對，反正順其自然就好了），這樣的想法確實很誘人，但這其實是很大的錯誤。如果你不去揪出錯誤，並以某種方式把問題丟出來，到最後結局一定會以淚水收場。來調用程式碼的人很有可能根本沒注意到自己所犯的錯誤，甚至有可能以為自己所看到的是正常的行為。

想像一下，假設你實作了一個 ObjectID 包裝函式，裡頭只有一個小小的整數；然後，再把它用來作為一個線性列表的索引，可用來檢索出列表裡的每一個 ObjectState 結構：

```
struct RigidBodySimulator
{
    struct ObjectID
    {
        int m_index;
    };

    ObjectState getObjectState(
        ObjectID objectID) const
    {
        return m_objectStates[objectID.m_index];
    }

    void setObjectState(
        ObjectID objectID,
        const ObjectState & objectState)
    {
        m_objectStates[objectID.m_index] = objectState;
    }

    vector<ObjectState> m_objectStates;
};
```

這個設計雖然很簡單易懂，但它其實很不穩定。調用這段程式碼時，很容易犯下各種錯誤，而且這些錯誤全都很容易被忽視掉。比如說，如果在物件銷毀之後，又去嘗試取得物件的狀態，應該就會得到「未定義」（undefined）的結果。

實際上，這個「未定義」的結果雖然好像蠻合理的，但它其實有點誤導的效果。「未定義」的意思是，你如果對著一個已銷毀的物件去調用 getObjectState，這個界面應該不會給你任何特定的結果才對 —— 但實際上我們拿到的，卻有可能是有定義的結果！在實作的程式碼中（這裡並沒有展示出來），如果你用 destroyObject 銷毀了物件之後，馬上又去調用 getObjectState 的話，你就會取得該物件被刪除之前的物件狀態。不管有意無意，總之大家很容易就會假設這是故意的行為……然後大家就會在這樣的假設下，開始糾纏出很多複雜的問題 [3]。

程式碼給出「未定義」的結果，這本身其實就是界面設計不良的一種跡象。

絕對不能忽視這種不正確的用法。用 destroyObject 銷毀掉物件之後又去調用 getObjectState，大家應該都知道這樣是不對的 —— 但你還是一定要能夠偵測出這個問題才行。其中一種簡單的解法，就是在 ObjectID 裡多使用一個代表「第幾代」（generation）的數字，來作為索引的補充資訊：

```cpp
struct RigidBodySimulator
{
    class ObjectID
    {
        friend struct RigidBodySimulator;

    public:

        ObjectID() :
            m_index(-1), m_generation(-1)
            { ; }

    protected:

        ObjectID(int index, int generation) :
            m_index(index), m_generation(generation)
            { ; }

        int m_index;
        int m_generation;
    };

    bool isObjectIDValid(const ObjectID objectID) const
```

---

3 這也是許多自動化測試的一個漏洞，因為自動化測試在指定的情況下，當然可以做出非常徹底而全面的測試，但如果是沒有特別指定的情況，就很難做到全面而徹底的測試了。我相信你的自動化測試，應該不太可能偵測到這種 destroyObject + getObjectState 的問題吧。

```
    {
        return objectID.m_index >= 0 &&
            objectID.m_index < m_indexGenerations.size() &&
            m_indexGenerations[objectID.m_index] == objectID.m_generation;
    }

    ObjectID createObject(
        const ObjectDefinition & objectDefinition,
        const ObjectState & objectState)
    {
        int index = findUnusedIndex();

        ++m_indexGenerations[index];
        m_objectDefinitions[index] = objectDefinition;
        m_objectStates[index] = objectState;

        return ObjectID(index, m_indexGenerations[index]);
    }

    void destroyObject(ObjectID objectID)
    {
        assert(isObjectIDValid(objectID));
        ++m_indexGenerations[objectID.m_index];
    }

    ObjectState getObjectState(ObjectID objectID) const
    {
        assert(isObjectIDValid(objectID));
        return m_objectStates[objectID.m_index];
    }

    void setObjectState(
        ObjectID objectID,
        const ObjectState & objectState)
    {
        assert(isObjectIDValid(objectID));
        m_objectStates[objectID.m_index] = objectState;
    }

    vector<int> m_indexGenerations;
    vector<ObjectDefinition> m_objectDefinitions;
    vector<ObjectState> m_objectStates;
};
```

這個「第幾代」的數字，就可以偵測出 ObjectID 被誤用的情況。每當你新建立或銷毀掉一個物件時，這個代表第幾代的版本數字都會往上加一。如果你試圖銷毀掉某個物件，隨後又立刻去取得它的狀態，這個代表第幾代的數字就會對不上，而且這個對不上的情況就會被報告出來[4]。這時候來調用你程式碼的人，就會收到通知說他們犯了錯，這樣就有機會在錯誤繼續惡化之前，讓他們先把錯誤改正過來。

你應該很輕易就能靠自己添加一些程式碼，檢查出我之前所提到的那些使用上的錯誤（例如忘記調用 initialize 來進行初始化，或是調用了兩次之類的）。在前面的程式碼中，界面只是重新做了一些設計，就可以讓無效的 ObjectID 更難被創建出來──唯有透過公開的構建函式（constructor）才能創建出一個有效的 ObjectID，因此前來調用你程式碼的人，也就只能使用正確構建出來的 ObjectID 了。

至於該如何標記出這些使用上的錯誤，在這裡當然也可以稍微討論一下──你可以考慮採用 assert 下斷言的做法，不過你也可以很單純只是送回錯誤碼或拋出異常就行了。至於該採用什麼做法，就看你們的團隊慣例而定。真正重要的是，一定要標記出錯誤，至於怎麼做標記，那倒是其次的問題了。

讓你的程式碼保持健康

比較容易進行測試的程式碼──或者更棒的是，會不斷進行自我測試的程式碼──一定可以讓程式碼的健康狀態維持得更加長久。當你要為專案的某部分寫出第一行程式碼之前，最好一開始就先把這件事考慮清楚。你也可以從一開始就先嘗試去寫自動化測試的程式碼，就像「測試驅動開發」的做法一樣。或許你也可以選擇用無狀態的方式去實作出某個函式，或是針對程式碼的某個函式，添加持續性的內部審查做法。

如此一來，在 bug 有機會繁殖之前，就能及早發現這些具有傳染性的 bug。這也就表示，需要解決的問題就會變少，而且真正需要修正問題時，問題也會比較容易進行修正。

---

4 在 C 語言裡回報問題的其中一種標準做法，就是運用 assert 巨集。不管怎樣，只要所設下的條件在執行階段的判斷結果是 false，它就會彈出一段訊息。至於訊息的內容，則會隨著你所使用的編譯器和作業系統而異（！），不過通常它都會包含原始程式碼裡斷言失敗的程式碼行號，以及斷言條件的表達式。

不但如此，這樣做還有其他隱藏的好處！其實讓程式碼更容易進行測試的大多數技術，多半也會讓程式碼變得更容易編寫——這是因為我們必須針對所有的使用情境，編寫出相應的測試，而這往往就會促使你，想盡辦法去簡化出比較少的使用情境。只要能消除狀態，就可以減少繁瑣的程式碼。只要能讓你的界面更不容易出錯，就可以讓它變得更簡單。

這就是一種雙贏的局面。所以，記得一定要保持簡單，而且還要持續進行測試喲。

取個好名字，
本身就是最好的說明

如果沒有引用莎士比亞的話，就好像沒資格談「程式設計」這件事似的。這好像已經成為不成文的規定了。好吧，那我們就來看一下《羅密歐與茱麗葉》，看看這故事是怎麼說的：羅密歐與茱麗葉是兩個相愛卻不幸的青少年，由於兩家人彼此有很深的敵意，所以他們兩人沒辦法一起共度幸福的人生。總之到了最後，所有相關人等的結局都超悲慘的。

第二幕，第二場。茱麗葉在本劇第五大名場面中哀嘆道：

> 名字又有何用？我們稱之為玫瑰的那個東西，即使改成其他名字，
> 聞起來還是一樣甜美呀！

關於程式碼，我也聽過類似的爭論（通常都是我的同事們覺得我對程式碼命名太挑剔，心情特別沮喪的時候）。變數、函式、成員、原始檔案、物件類別、結構名稱——對於這些東西的名稱，我都有自己的一套看法。

大家往往會爭辯（加上翻個白眼）說名字根本不重要，那個被命名的東西本身才重要。變數（或是函式、物件類別……等等）真正的含義，一定要查看程式碼才能確定下來。變數的本質並不在於它叫什麼名字，而在於它所代表的東西——它被設成了什麼、它是如何被使用的。就算名字改變了，它的功能也不會隨之改變。

因此，大家都會說，只要選容易輸入的就行了；然後，就可以趕快繼續設計你的程式了。

其實，這些人都錯了。

東西的名稱，其實是你的第一個、也是你最重要的「說明文件」。這是你迴避不掉的東西。它永遠都在那裡，跑也跑不掉。每次你要引用某個東西，就會用到它的名稱。由於它會持續存在，因此它其實是個很好的機會，可以讓你告訴大家它是什麼東西，而且每次看到它，都會再被提醒一次。

這樣的機會，絕不能白白浪費。

幫某個東西挑名字時，你的目標其實很簡單——名字應該要能概括出這東西的重要之處，並引導那些看到它的人，讓大家知道應該把它想成什麼樣的東西。如果你正在為某個變數取名字，這個名字就應該要讓看到的人知道，這個變數代表的究竟是什麼東西。如果你正在幫某個函式取名字，這個名字就應該讓看到的人瞭解，這個函式究竟是做什麼用的。

聽起來很簡單，對吧？但結果怎麼會走歪了呢？事實上，取名字的方式簡直就像天上的星星一樣多，不過，這裡還是列出了一些常見的錯誤做法。

不要為了少打幾個字，而去簡化名稱

第一種常見的錯誤做法，就是把名稱過度簡化。請別忘了，大家去讀程式碼的次數，絕對遠多於去寫程式碼的次數。一般人在寫程式時，很容易就會忘掉這件事，經常只為了讓輸入輕鬆點就去簡化各種名稱，而不願意多花點心思去寫出更容易讓人看懂的程式碼。

極端狀況下，甚至還會出現一些超短的變數名。程式碼越古老，越有可能看到這樣的風格。如果你有機會碰上真正老牌的程式設計者（比如上世紀六、七十年代寫程式的那些人）所寫的程式碼，你就有可能看到只有一、兩個字母的變數名稱[1]。

---

1 在我那個時代，第一門程式設計語言通常是 Applesoft BASIC，它雖然可以接受使用長變數名，但實際上只會用前兩個字元來做區分。是的，你沒看錯；JUDGE$ 和 JUROR$ 代表的是同一個字串變數的兩個別名。那真是一段美好的過去呀。因此，我在 Basic 裡所使用的變數，全都只會用到一、兩個字元，就如同我的程式碼範例所示。

我都把這類的程式碼風格，稱之為**數值演算法**（*Numerical Recipes*）風格[2]。我本身確實是《Numerical Recipes》（數值演算法）這本書的忠實粉絲，不過這樣的程式設計風格，實在太過於晦澀難懂了。舉個例子：

```
void cp(
    int n,
    float rr[],
    float ii[],
    float xr,
    float xi,
    float * yr,
    float * yi)
{
    float rn = 1.0f, in = 0.0f;
    *yr = 0.0f;
    *yi = 0.0f;
    for (int i = 0; i <= n; ++i)
    {
        *yr += rr[i] * rn - ii[i] * in;
        *yi += ii[i] * rn + rr[i] * in;
        float rn2 = rn * xr - in * xi;
        in = in * xr + rn * xi;
        rn = rn2;
    }
}
```

你一定沒辦法很快搞懂這究竟在幹嘛，對吧？也許你可以慢慢去理解——這段程式碼其實是在計算一個複數多項式，不過理解起來真的蠻費功夫的。如果用了比較合適的名稱，整件事情就會容易許多：

```
void evaluateComplexPolynomial(
    int degree,
    float realCoeffs[],
    float imagCoeffs[],
    float realX,
    float imagX,
    float * realY,
    float * imagY)
{
    float realXN = 1.0f, imagXN = 0.0f;
    *realY = 0.0f;
```

2　《Numerical Recipes》（數值演算法）是一本解釋各種數學和科學演算法的經典書籍。Sucker Punch 公司的程式碼庫裡，充斥著各種改編自它的構想。這本書我給滿分 10 分，強烈推薦。作者是 William H. Press 等人，完整書名為《Numerical Recipes : The Art of Scientific Computing》（數值演算法：科學計算的藝術），目前為第 3 版。（劍橋大學出版社，2007 年）。

```
    *imagY = 0.0f;
    for (int n = 0; n <= degree; ++n)
    {
        *realY += realCoeffs[n] * realXN - imagCoeffs[n] * imagXN;
        *imagY += imagCoeffs[n] * realXN + realCoeffs[n] * imagXN;
        float realTemp = realXN * realX - imagXN * imagX;
        imagXN = imagXN * realX + realXN * imagX;
        realXN = realTemp;
    }
}
```

如果你有一個可用來代表「複數」的資料型別，這整段程式碼甚至還可以再寫得更簡單一點：

```
void evaluateComplexPolynomial(
    vector<complex<float>> & coeffs,
    complex<float> x,
    complex<float> * y)
{
    complex<float> xN = { 1.0f, 0.0f };
    *y = { 0.0f, 0.0f };
    for (const complex<float> & coeff : coeffs)
    {
        *y += xN * coeff;
        xN *= x;
    }
}
```

如此一來，只要你還記得複數的原理，這整個演算法的結構就變得清楚多了。這裡只不過就是把每一項的係數（coefficient）乘以 x 的 N 次方，再把結果累加到 y 這個變數中而已。

不要混用不同的約定慣例做法

第二種常見的錯誤做法，就是採用不一致的命名做法。如果程式碼沒有採用一致的命名規則，讀程式碼的人很容易就搞昏頭了。

對於大多數專案來說，某種程度的不一致是很難避免的。如果你有用到任何外部的函式庫，大概就會遇到一些麻煩——除非你所採用的函式庫全都採用相同的命名規則，而且你也願意遵守這些命名規則來寫你自己的程式碼。假設你正在寫一個原生的 Windows 應用程式，而且你也很願意遵守 Microsoft 的命名約定——這樣你的程式碼就可以保持一致。如果你打算使用 C++ 的標

準樣板函式庫，你也願意遵守它的命名約定：這樣也可以保持一致性。但如果你沒有這樣做，而去混用不同的命名約定慣例，你的程式碼就會出現一些奇怪的問題。

想像一下，假設你有一個向量（vector）物件類別，它會預先分配儲存空間給固定數量的元素。這是個很有用的東西，但 C++ 標準函式庫裡並沒有提供這樣的東西。想像一下，假設你的專案採用了一種簡單的物件方法命名方式——駝峰命名法，以動詞作為開頭。我們姑且不去管一堆細節，總之你的物件類別看起來應該就會像下面這樣：

```cpp
template <class ELEM, int MAX_COUNT = 8>
class FixedVector
{
public:

    FixedVector() :
        m_count(0)
        { ; }

    void append(const ELEM & elem)
        {
            assert(!isFull());
            (void) new (&m_elements[m_count++]) ELEM(elem);
        }
    void empty()
        {
            while (m_count > 0)
            {
                m_elements[--m_count].~ELEM();
            }
        }
    int getCount() const
        { return m_count; }
    bool isEmpty() const
        { return m_count == 0; }
    bool isFull() const
        { return m_count >= MAX_COUNT; }

protected:

    int m_count;
    union
    {
        ELEM m_elements[0];
        char m_storage[sizeof(ELEM) * MAX_COUNT];
```

```
        };
    };
```

這段程式碼應該很直觀才對 [3]。其中的 append 方法可用來添加新元素，而 empty 方法則會清空整個陣列，然後你還有另外幾個方法，可用來檢查這個向量裡的元素數量。但如果你後來寫的程式碼會用到 FixedVector 這個物件類別，也會用到標準 C++ 裡的 vector，情況可就沒那麼單純了：

```
void reverseToFixedVector(
    vector<int> * source,
    FixedVector<int, 8> * dest)
{
    dest->empty();
    while (!source->empty())
    {
        if (dest->isFull())
            break;

        dest->append(source->back());
        source->pop_back();
    }
}
```

這裡可以看到，有連續兩行都在調用向量的 empty 方法，但這兩個方法做的事卻完全不同。第一個 empty 會清空 dest 這個向量；第二個則會檢查 source 這個向量是不是空的。這裡很容易就能看得出來，這樣肯定會造成混淆的效果！

你當然可以針對 FixedVector 這個物件類別，改用標準樣板函式庫（STL）的約定慣例做法——只要把它重新命名為 fixed_vector，然後把它所有的方法改成符合 STL 樣式的名稱即可——不過，這樣的做法只是把混淆的問題轉移到專案的其他地方而已。因為現在這樣一來，你等於是要求你的程式設計者，必須去適應一套外部的命名約定慣例——而且不只如此，你還等於是進一步要求大家，一定要使用這些約定慣例來寫他們的程式碼。這絕對不是件小事而已。

像這種混用不同約定慣例的情況，在認知上所造成的負擔，很容易被大家所低估。來回切換不同的做法，其實是有實際成本的——你必須不斷根據所使

3　好吧，大小為零的陣列，感覺上並不是那麼直觀。有些編譯器並不支援；不過我所使用的編譯器有支援，只是會發出警告就是了。我當然可以寫出不必讓陣列大小為零的程式碼，不過寫成現在這樣可以讓程式碼變得更容易閱讀和理解，所以就先這樣吧。

用的不同約定慣例做法，重新解釋你正在理解的內容。以這個範例來說，這就表示你必須在程式碼裡來回反覆思考，才能判斷哪個變數具有哪種型別，進而判斷它使用的是哪一套約定慣例做法。當然這一切的假設前提，就是你必須很清楚知道哪一種型別使用的是哪一套約定慣例做法！

在 Sucker Punch 公司裡，我們會針對所有容器型的物件類別，要求採用我們自己的版本做法，而不是使用 STL 版本，透過這樣的方式來避免我們的約定慣例做法與標準 C++ 做法不一致的問題。這是一種相當極端的解法，不過它確實消除了我們很多認知上的壓力──容器型物件類別的命名方式，與我們所有其他的程式碼一樣，所以如果只是用到容器型物件類別的方法，並不會讓人有種忽然間看不懂的感覺。至於像 STL 大量的巨集、樣板什麼的，那可真是讓人快要瘋掉呀。倒不是我想批評什麼啦，不過情況確實就是如此。

即使如此，我們還是無法完全擺脫掉一些外部的約定慣例做法，因為我們總是會用到一些不是我們自己寫的程式碼（例如 PlayStation 平台函式庫）。對於大多數專案來說，某種程度混用不同的約定慣例做法，是很難避免的現實狀況。重點是，一定要盡可能減少混用的情況。如果可以的話，一定要把不一致的做法設法圍起來，希望那些不一致的約定慣例做法不會漏到外面去，影響到大家持續在使用的程式碼。

不要搬石頭砸自己的腳

別再自己害自己了──如果你們團隊裡的程式設計者，都沒有採用一致的命名約定慣例，那你們就是在自己害自己，不斷製造出一些完全可以避免掉的問題。就算是非常簡單的程式碼，混亂的約定慣例做法還是可以把它搞得亂七八糟：

```
int split(int min, int max, int index, int count)
{
    return min + (max - min) * index / count;
}

void split(int x0, int x1, int y0, int y1, int & r0, int & r1)
{
    r0 = split(x0, x1, y0, y1);
    r1 = split(x0, x1, y0 + 1, y1);
}

void layoutWindows(vector<HWND> ww, LPRECT rc)
```

```
{
    int w = ww.size();
    int rowCount = int(sqrtf(float(w - 1))) + 1;
    int extra = rowCount * rowCount - w;
    int r = 0, c = 0;
    HWND hWndPrev = HWND_TOP;
    for (HWND theWindow : ww)
    {
        int cols = (r < extra) ? rowCount - 1 : rowCount;
        int x0, x1, y0, y1;
        split(rc->left, rc->right, c, cols, x0, x1);
        split(rc->top, rc->bottom, r, rowCount, y0, y1);
        SetWindowPos(
            theWindow,
            hWndPrev,
            x0,
            y0,
            x1 - x0,
            y1 - y0,
            SWP_NOZORDER);
        hWndPrev = theWindow;
        if (++c >= cols)
        {
            c = 0;
            ++r;
        }
    }
}
```

這段程式碼真的讓我有點想吐的感覺。連要打字輸入這段程式碼,都讓我覺得好困難;我只是為了給大家舉例,才硬著頭皮打完這段程式碼的。

其實這個演算法並沒有那麼複雜——我只不過是把一堆的視窗,用行列的排列方式塞進一個矩形區塊中,讓這個矩形區塊大致上保持長寬相同的比例。但我所選擇的命名方式,卻讓這整段程式碼變得很晦澀,讓人搞不清楚究竟是在做什麼。

最明顯的問題就是,這裡混用了三、四種不同的命名風格,光是這樣就已經夠糟糕的了。但問題還不只如此;就算程式碼的命名方式很一致,這裡還是存在另一個問題——我們把某些東西送入函式時,名稱總是變來變去的。我第一次調用 split 時,最後兩個參數是 x0 和 x1。這兩個變數是用來接收視窗相應矩形左右兩側的座標。但是,在 split 這個函式的內部,x0 和 x1 卻代表完全不同的意思。

這就是問題之所在。如果你一步一步執行 layoutWindows，心裡應該會對 x0
和 x1 建立起一定的概念。然後等你進入到 split，又會看到 x0 和 x1──只
不過此時又被用來表示完全不同的東西。在 split 這個函式裡，x 和 y 代表
的是一般的變數名稱，就像我們在代數課裡的用法一樣。它跟座標系統一點
關係都沒有，但在 layoutWindows 這個函式裡的 x 和 y，卻與座標系統息息相
關。在某個函式裡只不過是一般代數裡的變數，到了另一個函式裡卻代表笛
卡爾座標──這一定會造成認知上的負擔，不但會拖慢你理解的速度，而且
很容易就會搞錯。

在調用函式的情境下，變數重新命名確實是很難避免的情況。函式的參數通
常是某個表達式計算之後的結果，而不僅僅只是為了傳遞變數而已。在這裡
的範例中，split 的前兩個參數是 rc->left 和 rc->right，分別代表的是矩形
左右兩邊的座標；這兩個東西到了 split 函式裡，代表的概念就不一樣了。
而前面我們說 x0 和 x1 那兩個變數名稱很容易搞混，所以應該另外取個名
字──如果你夠聰明的話，把這兩個變數取名為 left 和 right 就好了；這樣
一來你在逐步追蹤這個函式的程式碼時，應該就能更輕鬆搞懂其中所代表的
意思了。

下面就是我們針對相同的函式重新組織後的結果，這樣應該更有一致性而且
更有可讀性了：

```
int divideRange(int min, int max, int index, int count)
{
    return min + (max - min) * index / count;
}

void layoutWindows(vector<HWND> windows, LPRECT rect)
{
    int windowCount = windows.size();
    int rowCount = int(sqrtf(float(windowCount - 1))) + 1;
    int shortRowCount = rowCount * rowCount - windowCount;

    HWND lastWindow = HWND_TOP;
    int rowIndex = 0, colIndex = 0;

    for (HWND window : windows)
    {
        int colCount = (rowIndex < shortRowCount) ?
                            rowCount - 1 :
                            rowCount;

        int left = divideRange(
```

```
                               rect->left,
                               rect->right,
                               colIndex,
                               colCount);
           int right = divideRange(
                               rect->left,
                               rect->right,
                               colIndex + 1,
                               colCount);
           int top = divideRange(
                               rect->top,
                               rect->bottom,
                               rowIndex,
                               rowCount);
           int bottom = divideRange(
                               rect->top,
                               rect->bottom,
                               rowIndex + 1,
                               rowCount);

           SetWindowPos(
               window,
               lastWindow,
               left,
               top,
               right - left,
               bottom - top,
               SWP_NOACTIVATE);

           lastWindow = window;
           if (++colIndex >= colCount)
           {
               colIndex = 0;
               ++rowIndex;
           }
       }
   }
```

雖然還是相同的演算法，但現在變得更容易理解了吧。具有一致性的命名
模式，可以讓你更容易追蹤正在發生的事情。這樣一來只要一看到變數的
名稱，就能理解變數所代表的概念，而不用再特地去理解程式碼來推斷其含
義——你或許還是不太瞭解名為 rowIndex 的這個變數所有詳細的訊息，但你
至少可以非常確定，它應該就是某一橫行（row）的索引（index）吧。至於
是哪一橫行？是什麼東西的索引？雖然詳細的資訊還不是那麼清楚，但知道
它是一個橫行的索引，至少是個很好的開始。

幫索引或計數之類的變數取名字時，若能採用更一致的做法，其實也會有一些正面的副作用。當你進入到 divideRange 這個函式時，就會發現它也使用 index 和 count 來作為參數的名稱。各位要在腦袋裡把 layoutWindows 裡的 colIndex 和 colCount 這兩個變數，翻譯成 divideRange 裡的 index 和 count 這兩個參數，應該不是很難的事才對。我已經盡可能把認知上的負擔降至最低了，尤其是與這個函式一開始使用 x0 / x1 的第一個版本相比，現在這樣應該是好很多才對。

這些其實都是很常見的情況。如果你有一套很一致的命名規則，當你在不同函式或程式碼庫的不同區塊之間傳遞變數時，只要是類似的東西，應該都要有類似的名稱才對。只要是相同的東西，通常就會有相同的名稱。這樣一來，當你一步一步在執行程式碼時，或是想要瞭解不同程式碼之間如何進行互動時，你就不必為了同一個東西卻擁有一大堆不同的名字而感到心煩意亂。只要是同樣的東西，就應該只有一個名字才對──就算名字略有不同，應該也都是很相似、很相關的名字，就像之前範例裡的 index + count 一樣。

不要讓我花力氣去想

實際上，你還可以再進一步運用一些規則，來創造出更具有一致性的程式碼。

一致性的關鍵，就是設法讓一切都盡可能「機械化」。如果你的團隊對於如何命名這件事的約定慣例做法，需要大家仔細去判斷或考慮，這個做法一定行不通。不同的程式設計者，總會做出不同的判斷，結果就是每個人的命名方式全都各不相同。

如果每個人看到相同的東西，都能自然而然選擇相同的名稱，那就太美妙了；這樣一來，大家的程式碼肯定更容易搭配起來。如果想要建立這種程度的一致性，最簡單的方式就是制定出每個人都很願意遵循的機械化規則。

Sucker Punch 公司的變數命名規則，特別機械化。我並沒有在本書的範例中使用這些規則，主要是怕大家不容易理解。對我們來說，我們的規則非常有效，不過這是因為我們一直都在使用這些規則。如果你是第一次看到這些規則，一定會覺得這些規則看起來有點奇怪。

因此，這裡姑且用一個比較容易理解的約定慣例來作為範例——如果是一個代表「角色」的物件類別，我就會把它取名為 Character；如果是一個代表角色的變數，我通常就會取名為 character；如果是一個其中包含許多角色的向量，我就會取名為 characters[4]。我在這裡主要考量的是可讀性，所以選擇了一個很簡單的約定慣例做法，不過更重要的是，我一定會很有一致性地貫徹這個做法。

Sucker Punch 公司的程式碼庫，在本質上都是很相似的，因為我們所採用的整套規則更全面、更簡潔。我們在幫變數取名字時，會採用微軟匈牙利命名標準的變體做法。也許大家對這個做法的看法有點……分歧。雖然我們 Sucker Punch 公司裡的程式設計者們看法還蠻一致的，大家也都適應得很快，不過在 Microsoft 生態系統之外，匈牙利命名標準通常都是大家很喜歡嘲笑的一種做法[5]。

匈牙利命名標準的核心思想，就是很機械化的把變數的型別（或有時是變數的用法），當成變數名稱的全部或其中一部分。如果你有一個由許多 faction（幫派）所組成的陣列，它的索引變數就會被取名為 iFaction。如果你有一個向量，其中包含許多指向角色物件的指標（pointer），其變數名稱就會被取名為 vpCharacter。

在許多情況下，做到這樣的程度就很足夠了。由於變數的命名方式完全是機械化的，因此大家使用的都會是完全相同的變數名稱。這正是我們所希望的結果！

如果你有很多個變數具有相同的型別，你也可以在變數名稱的末尾處，添加一個「限定符」（qualifier）。例如你如果有兩個角色物件的指標，或許就可以分別取名為 pCharacter 和 pCharacterOther。這樣一來，確實就需要讓人去做一些判斷，不過我們針對「限定符」的使用模式，也建立了一套約定慣例做法，這樣就能限制住不一致的情況了。

4　你應該也猜得出來，Character 這個物件類別相應的實作程式碼，應該會放在名為 *character. h* 和 *character.cpp* 這兩個檔案中。

5　我認為這種消極的否定觀點，誤解了匈牙利命名標準真正的優勢。最初大家之所以使用這個做法，是因為早期 C 編譯器在進行連結（linking）時對於型別的檢查不夠嚴謹，因此提出了這樣的一種補救做法。如果可以單純按照約定慣例，把型別名稱嵌入到變數和函式的名稱中，這樣就可以在一定程度上避免犯下型別錯誤的問題。現在這件事變得一點都不重要了，所以它就成為了大多數人嘲笑它的主要理由。另外還有人批評說，使用這種約定慣例做法之後，程式碼會變得很難讀；不過，這就像說冰島語很難讀一樣——如果你平常都沒有在說，當然就會覺得很難讀囉！現在匈牙利命名標準對我們而言真正的價值在於，只要遵循它的規則，大家看到相同的東西時，都能自然而然創建出相同的名稱，這樣當然就可以讓整個程式碼庫變得更容易使用囉。

其實真正重要的並不是我們所採用的命名約定慣例，具體有哪些細節做法──真正重要的是，我們**確實有嚴格的約定慣例**做法，這些做法全都盡可能機械化，然後都有很好的文件說明，而且全都被執行得非常徹底。這樣一來，我們就能創造出一個讓人感覺很愉快的環境，每個人都可以幫相同的東西選出相同的名稱，而且在使用別人的程式碼時，感覺就好像在使用自己的程式碼一樣。

你應該設法去搞清楚，你自己的專案應該套用那些約定慣例做法，如何讓這些做法更加機械化，然後再好好去執行就對了。我相信在未來幾年之內，你絕對可以從中獲益。

先找出三個例子，
才能改用通用的做法

當我們還是個程式設計菜鳥時，就一直這樣被教育著，而且打從心底認定那種只針對特定問題的解法，絕對比不上通用的解法。如果寫一個函式就能解決兩個問題，那當然是比針對每個問題各寫一個函式來得更好。

比方說，你就不太可能寫出下面這樣的程式碼：

```
Sign * findRedSign(const vector<Sign *> & signs)
{
    for (Sign * sign : signs)
        if (sign->color() == Color::Red)
            return sign;

    return nullptr;
}
```

因為對你來說，很輕鬆就能寫出下面這樣的程式碼：

```
Sign * findSignByColor(const vector<Sign *> & signs, Color color)
{
    for (Sign * sign : signs)
        if (sign->color() == color)
            return sign;

    return nullptr;
}
```

從通用化的角度來思考，是很自然的一種傾向，尤其是對這樣一個簡單的範例來說，更是如此。如果你需要找出世界上所有的紅色號誌，身為一個程式設計者，你的本能反應很自然就是去寫一段程式碼，來找出任意顏色的號誌，然後再把紅色當成參數送進函式。這就像大自然總是看不慣有什麼地方漏了個縫隙，總想從縫隙裡長出一點東西來一樣，程式設計者也總看不慣那種只能解決一種問題的程式碼，心裡總想要寫出更通用的做法。

會有這種想法,其實是很自然的,但究竟為何如此,倒是很值得探究一下。某種程度上來說,大家之所以更傾向去寫 findSignByColor 而不是去寫 findRedSign,這樣的本能反應其實是基於一種預測的心理。因為你既然會想去找紅色的號誌,你當然可以很有自信地預測,在未來的某個時刻,你應該也會想去找藍色的號誌;到時候,你又要去寫一些程式碼來處理這樣的情況。

事實上,你何必止步於此呢?何不乾脆嘗試寫出一個比較通用的解法,來找出各種不同的號誌呢?

其實你可以建立一個更通用的界面,讓你可以用各種條件(顏色、大小、位置、文字)來找出各種不同的號誌,而按照顏色來找出某種號誌,也就變成其中一個特殊的子案例而已了。你可以先建立一個結構,來針對號誌的各個面向,定義出可接受的值:

```cpp
bool matchColors(
    const vector<Color> & colors,
    Color colorMatch)
{
    if (colors.empty())
        return true;

    for (Color color : colors)
        if (color == colorMatch)
            return true;

    return false;
}

bool matchLocation(
    Location location,
    float distanceMax,
    Location locationMatch)
{
    float distance = getDistance(location, locationMatch);
    return distance < distanceMax;
}

struct SignQuery
{
    SignQuery() :
        m_colors(),
        m_location(),
        m_distance(FLT_MAX),
```

```
        m_textExpression(".*")
    {
        ;
    }

    bool matchSign(const Sign * sign) const
    {
        return matchColors(m_colors, sign->color()) &&
               matchLocation(m_location, m_distance, sign->location()) &&
               regex_match(sign->text(), m_textExpression);
    }

    vector<Color> m_colors;
    Location m_location;
    float m_distance;
    regex m_textExpression;
};
```

查詢參數的設計，各自都需要進行不同的判斷，因為各個不同的面向，都必須使用不同的查詢模型。在這個範例中，需要做出的判斷如下：

- 你可以提供一個顏色的列表，而不只限於單一的顏色。如果列表是空的，就表示任何顏色都是可接受的。

- 內部的 Location 是用浮點數來儲存位置的經緯度，所以用精確值來進行比對，是一種沒有用的搜尋做法。你可以改用另一種做法，針對某個位置指定最大的相隔距離，用這種方式來進行搜尋。

- 你可以運用正則表達式來比對號誌的文字部分，這樣就足以處理相當多的情況了。

如果想找出比對相符的號誌，實際的程式碼其實很簡單：

```
Sign * findSign(const SignQuery & query, const vector<Sign *> & signs)
{
    for (Sign * sign : signs)
        if (query.matchSign(sign))
            return sign;

    return nullptr;
}
```

用這個模型來找出紅色的號誌，依然是非常簡單 —— 只要建立一個 SignQuery，把紅色指定為唯一可接受的顏色，然後再調用 findSign 就可以了：

```
Sign * findRedSign(const vector<Sign *> & signs)
{
    SignQuery query;
    query.m_colors = { Color::Red };
    return findSign(query, signs);
}
```

你還記得嗎？我們之所以設計出 SignQuery，最開始只不過是基於一個很簡單的範例——想要找出一個紅色的號誌。其他的情況全都是靠想像推測出來的。這時候其實並沒有其他實際的範例，所以你只是嘗試去預測，想像你可能還需要找出哪些其他類型的號誌。

這就是問題之所在——你的預測很有可能是錯誤的。如果你很幸運的話，也許並不會錯得太離譜……不過，你也有可能沒那麼幸運。

YAGNI（你根本用不到）

很顯然的，你會去預測並解決一些在實務中從沒出現過的案例。如果你真的去看實際的案例，也許會看到幾個搜尋號誌的實際案例如下：

- 找出一個紅色的號誌。

- 在中正路和中山路的轉彎處附近找出一個號誌。

- 在水南路 212 號附近找出一個紅色的號誌。

- 找出一個綠色的號誌。

- 在磨坊街 902 號附近找出一個紅色的號誌。

只要利用 SignQuery 和 findSign 就能解決所有這些問題，所以，從這個意義上來說，這段程式碼在預測實際使用案例方面做得還不錯。不過我們並沒有看到任何需要同時搜索多種顏色號誌的情況，也沒有任何一個使用案例需要去查找號誌的文字。所有的實際使用案例，最多都只需要去尋找一種顏色的號誌，而且有些還只限定在某個位置附近而已。SignQuery 這段程式碼確實已經足以解決一大堆「實際狀況下從沒發生過」的情況。

這其實是一種很常見的模式，因為實在太常見了，以至於那些信仰「極限程式設計」（Extreme Programming）哲學的人，特別針對這種情況取了個名字——YAGNI，也就是「你根本用不到」（You Ain't Gonna Need It）的意思。雖然在實際的使用案例中，你只會尋找單一的顏色，但你為了讓程式可

以找出一大堆不同顏色的號誌，便去定義了一個顏色的列表，像這樣花力氣去做一些額外的工作，值得嗎？這真的是時間和精力的浪費呀。你為了把 C++ 的正則表達式寫正確，做了各種不同的試驗，好不容易才搞清楚如何區分完全符合與部分符合的情況，對吧？你所花費的這些時間，再也拿不回來了。

更重要的是，在 SignQuery 裡那些額外的複雜性，還會給所有使用到它的人帶來額外的成本。findSignByColor 這個函式該如何使用，應該很明顯才對；但如果想正確使用 findSign，就需要花更多時間去理解它才行。畢竟它包含了三種不同的查詢模型呀！

正則表達式如果在比對之後只有部分相符，這樣是否足夠呢？還是必須完全符合號誌裡的所有文字呢？多個搜尋條件之間，彼此互動的方式也不是很明顯——究竟是「且」（AND）還是「或」（OR）的關係呢？如果你仔細閱讀程式碼，就會發現「唯有當所有條件全都符合」，才算是符合查詢的條件，但你還是要仔細查看過程式碼，才能真正搞清楚。然後，這又讓我們想起另一件蠻讓人困惑的事——在 SignQuery 裡，究竟有哪些欄位是絕對不可或缺的必要條件？之前我們曾提過，在構建函數中如果遇到查詢條件為空的情況，就表示所有號誌都能符合條件，所以你只要去設定那些需要進行篩選的欄位即可——不過，如果要瞭解這件事，還是需要花力氣去做一些調查與理解才行。

既然我們已經看到現實世界裡的實際案例，而這些案例全都有很清楚的特定模式，因此全心全意去解決那些「實際」的「問題」，或許是更好的選擇也說不定：

```cpp
Sign * findSignWithColorNearLocation(
    const vector<Sign *> & signs,
    Color color = Color::Invalid,
    Location location = Location::Invalid,
    float distance = 0.0f)
{
    for (Sign * sign : signs)
    {
        if (isColorValid(color) &&
            sign->color() != color)
        {
            continue;
        }

        if (isLocationValid(location) &&
```

```
        getDistance(sign->location(), location) > distance)
    {
        continue;
    }

    return sign;
}

return nullptr;
}
```

這時候你很可能會指著我的鼻子說，這簡直就是作弊的解法。不過，現在既然已經有那麼多實際案例擺上了枱面，看來 findSignWithColorNearLocation 確實是比 SignQuery 更好的解法 —— 只不過，如果你只看到第一個實際案例，實在沒辦法預測到這樣也就足夠了。以解法的通用性來看，findSignWithColorNearLocation 確實沒有 SignQuery 那麼強大。舉例來說，它無法處理多種顏色的情況；如果遇到有文字的號誌，它也是無能為力。

但這正是我所要強調的重點！如果只看過一個實際案例，根本就「不足以」預測出通用的解法，因此，過早嘗試去寫通用的解法，其實是不對的。findSignWithColorNearLocation 和 SignQuery 都是不對的。這裡並沒有誰比較好的問題，實際上我們只看到了兩個蠻爛的解法。

下面這個做法，才是找出一個紅色號誌的最佳做法：

```
Sign * findRedSign(const vector<Sign *> & signs)
{
    for (Sign * sign : signs)
        if (sign->color() == Color::Red)
            return sign;

    return nullptr;
}
```

沒錯，我是認真的。也許我會考慮把顏色當作參數送進函式，但是到目前為止，我最多也只會做到這種程度而已。等你拿到了另一個使用案例，**再去寫程式解決那個使用案例的情況吧**。請不要嘗試去猜測，你所遇到的第二個使用案例會是什麼樣子。你還是專心寫程式，去解決你能理解的問題就好！不要再多花力氣去猜測你會遇到什麼樣的問題了。

面對大家的質疑，我還要再加碼回應

「等一下等一下！」這時候你可能會這樣說：「如果你所寫的程式碼只能勉強滿足實際的使用案例，這樣你難道不會經常遇到無法處理的情況嗎？如果你所寫的程式碼，沒辦法處理下一個遇到的使用案例，你該怎麼辦？這應該是很難避免的情況吧。」

「如果當初先寫好比較通用的程式碼，這不就沒問題了嗎？沒錯，我們所遇到的前五個實際案例，並沒有運用到我們所寫的 SignQuery 所有的能力，但如果第六個實際案例會用到呢？如果真的發生這種情況，回想起當初我們一開始就把 SignQuery 所有的程式碼全都寫好了，這樣我們難道不會覺得很開心嗎？」

不不不，這並不是事實。請你省點力氣吧。等你的程式碼遇到無法處理的實際案例時，再去寫程式來處理它吧。你或許會把你第一次寫的東西剪下貼上，然後再稍作調整，以處理新的使用案例。你也有可能需要從頭開始寫起。這兩種其實都是很好的做法。

在我們之前所列出的五個實際案例中，第一個案例是「找出一個紅色的號誌」，所以我寫了一段程式碼來做這件事，而沒有去做什麼額外的事情。第二個案例是「在中正路和中山路的轉彎處附近找出一個號誌」，所以我現在又要去寫一段程式碼，來完成這件工作，不過同樣的，我還是沒去做任何額外的事情：

```cpp
Sign * findSignNearLocation(
    const vector<Sign *> & signs,
    Location location,
    float distance)
{
    for (Sign * sign : signs)
    {
        if (getDistance(sign->location(), location) <= distance)
        {
            return sign;
        }
    }

    return nullptr;
}
```

第三個案例是「在水南路 212 號附近找出一個紅色的號誌」，而我之前所寫的兩個函式，全都沒辦法處理這個問題。這時候就來到了一個轉折點——現在我們已經有了三個獨立的使用案例，「通用化」這件事開始變得有點意義了。有了這三個獨立的使用案例，我們就會更有信心，可以嘗試去預測第四個和第五個使用案例了。

為什麼是三個呢？是什麼樣的想法，讓「三」變成了一個神奇的數字？其實也沒什麼啦，說真的，只不過因為它並不是一也不是二，就只是這樣而已。如果只有一個例子，實在不足以讓我們猜測出有什麼可通用的模式。以我的經驗來說，兩個通常也不夠——通常在看過兩個例子之後，你反而會更明白自己真的猜不準。但如果有了三個不同的例子，你對於特定模式的預測應該就會比較準確一點，**而且**，你在考慮通用解法的時候，或許也會變得比較保守一些。在看過第一個和第二個例子之後，如果發現自己的預測其實會犯錯，這時你一定會變得更謙虛！

不過，這時候你還是不必去考慮採用什麼通用的做法！先別急著把前兩個函式合併，直接去寫出第三個函式也是很好的做法：

```cpp
Sign * findSignWithColorNearLocation(
    const vector<Sign *> & signs,
    Color color,
    Location location,
    float distance)
{
    for (Sign * sign : signs)
    {
        if (sign->color() == color &&
            getDistance(sign->location(), location) >= distance)
        {
            return sign;
        }
    }

    return nullptr;
}
```

把這三個函式分開寫，有一個很重要的好處——函式本身會非常簡單。應該調用哪個函式，判斷起來非常明確。如果你有顏色和位置，調用 `findSign WithColorNearLocation` 就對了。如果你只有顏色，那就是 `findSignWithColor`；

如果你只有位置，那就是 `findSignNearLocation`[1]。

如果你在搜尋號誌時，所遇到的案例全都只會查找單一顏色或位置，這三個函式就足以滿足你的需求了。當然囉，這種做法的擴展性並不是很好——這裡是把原本的 `findSign` 函式變成三個獨立的函式，各取兩、三個參數，這樣的複雜程度或許還不至於演變成一場災難，但如果又出現更多的參數，情況很快就會開始失控了。到了某個階段，比如你遇到了需要查找號誌文字的情況，或許你就應該開始另謀對策，別再去建立 `findSign` 函式的另外七個變體了。

到了這個點上，我們就真的可以把三個函式合併成一個 `findSign` 函式了，這樣的做法並沒有什麼不對。一旦有了三個獨立的使用案例，我們就可以更放心去採用更通用的做法了。不過，你還是要先確定，這樣確實可以讓程式碼變得更容易寫、更容易讀，然後才去進行通用化的工作；而且，你依然只需要考慮自己手頭上的實際案例即可。永遠都不要因為擔心下一個使用案例，而去考慮更通用的做法——你只需要考慮所遇到的實際案例就行了。

用 C++ 來寫一些具有通用性的程式碼，其實有一點痛苦，因為 C++ 並沒有辦法好好處理參數可有可無的情況，只能為參數設定預設值。這也就表示，我們必須發明一些方法，來區分出參數「不存在」的情況。其中一種解法就是針對顏色與位置，用 `Invalid` 這個值來作為預設值，這樣一來我們如果不在意某個參數，也不會有什麼問題。我們再來重新看一下 `findSignWithColorNearLocation` 的第一個版本：

```
Sign * findSignWithColorNearLocation(
    const vector<Sign *> & signs,
    Color color = Color::Invalid,
    Location location = Location::Invalid,
    float distance = 0.0f)
{
    for (Sign * sign : signs)
    {
        if (isColorValid(color) &&
            sign->color() != color)
        {
            continue;
        }

        if (isLocationValid(location) &&
```

1　或者，如果你使用像 C++ 這種支援函式多載（overload）的語言，你也可以把這三個版本全都取名為 `findSign`，然後再交給編譯器去處理即可。

```
            getDistance(sign->location(), location) > distance)
        {
            continue;
        }

        return sign;
    }

    return nullptr;
}
```

把這個函式改好了之後,所有本來調用 findSignWithColor 和 findSignNear
Location 的情況,全都可以替換成直接去調用 findSignWithColorNearLocation
就行了。

其實還有比 YAGNI(你根本用不到)更糟糕的 問題

到目前為止你已經看到,過早採用通用的做法,就表示你可能會寫出一些
永遠用不到的程式碼,這是很糟糕的事。過早採用通用做法還有另一個不
太明顯的問題,就是當我們遇到沒考慮到的實際案例時,想直接套用原本的
程式碼會更加困難。這有一部分是因為你所寫出來的通用程式碼通常會比較
複雜,因此需要更多力氣來進行調整;不過,有時候也會出現一些蠻微妙的
情況。一旦你建立了通用的做法,它就會變成一種樣板做法,而你在面對未
來的實際案例時,很可能就會設法去擴展那個樣板做法,而不是重新去進行
評估。

我們姑且讓時間倒流一點點。想像一下,假設你很早就採用 SignQuery 物件
類別這個通用的做法,但後來又遇到了下面幾個實際的使用案例:

- 找出一個紅色的號誌。
- 在中正路和中山路的轉彎處,找出一個紅色的「停車」號誌。
- 找出中正路上所有的紅色或綠色號誌。
- 找出市民大道或水南路上所有包含「公里」文字的白色號誌。
- 在磨坊街 902 號附近找出一個藍色的號誌,或是包含「巷」這個文字的
  號誌。

這個列表其中前兩個案例都很適合用 SignQuery 來進行處理，不過隨後的案例就開始越來越麻煩了。

第三個案例是「找出中正路上所有的紅色或綠色號誌」，這裡增加了兩個新的需求。首先，程式碼必須把「所有」（而不只是一個）符合條件的號誌全都送回來。這並不是什麼很困難的事：

```
vector<Sign *> findSigns(
    const SignQuery & query,
    const vector<Sign *> & signs)
{
    vector<Sign *> matchedSigns;

    for (Sign * sign : signs)
    {
        if (query.matchSign(sign))
            matchedSigns.push_back(sign);
    }

    return matchedSigns;
}
```

第二個新的要求則是要找出某條街道上所有的號誌，這就比較棘手了。假設街道可以用一連串的位置兩兩相連的一系列線段來表示，然後我們再把「位置」和「街道」這兩個概念，全都打包到一個新的 Area 結構中：

```
struct Area
{
    enum class Kind
    {
        Invalid,
        Point,
        Street,
    };

    Kind m_kind;
    vector<Location> m_locations;
    float m_maxDistance;
};

static bool matchArea(const Area & area, Location matchLocation)
{
    switch (area.m_kind)
    {
    case Area::Kind::Invalid:
        return true;
```

```
case Area::Kind::Point:
    {
        float distance = getDistance(
                            area.m_locations[0],
                            matchLocation);
        return distance <= area.m_maxDistance;
    }
    break;

case Area::Kind::Street:
    {
        for (int index = 0;
             index < area.m_locations.size() - 1;
             ++index)
        {
            Location location = getClosestLocationOnSegment(
                                area.m_locations[index + 0],
                                area.m_locations[index + 1],
                                matchLocation);

            float distance = getDistance(location, matchLocation);
            if (distance <= area.m_maxDistance)
                return true;
        }

        return false;
    }
    break;
    }
    return false;
}
```

接下來再用這個新的 Area 結構，把 SignQuery 裡的「位置」和「最大距離」
這兩個東西替換掉就行了：

```
struct SignQuery
{
    SignQuery() :
        m_colors(),
        m_area(),
        m_textExpression(".*")
    {
        ;
    }

    bool matchSign(const Sign * sign) const
```

```
    {
        return matchColors(m_colors, sign->color()) &&
                matchArea(m_area, sign->location()) &&
                regex_match(sign->m_text, m_textExpression);
    }

    vector<Color> m_colors;
    Area m_area;
    regex m_textExpression;
};
```

第四個案例要求能找出兩條街道上所有的限速號誌，目前的程式碼還無法適用於這樣的情況。如果只是要支援 area 的列表，這倒也不是很難：

```
bool matchAreas(const vector<Area> & areas, Location matchLocation)
{
    if (areas.empty())
        return true;

    for (const Area & area : areas)
        if (matchArea(area, matchLocation))
            return true;

    return false;
}
```

然後你只要把 SignQuery 裡的單一 area 替換成 areas 列表就可以了：

```
struct SignQuery
{
    SignQuery() :
        m_colors(),
        m_areas(),
        m_textExpression(".*")
    {
        ;
    }

    bool matchSign(const Sign * sign) const
    {
        return matchColors(m_colors, sign->color()) &&
                matchAreas(m_areas, sign->location()) &&
                regex_match(sign->m_text, m_textExpression);
    }

    vector<Color> m_colors;
    vector<Area> m_areas;
```

```
    regex m_textExpression;
};
```

再看第五個案例,它確實又把情況變得更困難了 —— 它想要找的是小巷弄
裡的號誌。這種號誌通常是藍色的,所以它會嘗試尋找藍色的號誌;不
過,它也有可能是綠色的,這時候就要用特定文字來進行搜索了。我們的
SignQuery 恐怕還沒辦法處理這樣的情況。

不過,這同樣也不是不可能做到的事。只要在 SignQuery 裡添加布林操作,
就能處理這個新的實際案例了:

```
struct SignQuery
{
    SignQuery() :
        m_colors(),
        m_areas(),
        m_textExpression(".*"),
        m_boolean(Boolean::None),
        m_queries()
    {
        ;
    }

    ~SignQuery()
    {
        for (SignQuery * query : m_queries)
            delete query;
    }

    enum class Boolean
    {
        None,
        And,
        Or,
        Not
    };

    static bool matchBoolean(
        Boolean boolean,
        const vector<SignQuery *> & queries,
        const Sign * sign)
    {
        switch (boolean)
        {
        case Boolean::Not:
            return !queries[0]->matchSign(sign);
```

```
        case Boolean::Or:
            {
                for (const SignQuery * query : queries)
                    if (query->matchSign(sign))
                        return true;

                return false;
            }
            break;

        case Boolean::And:
            {
                for (const SignQuery * query : queries)
                    if (!query->matchSign(sign))
                        return false;

                return true;
            }
            break;
        }

        return true;
    }

    bool matchSign(const Sign * sign) const
    {
        return matchColors(m_colors, sign->color()) &&
               matchAreas(m_areas, sign->location()) &&
               regex_match(sign->m_text, m_textExpression) &&
               matchBoolean(m_boolean, m_queries, sign);
    }

    vector<Color> m_colors;
    vector<Area> m_areas;
    regex m_textExpression;
    Boolean m_boolean;
    vector<SignQuery *> m_queries;
};
```

呼！這組案例所需要改動的程式碼，比我們之前所看到的那組案例多了很
多呀。不過，經過大量的改動之後，我們的 QuerySign 模型已經有能力處理
範圍相當廣泛的請求。雖然還是有一些合理的請求，依然無法做出正確的
處理——比如「找出彼此相距 10 公尺以內的兩個號誌」，不過我們可以感覺
到，它已經可以涵蓋大部分重要的實際案例了。我們終於成功解決問題了，
對吧？

所謂的成功，並不是這樣的

實際上，我們對 SignQuery 做了這麼多擴展，究竟有沒有讓我們來到更有利的位置，這一點還是不好說——雖然我已經非常小心翼翼，在進行擴展時都沒有加入非必要的東西，而且我已經盡量保持簡潔了。

當你持續針對通用的解法進行擴展時，你很可能就會越來越看不到其他可能的解法。這就是現在這裡所出現的情況。

為了解決最後一個案例，除了採用 SignQuery 的做法之外，其實也可以另外寫一段程式碼；我們就來比較一下，這兩種做法有什麼差別。下面就是 SignQuery 的解法：

```
SignQuery * blueQuery = new SignQuery;
blueQuery->m_colors = { Color::Blue };

SignQuery * locationQuery = new SignQuery;
locationQuery->m_areas = { mainStreet };

SignQuery query;
query.m_boolean = SignQuery::Boolean::Or;
query.m_queries = { blueQuery, locationQuery };

vector<Sign *> locationSigns = findSigns(query, signs);
```

然後下面是另外寫一段程式碼直接進行處理的版本：

```
vector<Sign *> locationSigns;
for (Sign * sign : signs)
{
    if (sign->color() == Color::Blue ||
        matchArea(mainStreet, sign->location()))
    {
        locationSigns.push_back(sign);
    }
}
```

後面這種直接處理的做法，看起來更好一點。它顯然更加簡單、更容易理解、更容易除錯、也更容易進行擴展。我們剛才為 SignQuery 所做的所有工作，反而讓我們離最簡單、最好的答案越來越遠了。這就是過早採用通用做法真正的危險之處——你不但會去實作出一些永遠用不到的功能，而且你所採用的通用做法，實際上還會給你限定出一個難以改變的方向。

通用的解法真的會有很強的黏性。一旦你建立了某種解決問題的抽象概念，你就很難再去考慮其他的替代方案了。既然你可以用 findSigns 找出所有的紅色號誌，你的直覺就會告訴你，只要你想找出任何類型的號誌，反正用 findSigns 就對了。畢竟這個函式的名稱，就是很明白告訴你應該要這樣做才對！

因此，如果你遇到一個不太合用的實際案例，你最顯而易見的做法，就是去擴展 SignQuery，讓 findSigns 可以涵蓋到這個新的實際案例。下一次又遇到不太合用的實際案例時，你還是會採用一樣的處理方式；之後再遇到類似的情況，一律比照辦理就對了。隨著通用解法的涵蓋範圍越來越大，它也會變得越來越複雜……除非你非常小心，否則你甚至都不會注意到，你已經把你的通用解法擴展到它的自然極限之外了。

當你手裡拿著錘子時，所有的東西看起來都好像是釘子，對吧？建立通用的解法，其實就等於是拿起了錘子。除非你確定自己拿到的是一袋釘子，而不是一袋螺絲，否則千萬別這樣做 [2]。

---

2 順便提一下，你還是可以用錘子來轉螺絲啦。只不過，你必須很用力去轉錘子就是了。這樣的做法顯然會很痛苦，程式碼也是如此。你當然可以用一個很笨拙的抽象來處理事情——只不過你一定會很費力就是了。

最佳化的第一課──
別去做最佳化

我最喜歡的程式設計工作，就是最佳化。最佳化通常也就表示，要想辦法讓一些程式碼系統執行得更快，不過有時我也會去最佳化記憶體、網路頻寬，或是其他一些資源的運用情況。

這可說是我最喜歡的工作，因為這類工作究竟做得成不成功，衡量起來非常容易。對於大多數程式設計工作來說，成功的定義多半是很模糊的。有很多書都想要定義出所謂的好程式或好系統究竟應該是什麼樣子，不過一行程式碼究竟好不好，在定義上總是沒辦法很精確描述清楚。

對於最佳化工作來說，情況就不是如此了。以這方面來說，答案可說是清楚多了。如果你想讓某個東西執行得更快，你只要直接去測量一下，就知道你有沒有成功了。在估算成本時，也可以去觀察所增加的程式碼量，或是所增加的複雜程度。你不用去管那些沒有準確定義的長期利益，也不用去擔心幾年之後閱讀你程式碼的人能不能馬上理解，或是對於你這個程式設計者有沒有滋生出一絲絲讚賞之情。你只需要關心一些立竿見影的效果就行了。

我絕對不是唯一一個喜歡最佳化的人。事實上，最佳化的誘惑力之大，甚至催生出一句每個程式設計者都知道的程式設計格言：

> 過早進行最佳化，其實是萬惡之源。

順便提一下，這句話並不是完整的引述。Donald Knuth 在 1974 年所寫下的原始版本，其實更加微妙：

> 我們應該先別去管那些小小的效率問題，因為大概有 97% 的情況：
> 過早進行最佳化其實是萬惡之源。

注意這句話的背景，其實是很重要的 [1]。1974 年，編譯器遠沒有現在那麼複雜。Knuth 所謂「小小的效率問題」，通常是指程式碼裡的一些特殊小技巧，可以讓編譯器產生出你想要的效果，比如用快取的方式把結束點記錄起來，就能提高一點點的效能：

```
int stripNegativeValues(int count, int * data)
{
    int * to = data;

    for (int * from = data, * end = data + count;
         from < end;
         ++from)
    {
        if (*from >= 0)
            *to++ = *from;
    }

    return to - data;
}
```

或是利用巨集的寫法，來避免掉函式調用的成本 [2]：

```
typedef struct
{
    float x, y, z;
} Vector;

#define dotProduct(A, B) (A.x * B.x + A.y * B.y + A.z * B.z)
```

幸運的是，現在的編譯器已經夠聰明，可以針對你的原始程式碼生成正確的指令（至少對於一些簡單而直接的程式碼來說確實是如此）。你所運用的特殊技巧越多，編譯器就越不可能理解你真正的意思，所以那些老派的特殊技巧與華麗的 C++ 魔法，最後通常都會製造出一些比最簡單的邏輯表達式更糟糕的程式碼。

雖然我們現在擁有了更聰明的編譯器，不過我們並沒有擺脫掉這樣的困境。程式設計者的本能，就是會去考慮各種資源（時間、儲存空間、網路頻寬）

1　雖然 Knuth 的版本是這句話目前已知最早的出版形式，但這句話的來源還是有點爭議。也有人說這是 Tony Hoare 所提出的，而他本人則認為這聽起來更像是 Edsger Djikstra 會說的話。總之這三方好像都不太確定這句話實際的來源，於是就把這句話歸因於當時的民間智慧了。這倒是解決網路上永無休止的爭論其中一種常見的完美做法。

2　請注意這裡所採用的古老語法；我之所以採用這種寫法，主要是為了喚起一些老朋友們的記憶。

的運用情況；因此，大家真的很有可能會在真正出現效能問題之前，就先去嘗試解決一些效能上的問題。

我們就來想像一下，假設你要從列表中隨機挑選出其中一個項目，這是一般的遊戲經常要做的事。每個項目被選中的機率並不相同——每個項目被選中的機率，都是被加權過的：

```cpp
template <class T>
T chooseRandomValue(int count, const int * weights, const T * values)
{
    int totalWeight = 0;
    for (int index = 0; index < count; ++index)
    {
        totalWeight += weights[index];
    }

    int selectWeight = randomInRange(0, totalWeight - 1);
    for (int index = 0;; ++index)
    {
        selectWeight -= weights[index];
        if (selectWeight < 0)
            return values[index];
    }

    assert(false);
    return T();
}
```

這看起來蠻簡單的。先把所有權重值加總起來，然後再隨機挑選出一個不大於該加總值的隨機數。接下來你可以用那個隨機值去減掉各個項目的權重值，直到結果變成負值時，就選擇該項目作為結果。各項目被選中的機率，與各項目的權重值成正比——這樣就搞定啦！

不過，很容易就可以看得出來，這件事可以做得更快一點。第二個迴圈重新檢查每個值，好像是沒必要的。假設你還是會計算出權重的總和，但後面改用二分法來找出答案，這樣就可以讓第二個迴圈執行得更快一點：

```cpp
template <class T>
T chooseRandomValue(int count, const int * weights, const T * values)
{
    vector<int> weightSums = { 0 };
    for (int index = 0; index < count; ++index)
    {
        weightSums.push_back(weightSums.back() + weights[index]);
    }
```

```
    int weight = randomInRange(0, weightSums.back() - 1);

    int minIndex = 0;
    int maxIndex = count;

    while (minIndex + 1 < maxIndex)
    {
        int midIndex = (minIndex + maxIndex) / 2;
        if (weight >= weightSums[midIndex])
            minIndex = midIndex;
        else
            maxIndex = midIndex;
    }

    return values[minIndex];
}
```

不過,這樣其實沒什麼用;大概只有菜鳥,才會犯這種錯。實際上,這裡有一連串的問題,全都是菜鳥很容易犯的錯誤。沒錯,第二個迴圈的時間數量級現在已經變成 O(log N),不再是線性的數量級了;可是,第一個迴圈依然是線性的數量級,所以對結果的影響並不大。實際上,你並沒有對整體的效能做出很明顯的改善。

就算那不是真正的問題好了。你知道嗎?除非你在這裡根據「權重值」隨機挑選的項目數量真的非常多,否則最簡單的線性迴圈反而還比較快一點呢!如果選擇的項目數量還不到 200(很驚訝吧!),線性迴圈反而會比二分搜索法的速度還快(至少在我的 PC 上確實是如此)。200 這個數字比你想像的還大,對吧?如果數量並沒有很多,比較簡單的邏輯和比較好的記憶體存取模式,就比演算法本身的效率還要重要了。

不過,這也不是真正的問題。不管你查找的速度有多快──第二個版本需要進行記憶體配置,這個動作就比你做任何其他事情要慢得多了。如果你真的去執行前面所寫的兩個函式,就會發現第一個版本比第二個版本快了 20 倍。*20 倍耶!*

等一下──這依然不是真正的問題之所在!*真正*的問題是,chooseRandomValue 的速度有多快其實並不重要,因為你只要用側錄工具(profiler)稍作分析,很快就能理解了。雖然你每秒可能會調用這個函式好幾百次,但效能側錄工具會告訴你,它在整個執行階段只佔了沒什麼意義的一小部分而已。

在 Sucker Punch 公司的遊戲引擎裡，實際上有一些每秒會被調用好幾百萬次的函式；如果你也是在寫遊戲，你一定也有這樣的東西。以效能來說，那些函式才是真正重要的東西；至於 chooseRandomValue 嘛，根本一點都不重要。

最佳化的第一課

所以，這就是最佳化的第一課—— **別去做最佳化了吧**。

你還不如多想點辦法，讓你的程式碼盡可能簡單一點。別去擔心它執行起來有多快。它已經夠快了。如果真的不夠快，想讓它變快也很容易。最後再提一點——簡單的程式碼想變快是很容易的——這就是第二課要講的東西。

最佳化的第二課

想像一下，假設你有一些很簡單、很可靠的程式碼，是你平常就很用心寫出來的。由於專案跟你有關的部分，執行的速度有點慢，所以你開始進行一些檢測，結果赫然發現你這一小段程式碼，竟然佔用了一半的執行效能。

這個發現其實是個好消息！因為你只要改善你這些程式碼的效能，整體的效能或許就能翻倍。

順帶一提，效能翻倍絕不是隨便說說而已。如果是從沒進行過最佳化的程式碼，第一次查看它的執行效能時，往往都能看到一些很容易進行最佳化的地方。至於該做什麼調整，通常也都很明顯。

如果真的沒發現什麼特別明顯緩慢的東西，這反倒是壞消息；不過對於還沒經歷過好幾輪最佳化的程式碼來說，這種情況其實很少見。

下面是一條經驗法則——如果你有某些程式碼從沒進行過最佳化，這樣往往不需要花太多功夫，就能讓它的速度提高五到十倍。這聽起來好像有點太過於樂觀，但其實並不會哦。實際上，沒進行過最佳化的程式碼裡，經常都有許多唾手可得的可改進之處。

第二課 口說無憑，有測試才有真相

剛才那個經驗法則到底可不可信，我們就來測試一下吧。還記得嗎？我們剛才的 chooseRandomValue 犯了一堆的錯誤。假設它變得非常頻繁被調用，而且可選擇的項目數量也變得非常多，結果真的就是它佔用了你一半的處理器時間。

現在你只要跟著我開始進行第二次實作，很容易就可以證明我所說的經驗法則，確實不是隨便說說而已。其實只要切換成比較簡單的、如同你第一次所實作出來的版本，也就是那種無記憶體配置的模型，它的執行速度就可以提高 20 倍。光只是這樣，就足以證明我所說的經驗法則了！

不過，這樣也太輕鬆了吧。好吧，那我們姑且假設，你是以第一個版本的實作程式碼作為起點，開始進行後續的最佳化工作，因此你本來就沒有記憶體配置的問題，這個超級簡單的最佳化方式就先不考慮了。實際上，這個假設其實有點不切實際——通常你在查看執行效能時，所能發現到的第一個問題，通常就是有人在迴圈裡做了記憶體配置的動作，而且這個問題很容易就能進行改善。不過我們姑且假設你運氣不太好，沒有那麼簡單的解法等著你去用。

下面就是我們進行最佳化的五步驟程序。我會把重點放在效能（更明確來說，就是「處理器時間」），不過同樣的步驟也可以適用於任何你想要最佳化的其他資源。只要把下面步驟裡你想要最佳化的資源，替換成網路頻寬、記憶體使用量、功耗，或是任何你想要衡量的東西，這樣就可以了。

第 1 步驟：測量並找出程式碼與處理器時間的關係

這個步驟就是要測量程式碼花費了多少處理器時間，並找出各個函式、物件或任何東西與處理器時間之間的關係。在前面的範例中，這部分的工作應該已經完成了，因為我已經知道 chooseRandomValue 會佔用掉我一半的處理器時間。

第 2 步驟：確認一下已經沒有什麼 bug 了

我們經常都會在檢查之後發現，效能問題其實是 bug 所造成。在這裡的範例中，chooseRandomValue 竟然會佔用掉一半的效能，因此我強烈懷疑，某個

地方或許有 bug 存在。然後我就會非常認真研究所有前來調用 chooseRandom
Value 的程式碼，看看是否都有做出合理的調用行為。

也許是有人弄錯了迴圈的條件，讓計數器一直不停在迴圈裡打轉。比如說，
正常應該是迭代幾個回合，但實際上卻迭代了 2^{32} 個回合之類的。這樣當然
就會出現大量調用 chooseRandomValue 的情況（好啦，我早就已經修正掉這
個 bug 了）！

第 3 步驟：衡量一下你所要處理的資料

除非你已經很清楚瞭解自己的資料長什麼樣子，否則根本就不用去考慮最佳
化這件事。你會去調用 chooseRandomValue 多少次呢？你有多少個選項要進
行選擇呢？你的權重值分佈實際上總是不斷在改變，還是很少在改變呢？你
的權重值列表裡，有多少個權重值是零呢？你從列表中所要選擇的數值，有
沒有很多重複的值呢？

大多數的最佳化做法，都會運用到資料的某些面向，或是你使用資料的方
式。如果對資料沒有透徹的瞭解，就無法做出正確的最佳化決策。

第 4 步驟：做計畫、建立原型設計程式碼

如果你的最佳化做法確實很完美——假設它可以把佔用的處理器時間變成
零——整體的效能會有何改變？以這裡的範例來說，完美的意思就是假設
chooseRandomValue 可以不花任何時間即可執行完成。如果真是如此，你就能
達成你的效能目標嗎？

如果不行的話，那就表示你的計畫還不夠完善。你還要再去找出一些其他可
以進一步最佳化的程式碼才行。你必須很清楚知道，整個計畫如果想要成
功，就要在哪幾個地方下功夫才行；在你真正搞清楚之前，千萬別急著開始
進行最佳化的工作。

有時想要預測出完美最佳化之後的整體效能，其實還蠻困難的。程式碼有時
會以難以預知的方式，與其他的程式碼進行互動。chooseRandomValue 也許會
把權重值放到處理器的資料快取內，而且其他的一些函式可能也會使用到這
些值。在最糟的情況下，即使你把 chooseRandomValue 所佔用的處理器時間
降到了零，也許整體效能還是沒什麼改變。主要的問題其實是因為權重值被
載入到資料快取所造成——如此一來，你又找到新的罪魁禍首了。

你也可以看看有沒有機會，針對你的最佳化做法建立某種原型設計程式碼。在這裡的範例中，你也許可以讓 chooseRandomValue 每次都固定送回選擇列表裡的第一個值。這雖然不是正確的行為，但這樣也許可以讓你對完美的最佳化解法相應的效能表現，建立更清楚的概念。

第 5 步驟：進行最佳化，並重複以上步驟

完成前面的四個步驟之後，你就可以開始考慮如何進行最佳化了。根據所牽涉到的邏輯運算量，以及所存取的記憶體量，你應該已經瞭解程式碼各部分會耗用掉多少資源。有些程式碼或記憶體存取的部分，或許可以考慮加以簡化，或甚至可以直接跳過。如果沒什麼簡單的做法能加速程式碼，也可以嘗試在資料裡找看看有沒有什麼可利用的東西。舉例來說，如果送入 chooseRandomValue 的大部分權重值都是零，這就是一個可以善加利用之處。如果有很多重複的值，也可以善加利用。

不過，也不要只是一股腦子栽進去。「找出一些看起來很花時間的程式碼，然後想辦法讓它變快一點」這種單一步驟最佳化的計畫，往往是行不通的。單靠直覺判斷問題之所在，往往會得到錯誤的結果；如果對資料的認識有誤，這樣也會有問題；如果這些重要的判斷都有問題，肯定無法正確解決問題[3]。

完成第 5 個步驟之後，你就可以再次測量程式碼的效能表現了。如果達成了目標，那就太好了！你可以宣布大功告成，然後就可以停止進行最佳化工作了。要不然的話，就回到第 1 步驟吧。第二次執行某些步驟時，速度可能會比第一次更快，不過每個步驟都可以稍微停下來思考一下「到目前為止你學到了什麼」，這應該是很值得去做的一件事。

實際套用五步驟最佳化程序

好了，我已經準備好要套用這個最佳化程序了！我先把文書處理程式擱到一旁，然後啟動了程式開發環境。我打算從 chooseRandomValue 第一個實作的版本開始，套用前面的五步驟最佳化程序，看看需要花多少力氣才能提升 10 倍的速度。

3　除非你的直覺告訴你，有人在某個地方做了配置記憶體的動作。如果是這樣的話，你很可能就是對的。

chooseRandomValue 的第一個實作版本，是一個蠻可靠的範例，因為在寫程式的過程中，該注意的事都有注意到──這段程式碼在簡單與清晰這兩方面都做得還不錯，這就是我們通常一開始都應該要做到的程度。如果我的經驗法則是正確的，那我應該就可以不花太多力氣，讓它提升 5 到 10 倍的速度。

我承認，當我在說這句話的時候，心裡其實有點緊張。實際上最後的成果，確實有可能讓我很尷尬。

其實第 1 步驟我已經完成了──我已經知道，我有一半的效能都耗在 chooseRandomValue 這個函式。

至於第 2 步驟，雖然我花了很大的力氣，不過並沒有發現任何的 bug。所有前來調用這個函式的程式碼，全都有很正當的理由，而且也都沒犯下任何明顯的錯誤。

在第 3 步驟中，我發現了一個問題──我對 chooseRandomValue 進行了很多次調用，而且在大多數情況下，我都會送入數量很多的權重值與數值列表。雖然權重值都是很小的值，不過資料看起來很隨機。大多數的值都小於 5，而且沒有任何一個值大於 15。有趣的是，雖然有很多次的調用，不過送進去的資料並不會有太大的變化──也就是說，由好幾千個權重和數值所組成的相同列表，會一次又一次被送進這個函式中。

到了第 4 步驟，我建立了一個具有完美效能的 chooseRandomValue 原型版本。在這個範例中，我把函式改成從列表裡隨機抓一個值送回來，完全忽略掉權重值的影響──很難想像有比這個更簡單的做法了。你也可以永遠都只送回列表裡的第一個值，不過這樣就會失去隨機的效果，這樣好像怪怪的，所以不去管權重值、單純送回隨機數值的做法，似乎是一個比較好的原型設計做法。

接著我就開始進行測試……程式碼的執行速度，比我原本的實作標準快了大約 50 倍。看起來要達到我所預測的 5 到 10 倍加速效果，確實有一些可運用的空間。接下來就進入第 5 步驟──想辦法讓程式碼執行得更快一點！

如果你想要讓程式碼執行得更快，你心中的第一股衝動或許就是，真的跑去讓程式碼執行得更快。程式碼還是做同樣的事情，只是做得更快而已：例如展開一個迴圈、用一些多媒體加速指令來一次處理多個項目、改用組合語言寫一些東西、或是把一些數學運算移到迴圈的外面去。

這其實是一種不太好的衝動行為。這些最佳化的做法，其實是你應該去嘗試的最後一招，而不是第一個急著要去做的事。在我們的遊戲《對馬戰鬼》兩百萬行左右的程式碼中，我們只針對幾十個地方做了這類最佳化的微調。我並不是說不要花很多力氣去進行最佳化——畢竟我們所做的一切，全都必須在六十分之一秒內完成 [4]。我們當然竭盡了全力，就是為了讓遊戲可以執行得那麼快。不過除了極少數的例外，實際上用更快的速度來做同樣的事情，並不是我們提高效能的主要做法。

想讓程式碼執行得更快，最重要的就是少做一些事情，而不是用更快的速度去做同樣多的事情。你一定要搞清楚，程式碼究竟在做些什麼事，有哪些事其實不需要去做，或是有哪些事做了很多次，但其實可以一次完成。只要消除掉那些多餘的程式碼，程式自然就會執行得更快了。

在這裡的範例中，有個很明顯的可改進對象，就是計算總權重值的部分。在 chooseRandomValue 的第一個實作版本中，我每次調用時都會重新計算一次……可是當我在第 3 步驟觀察資料時，就發現我的資料分佈其實並不太會改變。其實我只要在分佈改變時計算出相應的總權重值，然後只要分佈沒改變，就可以在 chooseRandomValue 裡直接反覆使用之前的計算結果了：

```cpp
struct Distribution
{
    Distribution(int count, int * weights, int * values);

    int chooseRandomValue() const;

    vector<int> m_weights;
    vector<int> m_values;
    int m_totalWeight;
};

Distribution::Distribution(int count, int * weights, int * values) :
    m_weights(),
    m_values(),
    m_totalWeight(0)
{
    int totalWeight = 0;

    for (int index = 0; index < count; ++index)
    {
        m_weights.push_back(weights[index]);
```

---

4 或是三十分之一秒，具體取決於遊戲的要求。請注意，我可沒打算在這裡向大家做出任何具體的承諾，說我們的遊戲未來會有什麼樣的效能表現。

```
        m_values.push_back(values[index]);

        totalWeight += weights[index];
    }

    m_totalWeight = totalWeight;
}

int Distribution::chooseRandomValue() const
{
    int select = randomInRange(0, m_totalWeight - 1);

    for (int index = 0;; ++index)
    {
        select -= m_weights[index];
        if (select < 0)
            return m_values[index];
    }

    assert(false);
    return 0;
}
```

配置記憶體的成本是很昂貴的──這其實就是為什麼我們第一次嘗試最佳化 chooseRandomValue 卻失敗的理由。每次一調用這個函式，都要配置記憶體，這個部分也就完全主宰了整個函式所有的總體成本。不過，我在這裡只針對每個分佈進行一次配置，而不是每次調用都進行一次配置的動作。如果我一直在建立新的分佈，這些配置記憶體的動作就會變成一場災難，不過我在第 3 步驟（衡量資料）瞭解到，我的資料分佈相對比較單純一點。因此，我只要針對每一種可能的分佈，分別配置一塊記憶體就可以了。

接著我再次執行程式碼……結果比原始基準快了大約 1.7 倍。這個結果頗令人鼓舞，但還不算是完全成功。因為你如果稍微算一下，就知道我最多應該要有 3 倍的加速效果才對。在我之前的做法中，平均而言我會遍歷整個權重列表大約 1.5 次──一次是為了計算出總權重值，另外半次則是要找出隨機值，平均需要遍歷 0.5 個迴圈。而現在我只需要找出隨機值而已。

前後的不同之處，其實跟記憶體存取有關。之前，由於第一次完整遍歷了所有的權重值，因此這些資料全都被拉進某種資料快取內，這樣一來第二次在進行查找時，就能更快速存取這些資料了。但是，現在第二次存取資料時，少了快取的幫助，所以需要花更多的時間，這就是我只得到 1.7 倍的加速效果，而沒有達到 3 倍加速效果的理由。

下一步的做法其實也蠻明顯的——既然記憶體配置是可行的，採用二分搜索法就更有意義了。這並不困難，只是有點繁瑣而已：

```cpp
struct Distribution
{
    Distribution(int count, int * weights, int * values);

    int chooseRandomValue() const;

    vector<int> m_weights;
    vector<int> m_values;
    vector<int> m_weightSums;
};

Distribution::Distribution(int count, int * weights, int * values) :
    m_weights(),
    m_values(),
    m_weightSums()
{
    int totalWeight = 0;

    for (int index = 0; index < count; ++index)
    {
        m_weights.push_back(weights[index]);
        m_values.push_back(values[index]);
        m_weightSums.push_back(totalWeight);

        totalWeight += weights[index];
    }

    m_weightSums.push_back(totalWeight);
}

int Distribution::chooseRandomValue() const
{
    int select = randomInRange(0, m_weightSums.back() - 1);

    int minIndex = 0;
    int maxIndex = m_weights.size();

    while (minIndex + 1 < maxIndex)
    {
        int midIndex = (minIndex + maxIndex) / 2;
        if (select >= m_weightSums[midIndex])
            minIndex = midIndex;
        else
            maxIndex = midIndex;
```

```
        }

        return m_values[minIndex];
    }
```

測試一下這個做法……結果比原始基準快了大約 12 倍。經驗法則終於得到
證明了！你應該可以想像，當我回頭開啟文書處理程式時，心裡真的是鬆了
一口氣。

大部分情況下，12 倍的加速效果就已經很足夠了。一旦你摘下這些唾手可得
的果實之後，接下來就可以繼續去做其他的事情了。請務必抵擋住你心中想
要持續進行最佳化的誘惑。大家都很容易沉浸在這種非常具體的成功喜悅之
中，然後繼續去追逐更多你其實並不需要的效能成果。曾經是效能瓶頸的函
式，如今已不再是效能瓶頸了。這時候它與專案裡任何其他的函式已經沒有
什麼不同了。它已經不再需要進行更多的最佳化了。

你知道嗎？我此時就面臨著這樣的誘惑。其實我心裡還有很多關於如何讓
chooseRandomValue 執行得更快的想法。我自己也很好奇，哪些方法會真正起
作用；可是，我現在正在努力克制「心裡想要滿足好奇心」的那股衝動。其
實效能的目標一旦達成之後，正確的做法就是把你的那些最佳化想法，用註
解說明的方式添加到程式碼中，然後就可以把它擱置起來了。你可以宣告勝
利了，繼續往前邁進就對了。

這裡還有一個很明顯的問題，我到現在還沒有解決。最佳化的第一課是「別
去做最佳化」，對吧？你只需要持續注意好該注意的事，持續寫出一些簡單
明瞭的程式碼，然後相信自己，如果有需要的話，想把程式碼的速度提高個
5 到 10 倍，應該很容易就能做到。

但如果速度提高 5 到 10 倍還不夠怎麼辦？如果你在系統的初始設計裡犯了
一個大錯，這個錯誤大到你需要把速度提高 100 倍或甚至 1,000 倍，這時候
你該怎麼辦？

最佳化已經沒有第三課了

你或許會爭辯說，最佳化其實還有第三課：「別去做任何愚蠢的事情。」如
果你要構建出一個高頻交易應用程式，非常在意微秒等級的差別，那就別用
Python 去構建你的程式。如果你要定義一些結構，這些結構會在你的整個

C++ 程式碼中到處傳過來傳過去，那麼在設計時就一定要記得別搞出一大堆的資料副本，然後每一個都去進行記憶體配置的動作。

老實說，我認為第三課並不存在。程式設計者實在太過於擔心效能，現在可以就此打住了。

總想改善執行效能的想法，我完全可以理解。其實我也有相同的弱點。就算沒有任何證據說程式的效能非常重要，我還是會為了提升效能，而去增加程式碼的複雜性。我發現我自己也在做這樣的事，而且是下意識不自覺的做，這種習慣實在很難改過來。

真要說的話，第三課也許應該是「別再擔心犯錯了，因為你根本不會犯下什麼無法修正的錯誤。」

就算你「真的」用 Python 去寫高頻交易應用程式，然後真的遇到了麻煩，這樣也不是完全沒希望。你只要把需要快速執行的部分轉換成 C++，然後把那些可以慢慢執行的部分留在 Python 就行了。從 Python 轉換到 C++ 之後，你大概就可以獲得 10 倍的加速效果（這又是另一個經驗法則）；根據我自己所做過的實驗來看，只要改用 C++，5 倍到 10 倍的加速效果應該都不算是太過份的期待。如果採用 Presto 的話，甚至可以期待 50 到 100 倍的加速效果。

實際上，這就是我們 Sucker Punch 公司內部很常見的一種逐步升級途徑——我們經常會用大家比較愛用但相對比較慢的腳本語言來寫第一個版本，然後在它變成效能瓶頸時，再把它轉換成 C++。這樣的好處就是可以快速嘗試各種想法，而且我們心裡很明白，如果現實證明有必要的話，絕對還有另一條可通往更高效能的逃生路線。

請記住，如果你真的犯下某個非常嚴重的錯誤，以至於後來必須想辦法找出能提升 100 倍效能的做法，那你應該很早就會發現這個問題了。這麼嚴重的錯誤，絕對沒辦法躲在草叢裡不被人發現。這種問題一開始就會很明顯，所以在你發現之前，它絕不會讓你陷得太深。所以囉，這又再次說明一件事，那就是不用太過於擔心啦。

請相信最佳化的兩堂課。一定要設法寫出簡單明瞭的程式碼，然後請相信，如果你遇到任何效能上的問題，解決的方法一定也會隨之出現的。

插曲：針對前一章內容的一些批評

我個人很贊同前一章的觀點——最佳化的第一課，其實就是「別去做最佳化」。然而，本書雖然提出了許多強烈的觀點，但這個觀點依然是唯一的一個、立刻引起我在 Sucker Punch 公司裡大部分同事反對的一個觀點。

為了公平起見，我確實應該好好聽取他們合理的反對意見！接下來我就以蘇格拉底式對話的形式，呈現我個人與異議者之間彼此對立的觀點；基於戲劇效果的考量，我在這裡把所有異議者全都合併成一個角色。他們全都檢視過以下的內容，確認過他們的觀點有得到公平的體現。

異議者：我要正式表態，我個人並不贊同本章的觀點[1]。

Chris：我認為這一章談的就只是一般的常識而已。難道你沒看過 Knuth 的名言嗎？「我們應該先別去管那些小小的效率問題，因為大概有 97% 的情況：過早進行最佳化其實是萬惡之源！」

異議者：這句話正好可以用來證明，為何到處充斥各種效能糟糕的程式碼，而你只不過是在鼓勵大家寫出更多這樣的程式碼而已。

Chris：哇！我在你的回饋意見中，感受到一股洶湧的情緒暗流。或許那是因為，你經常不得不花很多時間去修改別人的程式碼，去解決那些一開始就不應該出現的效能問題？還是因為你一直在苦苦等待某些遊戲大作，卻遲遲盼不到半點消息？

異議者：沒錯。你說得都沒錯。

1　這的確是直接引用的說法。

Chris：而且你所負責的工作，正好是我們的程式碼庫裡對效能表現最敏感的部分，所以你比其他人更重視效能的表現，但其他人也許更重視別的，例如有些人可能更在意使用者界面背後的邏輯。

異議者：這也沒錯，但我要特別指出的是，我們都知道有一款遊戲[2]，它的使用者界面架構實在沒好好想清楚，結果它的效能問題也就跟著變成毫無解決辦法。最後他們不得不拋棄並重建整個使用者界面，結果遊戲的上市日期整整晚了六個月。

Chris：沒錯。守則 20：「還是要用數學算一下」就很適用於他們的情況。回想起來的話，他們應該在專案一開始很早期的階段，就意識到自己的架構有多麼糟糕，並且及早修正掉這個問題才對。真正嚴重的效能問題，往往很快就會顯現出來——不過，前提是你必須有先去衡量過效能的表現。如果說最佳化有第四條守則，我可以想像那應該就是：「你可以假設自己的程式碼已經夠快了；不過，無論如何都還是要量一下才算數。」

異議者：關於這點我可以接受。我們在專案結束之前最後一次的最佳化工作，之所以能夠不至於失控，最大的原因就是我們有準確的側錄分析工具，我們一直都把它用來作為工程開發日常工作的一部分。

Chris：對呀。我認為這就是 Sucker Punch 公司與其他許多重視測試的程式設計團隊能夠平起平坐的理由。我們其實並沒有進行大量的單元測試，因為我們願意讓一些 bug 溜進來；不過，我們實在不太願意在效能問題方面出什麼問題。

異議者：我還是覺得你對守則 5 的論證過程，遺漏了一個重點。一般人很容易就會把它理解成「別去擔心最佳化的問題」，但你真正想說的其實是「比較簡單的程式碼很容易就能進行最佳化，所以只要想辦法寫出簡單的程式碼就好了。」

Chris：是呀，你說的沒錯。這個觀點與守則 1 相符，而且也符合本書的整體理念：讓你的程式碼越簡單越好、但也不能太過於簡單。這樣的做法好處之一就是，你的程式碼會比較容易進行最佳化。

2　我們絕對不會講出來是哪一款遊戲。

異議者：但即便如此，當你在寫簡單的程式碼時，如果需要的話，你還是會去考慮怎樣做才能更快一點。如果我要對你的程式碼進行審查，這個問題肯定會浮現出來。或是你如果要對我的程式碼進行審查，應該也是如此。實際上，我們兩邊大概都會這樣吧。

Chris：當然囉，我們都會去考慮這方面的問題。不過，這並不是程式碼最重要的東西——正確性和簡單性才是最重要的東西——可是在實務上我們就是會為了最佳化而去尋覓逃生路線，就算事實證明沒那個必要，我們還是會去這麼做。實際上，那通常都不會是必要的工作。

異議者：的確，最佳化通常都不是免費的。如果最佳化讓程式碼變得更複雜、使用到更多的記憶體，或是需要添加一些**預處理**的步驟，那麼效能上的提升一定要是值得的才行。比較快的程式碼，嚴格來說並不一定是比較好的程式碼。我們確實同意這一點。

Chris：是呀！

異議者：我還想說的是，雖然簡單的程式碼或許很容易就能進行最佳化，但執行速度比較慢的程式碼並不一定是比較簡單的程式碼。事實上，程式碼太過於複雜，也是變慢的理由之一。

Chris：當然。

異議者：我必須說，這條守則並沒有捕捉到我所做過的大部分最佳化工作真正的樣貌。一般來說，我都不是在對一些新的程式碼進行最佳化——我往往都是在嘗試從一些已經最佳化過的程式碼裡，榨取出更多的效能。這樣的任務困難多了。

Chris：沒錯。本章實際上談的是新寫的程式碼。

異議者：好的，但即便如此，如果我已經知道我要在一個效能至關重要的系統裡添加新的程式碼，我一定會從一開始就考慮效能的問題。我不能光只是寫一些簡單的程式碼，就希望能得到最好的效果。

Chris：你說的或許是正確的，或者至少可以說在足夠多的情況下，這確實可作為合理的第一步。不過你是否同意，如果從一開始就擔心效能的表現，有可能會導致大家寫出一些沒必要進行最佳化的程式碼？

異議者：這一點我勉強可以接受，不過我認為這種情況並不常見。我個人並不會去寫那種很明顯需要再進行最佳化的程式碼，整體而言我這樣還是可以省下一點時間。

Chris：我可以理解你的想法。就算是 Knuth 的守則，也只說是 97% 的情況，對吧？如果你根據過去的經驗，確定你是處於那 3% 的情況，那你在進行第一次實作時就考慮效能的問題，應該也是合理的。不過在你真的去衡量程式碼並發現問題之前，千萬不要太早得意忘形。如果你們整個團隊裡每個人都認為自己處於那 3% 的情況，那你們肯定要再仔細衡量一下自己程式碼的狀況。

異議者：關於程式碼最佳化，我還有另一個意見，那就是最佳化所得到的進展，其實沒那麼大。我可以認同，如果是新的程式碼，通常並不需要花太大的力氣，就能讓速度提高 5 到 10 倍。但是到了某種程度，你即使用盡各種簡單的想法，還是很難提升效能。

Chris：是的，到時候的規則就不太一樣了。到時候也許五處的小改動，會比一處的大改動更有可能讓執行的時間減半。但即便如此，你還是必須保持警惕，或許還是有某種演算法能產生很好的效果。舉例來說，我們花了好幾個禮拜的時間，去嘗試最佳化第一款《Sly Cooper》遊戲裡的主要繪製流程。我們一度只能勉強提高一點點的效能——但後來我們發現，只要切換到空間分區系統（spatial partitioning system），效能竟然就能提高五倍之多。

異議者：那是我進公司之前的事了吧。不過，這個故事的確蠻酷的。

Chris：那你覺得五步最佳化程序怎麼樣？

異議者：非常扎實的做法。我對本章的那個部分沒什麼意見。

Chris：我有點不敢相信，你們之中竟然沒有人對「第 2 步驟：確認一下已經沒有什麼 bug 了」這個精彩的見解發表任何評論。那可是我很感到自豪的一個步驟呢！

異議者：我沒有去批評第 2 步驟，就足以表示我對它的讚賞了。Chris，你別再指望我給它更多的讚美了。你已經夠有自信了，我們可不想讓你飛上天。

Chris：這倒是。

程式碼審查有三大好處

在我全職從事程式設計的三十多年裡,最大的改變之一就是逐漸接受各種形式的程式碼審查。

其實我個人一直到 90 年代初,才知道有程式碼審查這回事。倒不是說之前沒有這樣的做法,之前當然就有了,不過除了那種「完全無法容許錯誤」的領域(例如醫療設備的韌體,或是火箭的控制程式碼)以外,這樣的做法其實並不普遍。你知道的,就是程式裡的 bug 真的有可能害死人的那種領域[1]。

三十多年前對於大多數的程式設計者來說,只要一想到有別人會來查看你的程式碼,心裡難免就會有一種……被侵犯的感覺。當然囉,如果你正在跟其他人合作,你至少也要去查看你夥伴的程式碼界面,才能搞清楚如何與之進行互動,到最後你可能還會用一步一步執行的方式,去審視其他人的程式碼——不過,真的去一步一步逐行查看別人的程式碼,還要對別人的程式碼做出評判,這種感覺真的很怪。這就像是去讀別人的日記,或是不小心看到了別人的瀏覽歷史。

總之,在上個世紀 90 年代初期,我轉換到 Microsoft 一個有程式碼審查政策的團隊。對我來說很幸運的是,我所負責的專案在那個團隊宏偉的計畫中是如此無關緊要,以至於我和我的專案團隊可以說是完全被大家忽略了。除此之外,我們也被授權,要我們自己來決定採用什麼樣的程式碼審查程序。我甚至不太確定我們的整個大團隊,實際上官方正式的程式碼審查程序究竟是什麼樣子;我們只是去做了一些我們認為有意義的事,實際上也沒有人來檢查我們做得對不對。而且我當然也不會主動去尋求指導,因為我很怕他們會把一些可怕的程序強加到我們的身上。「犯了錯再去請求別人原諒」總比「凡事都要去請求別人批准」要好太多了。

---

[1] 我說的是真正的人,而不是虛擬的人。我只是個遊戲程式設計者:我寫的 bug 永遠都只能害死一些虛擬的人吧。

不過令我震驚的是，我馬上就發現程式碼審查程序真的非常有用。從那之後我就和我的團隊一直持續做這件事——只不過真正的理由，與我當初的預期並不相同。

進行程式碼審查最明顯的理由，就是希望在把 bug 簽入（check in）到專案之前，能夠先偵測出 bug 的存在。如果你的程式碼審查程序完全是合理的，那麼進行審查的人就會做好充分的準備，來理解那些正要準備簽入的程式碼。也許他們本身就參與過那部分程式碼的實作；也有可能新的程式碼必須依賴其他的程式碼，而審查者正好是那些程式碼的專家；或許審查者本身就是非常頻繁會使用到他們正在審查的程式碼的使用者。不管是哪一種情況，審查者都有可能發現一些問題，例如你不小心漏掉或違反了某些假設，或是你誤用了某些程式碼，或是你改變了系統的某些行為，影響到審查者正在處理的其他程式碼。

真的會有這種效果嗎？程式碼審查程序真的可以幫我們找出 bug 嗎？當然可以——至少根據我的經驗，以我們團隊進行程式碼審查的方式來看，多多少少還是有點效果。

這裡要說明一個很重要的前提。**實際上你能從程式碼審查過程中獲得多少價值，取決於你投入多少的時間和精力，以及你如何進行審查的做法。**以下就是我們 Sucker Punch 公司一直以來進行程式碼審查的方式，相關的一些快速說明：

- 它是即時進行的——兩個人同時坐在同一台電腦前（至少在疫情爆發前是如此）。

- 它是非正式的。如果你已經準備好要進行程式碼審查，你就可以找個合理的審查者，然後走進他的辦公室要求他們進行審查。我們的團隊默契就是，如果有人要求你幫他進行程式碼審查，你就要同意他的請求，除非你有非常緊迫的事情要先行處理。

- 審查者會逐一檢視 diff 這個公用程式所列出來的改動，而接受審查者則要針對這些改動提供一些說明。這是一個對話的過程，審查者會一直提出各種問題，直到他們真正理解所做的改動為止，或是提出改動的建議，確定需要進行測試的東西，並討論有沒有其他可替代的做法。由接受審查者來推動整個審查的過程，通常是不對的做法；審查者很容易就會相信接受審查者所說的話，而不是靠自己真正把事情想清楚。

- 接受審查者要負責記錄所有建議的改動，以及所要執行的額外測試。我們的團隊默契就是要把所有的建議全都納入，至少在預設情況下就是如此。

- 改動的範圍可大可小，因為整個程式碼審查的過程，有可能需要花五分鐘或五個小時的時間。在簽入程式碼之前進行程式碼審查，結果卻不用進行一、兩個以上的改動，這實際上是很少見的情況。比較大型的程式碼審查，很可能會生出一頁又一頁的修改記錄，最後還要花點力氣去進行整合。

- 通常進行一次程式碼審查就足夠了。在進行過適當的改動、並執行過額外的測試之後，接受審查者就可以提交程式碼了。有時候改動實在很大，審查記錄的量也很大，這時候審查者可能就會重新審查所有更新後的改動。如果原始程式碼的審查者無法確定自己能否真正理解改動的某些部分，他們也可以建議團隊裡的其他人來參與程式碼審查的工作。不過最常見的流程還是：程式碼審查 + 整合改動 + 提交。

在這樣的程序下，我們確實可以找出一些 bug ……不過同樣的，實際上的情況跟你所期望的還是有點不同。以下就是我們在程式碼審查過程中找出 bug 的三種基本做法，大致上按照能找出 bug 的頻率來排列，其中第一個就是最常找出 bug 的做法：

- 在你請求進行審查之前，你自己應該先檢查一下所有的改動，以確保你在展示給別人看之前，已經先整理過所有會讓人尷尬的一些東西。在自我審查的過程中，你可能就會發現一些 bug：比如說，你漏掉了某個需要進行處理的錯誤狀況。你應該在其他人看到這個問題之前，就先把這個問題解決掉才對。

- 在進行審查期間，你會透過程式碼與審查者進行交流……你會被強迫去解釋你的做法，這樣其實有助於讓你更理解自己的程式碼為什麼有缺陷。你可以向審查者指出 bug 之所在，接著進行討論，然後再做個記錄，就可以往下繼續前進了。或者，如果你發現問題實在太大了，你也可以完全放棄掉整個程式碼審查程序，先去完成必要的大規模改動，然後再重新啟動程式碼審查程序。

- 在審查過程中，審查者會看到你所遺漏的問題。如果你誤解了所調用的程式碼，當你在描述自己所做的事情時，這樣的誤解也會清楚呈現出來。你們可以針對問題進行討論，取得共識，然後再做個記錄。

審查者光只是盯著有問題的程式碼，就能運用深刻的洞察力，找出程式碼裡的 bug——這其實是很少見的情況。程式碼審查程序本身確實有一種可以讓問題浮出表面的傾向，有時是在準備期間，有時則是討論改動之時。這就是用對話的方式來進行程式碼審查，為什麼會有用的理由——在向他人解釋東西和理解他人解釋的過程中，審查者和接受審查者之間如果有任何對不上的假設，在對話過程中很自然就會浮現出來。這當然有利於找出 bug，而且對於應該在哪裡添加註解說明，有哪些名稱需要進行改動，審查過程中的對話也是很有幫助的。

不過有個很重要一定要指出的事實，那就是我們的程式碼審查程序，當然有一定的局限性。我們程式碼裡的 bug，每一個都很想逃過我們的程式碼審查程序，而全部的 bug 搞不好有上千個也說不定！我們對於程式碼審查的要求，不會有什麼例外——每一行被簽入的程式碼，一定都要經過審查——所以每個被遺漏的 bug，實際上在被簽入之前，都被很多人所遺漏了。程式碼審查程序確實可以找出一些 bug，不過肯定無法找出所有的 bug。

用程式碼審查的方式來找出 bug，其實是一種很沒有效率的做法。不過，我們還是一直在做這樣的事。因為找出 bug 只不過是我們進行程式碼審查的理由之一，甚至還不能算是最重要的理由。

程式碼審查是為了分享知識

這就是進行程式碼審查另一個更重要的理由——如果做得很好，它就會是在團隊裡傳播知識的絕佳方式。

這對於我們 Sucker Punch 公司的團隊來說尤為重要，因為我們的工作分配很靈活，每個程式設計者都可以在我們的程式碼庫不同部分之間，自由選擇所要從事的工作。如果每個程式設計者都能對程式碼庫不同部分的工作原理有基本的理解，那絕對是件好事。程式碼審查正是傳播這些知識的一個好方法。

想像一下，假設我們根據大家對程式碼庫的熟悉程度，把團隊裡的程式設計者分成「初階」和「高階」兩大類。高階程式設計者對於我們的程式碼庫非常瞭解，而初階程式設計者則是還在學習其中的來龍去脈。由於我們的程式碼審查程序會牽涉到兩個人，所以審查者和接受審查者總共會有四種可能的組合方式。其中只有三個組合是有用的，如表 6-1 所示。

表 6-1 程式碼審查的幾種組合方式

	高階審查者	初階審查者
高階接受審查者	有用	有用
初階接受審查者	有用	禁用

如果是高階程式設計者在審查初階程式設計者的工作，他們往往可以很厲害地發現許多問題——不只可以找出接受審查的程式碼其中的 bug，還可以協助初階程式設計者釐清一些普遍存在的誤解。也許初階程式設計者並沒有正確遵循整個團隊的格式標準，或是過早去嘗試通用化自己的解法，或是他們面對一個簡單的問題，卻寫出一個複雜的解法。這些問題本身都不算是 bug，可是違反《程式設計守則》一定會降低程式碼的品質，因此高階程式設計者應該要特別留意，設法在程式碼審查階段協助修正這些問題。

如果是初階程式設計者來審查高階程式設計者的程式碼，他們或許不太可能找出什麼問題，不過他們很有可能為了要搞清楚究竟發生什麼事，而提出一些很重要的問題。在回答這些問題的過程中，接受審查者必須協助審查者理解程式碼的前後背景，讓他們更加理解程式碼庫的各個部分是如何組合在一起的。這時候審查者就可以藉此機會瞭解如何寫好程式碼，也可以看到一些很好的程式碼範例——格式很正確、設計很恰當、結構和命名方式也很清晰。

我們可以把初階與高階兩個人員的互動，視為團隊裡程式設計新人教育過程的一部分。如果想變得更有效率，新人就必須瞭解各個部分是如何組合起來的，在你的團隊裡應該怎麼寫程式碼，還有究竟為什麼工作會以那樣的方式完成。程式碼審查程序就是把所有這些非正式的知識，傳授給團隊新成員的絕佳方式。

第三種有用的組合方式，就是高階程式設計者去審查另一個高階程式設計者的程式碼。這其實是一個很好的機會，不但有機會找出一些 bug，而且可以檢查兩個程式設計者在進行改動時，是否都能符合整體範圍的假設，甚至還可以進一步討論一些未來的方向，或是找出一些可執行的額外測試方法，而且程式碼在正式簽入之前，至少可以確定有兩個人都有過相當程度的理解。

禁用的程式碼審查組合

最後一種組合方式，是由一個初階程式設計者來審查另一個初階程式設計者的程式碼，這種組合方式是沒有用的。事實上，它反而有可能會造成一些破壞。如果兩個程式設計者都是很初階的程度，我剛才所討論過的所有好處全都會消失。非但不會有知識轉移，更不會有足夠的相關背景知識來找出 bug，也無法利用程式碼審查的機會，來作為討論未來方向的跳板。最糟的情況下，這兩個初階程式設計者來回討論出半成形的意見之後，說不定還會轉變成正式的團隊策略。每當 Sucker Punch 公司的程式碼裡出現奇怪的狀況或約定慣例時（雖然我們已經盡了最大的努力，但還是會發生這樣的情況），通常都是因為兩個初階程式設計者來回反複審查的後果。所以，我們完全禁止採用這種程式碼審查組合。

程式碼審查的真正價值

我們可以找出 bug，也可以轉移知識。這或許已經足以證明，我們在程式碼審查方面所付出的努力是值得的——這個程序通常會佔用掉最初寫程式碼所花費時間的 5% 到 10%。不過程式碼審查還有另一個更重要的好處，這很可能是所有好處其中最重要的一個——而且這個好處完全是社交方面的考量：

> 如果你知道有人會查看你的程式碼，每個人都會更努力寫出更好的
> 程式碼。

大家都會更遵循格式和命名的約定慣例。大家也比較不會走捷徑，或是把很多工作留到最後才做。大家的註解說明都會寫得更清楚。大家都會用正確的方式來解決問題，而不是去用一些取巧或變通的做法。大家都會記得要拿掉那些用於診斷問題的臨時程式碼。

所有的這一切，都會發生在進行程式碼審查之前——這是我們身為一個程式設計者，自己給自己施加壓力的結果，因為我們希望為自己的工作成果感到自豪，希望我們能夠樂於向同事展示自己的程式碼。這其實是同儕壓力的一種健康的形式。我們會寫出更好的程式碼，然後隨著時間的推移，自然就會產生更健康的程式碼庫，以及效率更高的團隊。

程式碼審查本質上就有社交面的效果

綜合以上所述，好好進行程式碼審查有以下三個理由：

- 你可以找出一些 bug。

- 每個人都會更加理解程式碼。

- 大家都會去寫出讓自己樂於分享的程式碼。

你看吧，程式碼審查就像任何其他的程序一樣。如果你打算花時間在它身上，你一定希望能得到很好的成效。這也就表示，你應該要仔細考慮，你究竟能從它那裡得到什麼，還有為什麼能得到這些好處。整個程序其中沒用的部分，丟掉就對了，至於有用的部分，加倍投入就對了。你可以嘗試花費一樣的時間，設法取得更多的好處；你也可以嘗試花更少的時間，來獲得相同的價值。

除非你正在採用「結伴程式設計」（pair programming）之類的做法，否則寫程式碼和除錯的工作，通常都是你自己一個人的行為。你就像一個孤獨的戰士，獨自在自己的鍵盤上，嘗試戰勝各種 bug 以及各種頑固的函式庫。

不過在程式碼審查的過程中，你並不是孤獨的。這個程序大部分的價值，來自審查者和接受審查者之間的社交互動。你在解釋程式碼時，很容易就會發現其中的 bug；你把程式碼解釋得很清楚，審查者下次調用它時就能更正確使用它；你在要求進行程式碼審查之前，就會先清理掉那些不想讓別人看到的取巧做法；接受審查者向你解釋他們所使用的技術時，很有可能也會讓你學到某種更簡單的做事方法。

既然知道程式碼審查的價值來自社交互動，來自兩個人對改動所進行的交流，你就應該要確保你的程式碼審查程序，確實鼓勵這樣的互動。如果審查的過程很安靜——審查者靜靜地翻閱改動的內容，只是偶爾發出碎念的聲音，而接受審查者也只是靜靜地看著——這樣就很有問題了。沒錯，這也算是在進行程式碼審查，不過你卻錯過了程式碼審查所能提供的真正價值。

如果你所有的程式碼審查過程，到後來都變成一次次的爭論，那你一定是做錯了！接受審查者若不能敞開心胸聽取審查者的意見，就無法學到任何的東西；審查者若不能努力去理解，接受審查者為何用他們的方式來寫程式碼，這樣大家同樣也學不到東西。而且，無論是哪一種情況，程式碼審查都不應該去爭論專案的方向、團隊的約定慣例或理念。這些問題都必須靠整個團隊的形式才能解決；光是靠兩個人的爭吵，是無法解決這類問題的。

健康的程式碼審查可以強化你的程式碼庫，同時強化你團隊成員之間的聯繫。這將是一次專業而開放的對話，所有參與者在結束之時，應該都可以學到一些東西才對。

消除掉各種會出問題的狀況

這條守則看起來很明顯，不是嗎？它究竟是什麼意思呢？

有一些會出問題的狀況是很難避免的，對吧？如果我嘗試開啟一個檔案，這個檔案有可能並不存在，也有可能正在被其他使用者鎖定使用中。無論界面設計得多麼巧妙，都無法避免掉檔案開啟失敗的可能性。所以這句話當然不是要消除掉那樣的狀況。這句話更想表達的是，如何消除掉那種實際上可以避免的狀況（或者說是「使用上的錯誤」，像是在關閉檔案之後又想要寫入檔案，或是在物件完成初始化之前就去調用那個物件裡的方法），而不是檔案開啟失敗這類的問題。

也許我可以設計出一個在使用上不可能出錯的系統，但這感覺並不容易。事實上確實也是如此。要設計出一個不會被錯誤使用的系統，其實是相當困難的。如果你把某個功能開放給使用者，大家到最後總會找出一些奇怪的使用方式，想像力絕對超乎你的想像，比如就有人竟然用《Minecraft》（當個創世神）這個遊戲，做出了一個可以正常運作的 8 位元處理器 [1]。

如果你把某個功能開放給團隊裡其他的程式設計者，大家「就是會」出現誤用的情況。這樣的誤用有可能是故意的，因為他們很可能為了讓某個東西正常運作，就把什麼怪招都用上了——比如說，他們可能會在調用過檔案系統的 shutdown 函式之後，又嘗試去關閉檔案，因為這是避免出現不需要的 callback 回調函式唯一的做法。不過，實際上大家更有可能並不是故意的，而是無意中犯了錯；比如說，大家有可能誤解了你界面的使用方式。

關於你自己的設計，你一定要問自己一個很關鍵的問題，那就是：「我究竟讓這個功能或界面的使用者，有多麼難以搬石頭砸自己的腳？」

正確的答案當然是「非常難」才對；可是我們所建立的功能或界面，卻常常讓大家一不小心就用錯了。

1　這可不是開玩笑（*https://oreil.ly/rjKQT*）。

如果某個功能或界面很容易用錯，錯誤當然很難避免。從某種意義上來說，其實正是我們自己把一大堆錯誤設計到功能或界面裡的。我們真正想做的應該是把錯誤排除到設計之外，而不是讓錯誤跑到設計之中。不過，我們姑且先來看一些把錯誤設計到功能裡的例子吧。

一個很容易搬石頭砸自己腳的函式

每一個 C 語言程式設計者都知道，至少有個函式——printf，就很容易會出錯。printf 的設計方式，本身就存在一個很根本的問題——它會預期所給定的格式字串，與隨後送進去的參數型別一定是相符的；但實際上如果兩邊不相符，就會發生未指定的問題。

下面這段程式碼並不會出問題，因為型別是相符的：

```
void showAuthorRoyalties(const char * authorName, double amount)
{
    printf("%s is due $%.2f this quarter.\n", authorName, amount);
}
```

但如果我們微調一下格式字串，就會出問題了：

```
void showAuthorRoyalties(const char * authorName, double amount)
{
    printf("remit $%.2f to %s this quarter.\n", authorName, amount);
}
```

粗略來說，就是 printf 想要把 authorName（這是個字串）解釋成一個浮點數（糟糕！）。這樣就會產生難以預測的結果。程式或許並不會整個掛掉——因為 2^{64} 位元所有的組合方式全都可以被解釋成雙精度浮點數，所以結果一定可以化成某值（就算是「NaN」也沒問題），然後被放進格式化字串中。不過，接下來 printf 還會把 amount（這是個雙精度浮點數）解釋成一個字串（糟糕！），這裡就有可能會讓程式掛掉了。

實際上，當我對前面那段程式碼進行編譯，然後再實際去執行它時，並沒有發生上面所提到會掛掉的問題。像這種參數對不上的情況，其實是很容易犯的一種錯誤，所以現代的 C 語言編譯器都已經知道要特別針對 printf 做一些額外的檢查。當我嘗試編譯這段有問題的範例程式碼時，兩個參數都出現編譯錯誤（！）。如果 printf 是用一串直接寫出來的字串來作為格式字串，編譯器就可以（而且會很確實地）檢查出其中的型別有沒有對上。

像這種特別針對的做法，正好證明了我的觀點──printf 的設計實在很糟糕，編譯器只好進行這樣的特殊檢查，才能把它的問題掩蓋起來。但很顯然的是，編譯器絕不會針對你所寫的任何程式碼，進行這樣的特殊檢查。如果你在自己的函式裡，也使用類似 printf 這種風格的格式字串，編譯器絕不會幫你檢查參數的型別有沒有對上[2]。

用怪招來砸自己的腳

為了讓程式碼真的掛掉，我故意用了點怪招，來繞開編譯器的型別檢查：

```
void showAuthorRoyalties(const char * authorName, double amount)
{
    printf(
        getLocalizedMessage(MessageID::RoyaltyFormat),
        authorName,
        amount);
}
```

這裡並不直接把格式字串寫出來，而是改從某個列表裡把它拿出來。我們的遊戲被翻譯成很多種語言，所以在遊戲中只要是使用者看得到的字串，全都是取自一個「跨語言」（localized）字串資料庫。編譯器根本沒辦法知道拿到的是什麼樣的字串，所以也就沒辦法像之前那樣，去檢查字串裡的型別格式有沒有對上。

最後的結果，果然變成了一場災難──這顯然就是一個很糟糕的想法，包裹著另一個更糟糕的想法。一開始我就提到，printf 本來就很容易因為型別錯誤而出問題；現在我在使用這個函式時，又把格式字串故意隔離到別的地方，可是格式字串終究還是與隨後的參數順序息息相關，因此這樣就更容易

2　好吧好吧，在某些非常特定的情況下，這句話還是有例外。如果你所使用的格式字串，與 printf 的格式字串完全相符，而且你也願意深入研究編譯器的文件，那你就有可能找出某種方法，在你自己的程式碼裡運用到編譯器對 printf 的支援。不過，我並不推薦這樣的做法。因為你這樣等於是把最寶貴的精力，花費在很不值得的事情上。

出問題了。我們可以想像可憐的譯者在翻譯的過程中,經常免不了必須去改變格式字串裡參數的前後順序,因為有些語言在表達同一句話時,確實會用到不同的詞序[3];然後,這樣一來我們的程式碼就會掛掉了。

或許我們可以體諒 printf 確實有它的不足之處,因為它的設計幾乎可以追溯至史前時代[4]。但是,函式希望自己所拿到的幾個參數,應該要能夠符合某些條件,這其實是很普遍的情況(雖然這並不是個很好的想法)。比如說,你寫了某個函式,其中有兩個參數是陣列值,或許你會希望這兩個陣列,總是具有相同的大小:

```
void showAuthorRoyalties(
    const vector<string> & titles,
    const vector<double> & royalties)
{
    assert(titles.size() == royalties.size());

    for (int index = 0; index < titles.size(); ++index)
    {
        printf("%s,%f\n", titles[index].c_str(), royalties[index]);
    }
}
```

有時候你可能也會讓某個參數去影響另一個參數的值:舉例來說,你或許想利用座標空間轉換函式的參數,標示出矩陣是否為單位矩陣(這是個有爭議的做法,可能會產生誤導的效果),用這種方式讓程式碼有機會可以不用去做逆矩陣和矩陣乘法之類的耗時計算:

```
Point convertCoordinateSystem(
    const Point & point,
    bool isFromIdentity,
    const Matrix & fromMatrix,
    bool isToIdentity,
    const Matrix & toMatrix)
{
    assert(!isFromIdentity || fromMatrix.isZero());
    assert(!isToIdentity || toMatrix.isZero());

    Point convertedPoint = point;
    if (!isFromIdentity)
```

---

3 例如愛爾蘭語就是如此。下面這句話你隨便找個翻譯軟體翻譯一下,就知道我的意思了:
   「Tá $%.2f dlite do %s an ráithe seo。」
4 從字面上來看──C 語言和 printf 都是在「Unix 時間值為零」的那個時間點之後沒多久就發明出來了。而且即使過了 50 年,大家還是繼續在使用 printf,這對於我所寫過的任何程式碼來說,根本就是不太可能發生的事。

```
        convertedPoint *= fromMatrix;
    if (!isToIdentity)
        convertedPoint *= Invert(toMatrix);

    return convertedPoint;
}
```

如果相關參數有彼此對不上的問題，最好的情況下也必須等到執行程式碼時才能發現問題——因為編譯階段根本看不出這類的問題。

其實明明能偵測到問題，卻要等到這麼晚才發現，這樣實在不太好。另一種做法是，只要你一發現參數對不上，就把錯誤當作函式的回應送出去；這樣一來，前來調用此函式的程式碼那邊，就必須去寫一些錯誤處理的程式碼。如果你去調用某個函式，還必須考慮到函式有可能會出錯，然後還要特別去寫一些錯誤處理程式碼，這樣其實也不是很好的做法。

還有另一種做法，就是添加 assert 語句，下斷言說參數是可以對得上的。再來就看你怎麼針對出錯進行後續處理了——你可以讓程式就此掛掉，也可以只丟出一個可忽略的訊息；至於要怎麼做，就靠大家各自選擇、風險自負囉。不過，無論是採用哪一種做法，都不會讓人覺得很愉快。

在編譯階段就阻擋掉這種砸自己腳的行為

其實最好的做法，就是把界面設計成不可能接受錯誤的用法——或是至少讓編譯器能夠拒絕掉那種錯誤的用法。你可以把多個陣列合併成一個，這樣就能消除掉多個陣列大小對不上的問題：

```
void showAuthorRoyalties(const vector<TitleInfo> & titleInfos)
{
    for (const TitleInfo & titleInfo : titleInfos)
    {
        printf("%s,%f\n", titleInfo.m_title.c_str(), titleInfo.m_royalty);
    }
}
```

你也可以把彼此有關係的參數，合併成單一個參數：

```
Point convertCoordinateSystem(
    const Point & point,
    const Matrix & fromMatrix,
    const Matrix & toMatrix)
{
```

```
    Point convertedPoint = point;
    if (!fromMatrix.isIdentity())
        convertedPoint *= fromMatrix;
    if (!toMatrix.isIdentity())
        convertedPoint *= Invert(toMatrix);

    return convertedPoint;
}
```

至於 printf 在不同語言下可能會改變參數前後順序的問題，這簡直就像是一場惡夢，修正起來棘手多了。如果你想確保參數的型別不會出問題，也希望翻譯之後即使參數的前後順序改變了，還是可以得到正確的結果，那麼在函式裡用格式化字串來處理所有參數的型別格式，這種簡單的解法就不夠用了。

如果你先去建立一些輔助函式，專門針對不同型別的參數值進行格式化轉換，然後再送回符合格式的參數值字串，並對應到合適的欄位名稱，這樣就可以解決問題了：

```
void showAuthorRoyalties(const char * authorName, double amount)
{
    // Eg "{AuthorName} is due {Amount} this quarter."

    printMessage(
        MessageID::RoyaltyFormat,
        formatStringField("AuthorName", authorName),
        formatCurrencyField("Amount", "#.##", amount));
}
```

現在這樣你至少就可以針對不同語言的格式字串，檢查你送進去的參數有沒有不相符的問題，不過遺憾的是，你還是無法在編譯階段就偵測出問題。你可以針對不同的語言，在格式字串裡用不同的順序來排列參數，而 printMessage 自然就會做好整理參數的工作。但如果格式字串用了某個欄位名稱，你卻沒有提供相應參數，或是你有提供參數，卻沒有設定欄位名稱，這些問題全都可以在執行階段用 log 記錄起來。更棒的是，不管跨語言翻譯團隊用的是哪一種翻譯工具，這種對不上的情況都可以被標記出來，這樣一來在下次執行程式碼之前，就可以先把這些問題修正掉了。

時間點最重要

如果想建立不會出問題的界面，其中很關鍵的一個重點，就是要「儘早」偵測出問題。

最糟的情況，就是根本不去偵測出問題——只放任程式丟出不正確的結果。這樣的話，那些前來調用你程式碼的人就只能靠自己去發現錯誤、去把事情理清楚。可惜的是，他們才不會這麼做呢！他們只會一整個傻眼，心裡還覺得很奇怪，為什麼自己的腳被石頭砸爛了呢？

如果在執行階段可以偵測出錯誤——嗯，這樣雖然不算太理想，但總比完全沒注意到問題、還傻傻以為沒事要來得好一些。理想情況下，只要是錯誤，就應該以某種難以忽視的方式呈現出來才對。

如果編譯器可以偵測出錯誤，那就更棒了。因為程式碼如果過不了編譯這關，這種錯誤你想忽視都很難。

至於最好的系統設計，就是讓你根本無法寫出錯誤的東西！

一個比較複雜的例子

另一個很容易引入問題的設計方式，就是建構出很複雜的物件。

下面就是一個例子。為了更容易幫 Sucker Punch 公司裡的遊戲進行除錯，我們寫了一大堆程式碼，以便在遊戲世界裡繪製出一些除錯專用的可視化元素。舉例來說，我們有一些程式碼，可以把遊戲角色能夠行走的區域，用曲線框出輪廓呈現出來。我們也有一些程式碼，可以在目前有看到玩家的 NPC 頭上畫個小標記；這也就表示，此時遊戲的 AI 系統必須去模擬出這些 NPC 該有的行為，讓這些 NPC 表現出確實有看到玩家的感覺。我們還有一些程式碼，可以在敵方劍客打算前往戰鬥的各個位置上方，顯示出小小的數字分數。

像這種負責繪製除錯資訊的程式碼，其實比想像中還要複雜。我們的除錯資訊渲染技術可支援 30 個獨立的繪製選項，所有選項全都記錄在一個背景設定物件中。這 30 個選項可以幫程式做出決定，把各種簡單的繪圖指令（例如給三個點就去畫出三角形）轉換成真正最基本的繪圖元素。比如說，那三個點採用的是哪一個座標空間呢？三角形應該畫成線框，還是畫成不透明的

呢?如果三角形落在牆的後面,是不是應該還看得見呢?諸如此類的,另外還有 27 個選項。

我們可以把這 30 個選項,一次全都送進構建函式中,不過這樣的做法感覺蠻不方便的。這裡姑且先把選項參數的結構做一番簡化與改編,然後再送進構建函式中,結果大概就類似下面這樣:

```
struct Params
{
    Params(
        const Matrix & matrix,
        const Sphere & sphereBounds,
        ViewKind viewKind,
        DrawStyle drawStyle,
        TimeStyle timeStyle,
        const Time & timeExpires,
        string tagName,
        const OffsetPolys & offsetPolys,
        const LineWidth & lineWidth,
        const CustomView & customView,
        const BufferStrategy & bufferStrategy,
        const XRay & xRay,
        const HitTestContext * hitTestContext,
        bool exclude,
        bool pulse,
        bool faceCamera);
};
```

這裡的每一個選項,都有被 Sucker Punch 公司裡的某些程式碼用到,不過大多數程式碼都只會用到其中一、兩個選項。通常大部分的選項只要維持預設值都可以了。舉例來說,我們在繪製除錯資訊時,通常都會直接採用遊戲本身所使用的同一個 3D 座標空間。如果我們想在某個角色的頭上畫一個簡單的球體(就像我們之前想標示出有哪些 NPC 看到了玩家一樣),或許可以把程式碼寫成下面這樣:

```
void markCharacterPosition(const Character * character)
{
    Params params(
        Matrix(Identity),
        Sphere(),
        ViewKind::World,
        DrawStyle::Wireframe,
        TimeStyle::Update,
        Time(),
        string(),
```

```
        OffsetPolys(),
        LineWidth(),
        CustomView(),
        BufferStrategy(),
        XRay(),
        nullptr,
        false,
        false,
        false);

    params.drawSphere(
        character->getPosition() + Vector(0.0, 0.0, 2.0),
        0.015,
        Color(Red));
}
```

這樣的寫法其實還蠻糟糕的。這是個使用起來很不方便的設計，而且天生就有太多很容易出問題的點。你絕對記不住這 16 個參數的順序，只能靠 IDE 程式開發工具提醒你該怎麼做。還有參數的型別，也不能搞錯；但如果你搞錯了，編譯器也許還有機會救你一把。還有列表最後面的四個布林參數，究竟是什麼意思，你就只能問蒼天了。如果你真的跑去仔細查看 markCharacterPosition，就會發現這幾個東西根本是一團謎。

而且，希望你一直都很好運，永遠都不需要再添加或移除構建函式裡的參數。我們快速回顧了一下 Sucker Punch 公司的程式碼庫，發現大概有 850 個地方會去建構這些除錯渲染參數。如果真的需要去每一個位置移除掉某個參數，老實說我可不想成為那個負責人呀！

下面就是帶有大量參數的函式會有的一些問題——使用起來很不方便，而且隨著時間的推移，還會越來越不方便。這是因為你所要對抗的，是一個正回饋循環。通常最有可能需要再添加參數的函式，往往是那種本來就有一大堆參數的函式。如果你有個函式本身已經有八個參數，那你就可以信心滿滿地預測，將來一定還會再添加第九個參數。犯行最嚴重的罪犯，往往更有可能犯下更嚴重的罪行。如果你發現某個函式開始出現參數太多的情況，這時你最好開始計畫逃生路線吧。

如果遇到參數繁多的構建函式，最常見的解法就是把構建過程分解成好幾個步驟。真正的構建函式只負責填入預設值，然後你再利用一些只會在構建階段用到的方法，去填入一些非預設的值。在這樣的做法下，最後你就可以用某種提交（commit）的方式，來處理好這整件事情。

假設我們希望角色的標記，能夠穿透牆壁依然看得見，但是亮度要調暗50%。多階段構建函式的做法，看起來或許就像下面這樣：

```
void markCharacterPosition(const Character * character)
{
    Params params;
    params.setXRay(0.5);
    params.commit();

    params.drawSphere(
        character->getPosition() + Vector(0.0, 0.0, 2.0),
        0.015,
        Color(Red));
}
```

這個版本比 16 個參數的版本好多了，但這個設計又引入了另一個新的問題點——因為有好幾個執行步驟，就會產生執行順序的問題。我們在構建參數時，會調用到某一組方法（例如 setXRay）。等我們把參數完全構建好之後，又會去調用另一組方法（例如 drawSphere）。如果我們並沒有按照順序來調用這些函式（例如 commit 之後又去調用 setXRay，或是在 commit 之前調用 drawSphere），由於我們並沒有定義這樣會發生什麼事，所以編輯器和編譯器全都幫不上什麼忙。實際上一直要等到執行階段，才能偵測出這樣的錯誤；以這裡的例子來說，或許就是 setXRay 或 drawSphere 裡的某個 assert 語句會丟出錯誤的訊息吧。

這麼晚才抓到錯誤，並不是最佳的做法。雖然這總比完全不抓出錯誤好一點，但我們還是希望可以更早抓出錯誤，或是可以透過設計把錯誤的可能性排除掉。

你或許可以用某種約定慣例的做法，來協助大家避免掉這種執行順序上的錯誤。你的團隊可以定義出一整套的約定慣例，說明如何去編寫多階段構建函式——比如說，構建函式永遠不使用任何參數，然後一定要用 commit 方法，並使用 assert 斷言來標記出使用上的錯誤。如果有看到 commit 方法，你就可以認出這個模式，而且知道應該如何進行構建，也知道該如何使用這個物件。這樣的做法當然比沒有約定慣例好一點，不過這並不是我們所能採用的最佳做法。

在理想情況下，我們並不需要依賴約定慣例；我們可以讓編譯器強迫我們自己去採用正確的用法。比較好的做法，就是讓不正確的使用方式根本用不了，而不只是要求大家盡量避免使用而已。

讓執行順序不可能出錯的做法

如果想要達到這樣的效果，其中一種做法就是把兩個階段切分成兩個物件——先構建參數，再利用參數來進行繪製。為了增加一點樂趣，我們就來多添加幾個額外的參數好了。我們打算繪製一個實心版（Solid，而不是預設的線框版）的球體，而且會用脈動（Pulse）的方式微幅調整球體的大小，讓它變得更顯眼一點。把兩個階段的步驟切分成兩個物件，就會變成下面這樣：

```
void markCharacterPosition(const Character * character)
{
    Params params;
    params.setXRay(0.5);
    params.setDrawStyle(DrawStyle::Solid);
    params.setPulse(true);

    Draw draw(params);
    draw.drawSphere(
        character->getPosition() + Vector(0.0, 0.0, 2.0),
        0.015,
        Color(Red));
}
```

在這樣的結構下，執行的順序就被隱含進來了。你一定要先有一個 Params 物件，才能去建立 Draw 物件，所以當然會先建立 Params。

C++ 有一個常用的技巧，可以讓程式碼變得更簡潔。你只要讓每一個 setXXX 這類的函式固定送回一個對物件本身的引用，這樣就可以把每一個 setXXX 函式串在一起使用了。但如果你看不慣這種寫法，也許你可以先把視線移開一下：

```
void markCharacterPosition(const Character * character)
{
    const Params params = Params()
                        .setXRay(0.5)
                        .setDrawStyle(DrawStyle::Solid)
                        .setPulse(true);

    Draw draw(params);
    draw.drawSphere(
        character->getPosition() + Vector(0.0, 0.0, 2.0),
        0.015,
        Color(Red));
}
```

除非你已經很習慣這種寫法,否則這看起來實在不太像 C++ 程式碼;其實這並不算是什麼特別棒的寫法。如果你是「最少驚訝原則」(Principle of Least Astonishment)的信徒——也就是說,你相信最不會讓你感到驚訝的表達方式,就是最好的表達方式。那麼,這種碰巧可以這樣寫、但看起來很奇怪的程式碼,對你來說就不是什麼很好的做法了。

不過,這種寫法其實有個很大的優點。由於所有 Params 相關的操作,全都是在我們這一整串方法中進行的,所以我們可以利用 C++ 的 const 關鍵字,讓這個 Params 物件變成一個常量。這也就表示,一旦構建完成之後,編譯器就不會再讓我們去對它進行修改了。這樣一來,就可以解決掉之前揮之不去的一個不確定性——如果你用 Params 物件構建出一個 Draw 物件,後來又去改變那個 Params 物件,結果會如何實在很難說。現在只要讓 Params 物件變成 const,就沒有這個問題了。

不過,定義兩個物件依然是一件很痛苦的事。切分成兩個分離的物件類別,對於我們 Sucker Punch 公司裡負責寫除錯可視化程式碼的人來說,確實比較清楚,因為這樣他們就知道不應該在繪製函式之後調用 set 這類的函式……但如果不只是變得更清楚,而是真的變成不可能這麼做,那就更好了。參考之前的寫法,我們也可以把程式碼寫成下面這樣:

```
void markCharacterPosition(const Character * character)
{
    Draw draw = Params()
                .setXRay(0.5)
                .setDrawStyle(DrawStyle::Solid)
                .setPulse(true);

    draw.drawSphere(
        character->getPosition() + Vector(0.0, 0.0, 2.0),
        0.015,
        Color(Red));
}
```

現在這個「一整串方法」的奇怪寫法,又變得更有意義了!我們根本就不把 Params 物件公開給其他的程式碼。它只會存在一段足夠長的時間,用來構建出 Draw 物件,所以它根本沒機會讓我們不小心又改動到參數。這確實是非常緊湊的程式碼——像這樣寫的話,我們就等於是透過了設計,排除掉會出問題的情況了。

這種做法就像其他各種很奇怪的小小約定慣例一樣，只要你能把這種做法廣泛運用到專案中，就會產生最好的效果。大家習慣之後，就不會顯得很奇怪了。因為你團隊裡的每個人，都能認出這個慣用的做法，這樣你就不會違反「最少驚訝原則」了。如果你的團隊還沒有使用這種慣用的做法，那倒也不必特別導入這種做法，來構建單一的物件。如果我在程式碼審查時看到這樣的東西，原則上我還是會把它拒絕掉，因為我們在 Sucker Punch 公司裡並沒有使用「一整串方法」這樣的慣用做法；不過我可以想像，也許在多元宇宙的某處有另一家 Sucker Punch 公司，他們確實會採用這種「一整串方法」的寫法，作為他們解決此類問題的標準方法。

使用樣板來取代「一整串方法」的做法

我們在 Sucker Punch 公司裡真正接受的小小奇怪慣用做法，其實是用 C++ 樣板來處理這種「型別安全」、「參數可有可無」的需求。這並不是我們所遇到唯一的一個牽涉到大量參數、但是大多數調用者只會用到其中幾個參數的情況，所以我們確實建立了一些約定慣例，規範我們如何去處理這類的問題。

實際上我們針對 Params 物件所寫的程式碼，大概就像下面這樣：

```
void markCharacterPosition(const Character * character)
{
    Draw draw(XRay(0.5), DrawStyle::Solid, Pulse());

    draw.drawSphere(
        character->getPosition() + Vector(0.0, 0.0, 2.0),
        0.015,
        Color(Red));
}
```

這樣的做法並不見得比「一整串方法」的模型更好或更不好，充其量就只是不一樣而已。對我們來說，它確實比較好一點，因為它就是我們所採用的慣用做法；而對於採用「一整串方法」的團隊來說，我們的做法就好像不太透明、有點奇怪。不過，歸根究柢，慣用做法只要能夠消除掉使用上的錯誤──讓程式設計者不再搬石頭砸自己的腳，那比起使用者靠自己去研究所有細節的做法，絕對可說是進了一大步。

「狀態」的協調控制

本章的守則到目前為止已經研究過兩種常見的例子——檢查參數是否符合需求，還有很複雜的構建函式——而且我們現在也知道了，如何透過界面的設計，來消除掉使用上的錯誤。下面則是在 Sucker Punch 公司的遊戲裡一再反覆出現的第三個例子：有許多程式碼都想要管理遊戲角色的狀態，這些程式碼彼此間如何進行協調。

假設我們想要判斷某個角色是否要對某些破壞性事件（比如被箭射中）做出反應。通常來說，如果角色被箭射中，就要做出反應才對。不過其實也不一定！如果玩家走上前去和 NPC 交談時，遊戲進入某個過場劇情片段，這時候我們就可以忽略掉那些飛來射中玩家的流箭了。這感覺好像有點怪，但至少比其他反應方式好一點——角色不受玩家控制時，還讓角色持續受到傷害，這對於遊戲設計來說，可算是一個嚴重的錯誤。在進入過場動畫時，角色很可能已經非常脆弱了，這時候還讓他繼續受傷害，或許也會影響到過場動畫裡原本應該發生的劇情。所以，最好的做法就是讓流箭自己彈開。

比較棘手的是，有很多種情況，角色可能都要暫時進入這種無敵的狀態。不僅僅只是播放過場劇情的情況而已！比如說，也許這個角色剛喝下一瓶無敵藥水。我們或許也會讓角色在被箭射中時，短暫呈現無敵的狀態，以避免出現動畫上的問題。另外，當我們在測試新的攻擊方式時，暫時讓玩家呈現無敵狀態也比較方便；因此，我們為玩家添加了一個除錯選單選項，讓玩家可以進入無敵狀態。這樣一來，我們就可以在許多地方，把角色暫時標記為無敵狀態。

最明顯的做法，就是把重點放在角色是否進入了無敵的狀態。不管是什麼時候，這個角色的無敵狀態只會有「開」與「關」兩種情況——我們何不把這個狀態公開出來呢？這個做法好像蠻簡單的：

```
struct Character
{
    void setInvulnerable(bool invulnerable);
    bool isInvulnerable() const;
};
```

然後我們就可以像下面這樣，讓玩家在進入過場動畫時，開啟無敵狀態：

```
void playCelebrationCutScene()
{
    Character * player = getPlayer();
```

```
    player->setInvulnerable(true);
    playCutScene("where's chewie's medal.cut");
    player->setInvulnerable(false);
}
```

這是可行的做法，不過前提就是一次只能有一段程式碼，可以影響玩家是否
進入無敵狀態。或許我們也可以針對無敵藥水的情況，寫出類似下面這樣的
程式碼[5]：

```
void chugInvulnerabilityPotion()
{
    Character * player = getPlayer();
    player->setInvulnerable(true);
    sleepUntil(now() + 5.0);
    player->setInvulnerable(false);
}
```

這兩段程式碼很容易就會彼此糾纏、互相影響，因為這樣的設計很容易
導致我們犯下使用上的錯誤。如果在進入遊戲過場動畫時，玩家正好也
打開了無敵藥水的軟木塞，那我們可就麻煩了。一開始播放過場動畫，
setInvulnerable 就會把玩家設定為無敵，然後又因為喝下了藥水，所以
setInvulnerable 又會被再次調用。實際上，此時並不會有什麼變化，因為這
時候玩家已經無敵了。過了五秒鐘之後，藥水的效力消失，於是程式碼又會
去調用 setInvulnerable(false)……但這時候還在播放過場動畫呀！這樣可
不行。

如果我們只看到這一個例子，就想改用通用的做法，也許我們就會嘗試下面
這樣的方式來解決問題：

```
void playCelebrationCutScene()
{
    Character * player = getPlayer();
    bool wasInvulnerable = player->isInvulnerable();
    player->setInvulnerable(true);
    playCutScene("where's chewie's medal.cut");
    player->setInvulnerable(wasInvulnerable);
}

void chugInvulnerabilityPotion()
```

---

5 這些範例是我運用我們自己的腳本語言，稍作改編之後寫出來的等效程式碼；這種語
言可透過「共常函式」（co-routines）對非同步程式設計提供預設的支援。在調用這個
sleepUntil 時，並不會阻礙到其他程式碼的執行；前一個例子裡的 playCutScene 也是一樣
的。不過，正如我們隨後即將看到的，這樣其實會引起很多的問題。

```
{
    Character * player = getPlayer();
    bool wasInvulnerable = player->isInvulnerable();
    player->setInvulnerable(true);
    sleepUntil(now() + 5.0);
    player->setInvulnerable(wasInvulnerable);
}
```

這段程式碼想做的是還原標記的原始狀態，以避免產生糾纏不清的問題。這樣的做法確實有點用——Sucker Punch 公司目前已上市的遊戲中，確實有採用這類的解法——不過只要沒採用嚴格的嵌套式檢查做法，這個解法同樣會出問題。舉例來說，如果玩家在過場動畫開始之前，先喝了無敵藥水，後來藥水在播放過場動畫期間失去作用，這時候還原到喝藥水之前的狀態就不對了。

所以，像這種使用上的錯誤，該怎麼消除呢？嗯，我們可以考慮把每一段無敵相關的程式碼，各自切開來處理。如果我們針對每一段相關的程式碼，個別去維護相應的無敵標記，這些程式碼就不會糾纏在一起了：

```
void playCelebrationCutScene()
{
    Character * player = getPlayer();
    player->setInvulnerable(InvulnerabilityReason::CutScene, true);
    playCutScene("it's anti-fur bias, that's what it is.cut");
    player->setInvulnerable(InvulnerabilityReason::CutScene, false);
}

void chugInvulnerabilityPotion()
{
    Character * player = getPlayer();
    player->setInvulnerable(InvulnerabilityReason::Potion, true);
    sleepUntil(now() + 5.0);
    player->setInvulnerable(InvulnerabilityReason::Potion, false);
}
```

如果採用這樣的做法，我們就必須去檢查所有的無敵標記，而不能只檢查單一個標記。如果其中有任何一個標記被設為無敵，玩家就是處於無敵的狀態。只要確定每一個標記都只有一段程式碼會去進行設定，我們就不必擔心不同的程式碼片段會有相互干擾的問題。

這種做法是可行的，不過還是需要遵守一定的紀律。如果有人太懶惰，在不同段的程式碼裡重複使用同一個 InvulnerabilityReason，還是有可能會把程式搞掛掉。每次我們要寫一段能設定無敵狀態的新程式碼，就要添加一個新

的值到 InvulnerabilityReason 這個 enum 中，這樣的做法很快就會讓我們覺得實在很煩。

我們也可以考慮透過持續追蹤無敵計數值的方式，來消除掉糾纏不清的問題。這時候我們要計算的就不是單一個標記，而是計算有多少段的程式碼，想把角色設為無敵狀態。只要有任何程式碼把角色設為無敵，那就是無敵。這樣就可以得出一個非常簡單的「推入 - 彈出」（push-pop）模型：

```
void playCelebrationCutScene()
{
    Character * player = getPlayer();
    player->pushInvulnerability();
    playCutScene("I'm getting my own ship.cut");
    player->popInvulnerability();
}

void chugInvulnerabilityPotion()
{
    Character * player = getPlayer();
    player->pushInvulnerability();
    sleepUntil(now() + 5.0);
    player->popInvulnerability();
}
```

像這樣的「推入 - 彈出」模型，確實是可行的。一旦你習慣這種慣用的做法，就很容易理解了。這樣的做法也很容易進行擴展，每次要寫新的程式碼來進行無敵相關的操作，都不會影響到其他的程式碼，因為不同的程式碼都可以獨立去推入和彈出無敵的計數值，而不會破壞到任何重要的東西。

不過，我們還是有一些使用上的簡單錯誤，還沒處理乾淨。如果你的程式碼忘了去調用 popInvulnerability，這個角色就會永遠保持無敵狀態。這是個很容易犯的錯誤——也許是你的函式裡有某種提前 return 的機制，可是你卻漏做了一些清理的工作。或者你也許想在提前 return 時進行彈出的動作，以解決這個問題，但最後卻不小心彈出了兩次，反而造成了更奇怪的結果 [6]。

像這種使用上的錯誤，最好還是要完全消除掉。最簡單的方式，就是把「推入 - 彈出」的操作，包裝在構建函式和解構函式內。然後編譯器就會再次成為我們的好朋友：

6　在我的記憶中，這兩個錯誤我自己都犯過好幾次。

```
void playCelebrationCutScene()
{
    Character * player = getPlayer();
    InvulnerableToken invulnerable(player);

    playCutScene("see you later, losers.cut");
}

void chugInvulnerabilityPotion()
{
    Character * player = getPlayer();
    InvulnerableToken invulnerable(player);

    sleepUntil(now() + 5.0);
}
```

這是一種相當嚴謹的做法。這樣一來，我們就可以讓出錯變得很困難。
當然囉，我們還是有可能把事情搞砸。如果你在某個地方建立一個
InvulnerableToken，但又永遠不會去進行銷毀的動作（例如，嵌入到你儲存
在 Heap 的某個結構裡），這樣還是有可能會出問題。不過在真正的實務情況
下，我們發現善用物件的生命週期，確實是程式設計者可以把事情做對的一
種途徑，而且利用它來對共用的狀態進行可靠的管理，這種做法對我們來說
確實非常有效。

能偵測到錯誤固然很好，
但讓錯誤根本沒辦法表達更好

在這些範例中，我們確實可以消除掉大多數會出問題的情況，而且通常是讓
編譯器來伸出援手，幫我們排除掉各種問題。只要是編譯器能夠抓出來的任
何東西，都可以讓程式設計者的工作更加輕鬆。我們所使用的技術並不複
雜。我們也已經把這樣的做法套用到 Sucker Punch 公司的遊戲中，解決了許
多不同的問題。如果東西本身的結構，根本讓你連錯誤都無法表達，那簡直
就太棒了！不過，Douglas Adams 還是有點話想說[7]：

> 大家在嘗試設計出完全防呆的東西時，經常犯下的一個常見錯誤，
> 就是低估了呆瓜的厲害。

7　Douglas Adams，《Mostly Harmless》（基本無害，Del Rey，1993 年）。

當然囉，他說得一點都沒錯。根本就沒有完美的答案，我們也無法防止所有使用上可能發生的錯誤。我們也許可以阻止使用者直接用石頭來砸自己的腳，但我們實在很難阻止使用者，用各種怪招來砸自己的腳。我們的目標並不是做出完全防呆的設計──我們只想透過設計讓事情變得很容易做對，而且很難做錯。

雖然我們無法讓設計完全防呆，但我們所擋下的每一件蠢事，確實可以讓我們的系統更加可靠。因此，你打從一開始就要盡可能找機會，從你的設計裡消除掉那些會出問題的狀況。

沒在執行的程式碼，
就是會出問題

任何大型的程式碼庫，尤其是已存在一段時間的程式碼庫裡，總有一些「此路不通」的死巷子——可能是某幾行程式碼、某幾個函式或某個子系統，總之就是一些再也不會被執行到的東西。回想起來，當初會添加這些東西，其實都是有原因的——也許是某一次，某個地方調用了這幾行程式碼。但後來情況有了變化，也許從某個時候開始，就不必再調用到這幾行程式碼了。實際上，再也沒有人會來調用了。於是，這些程式碼就變成孤兒了。

有時候這些孤兒很容易分辨，比如在整個程式裡，有某個函式完全不會被調用到。如果你所使用的程式語言和開發工具夠好用，它甚至有可能針對這種「已死亡程式碼」（dead code），向你發出某種相關的警告。

不過更常見的情況是，這類孤立程式碼沒那麼容易分辨出來。也許它還是具有某種特定的模式，比如在基礎物件類別裡定義了某個虛擬方法，但後來衍生的物件類別卻完全沒用到。這時候就算進行靜態分析，也沒辦法抓出這類的東西。又或者，之前寫了一堆程式碼來處理函式的某些特殊情況，因為那些情況需要進行特殊的條件判斷。但也許從某個時候開始，條件改變之後那些情況就不再發生了。問題是，處理那些特殊情況的程式碼依舊存在，只是再也不會被調用到了。

任何成熟的程式碼函式庫，你越仔細查看，就會發現越多的孤立程式碼，例如像一些有定義但從沒被用到的枚舉值，或是針對舊版函式庫寫了一堆特殊程式碼，但那個舊版函式庫已經好幾年沒用到了。

程式碼會有這樣的演化，其實是很自然而且無可避免的事。程式碼庫就像一條河流，蜿蜒曲折穿過平原，偶爾會改變路線。有時候路線改變的程度足夠大，有些舊河道就會整個斷流。它看起來也許還像是一條河，但其實已經變成一個湖了。

我們就來看一段程式碼演化的簡化範例吧。想像一下，假設你有一些程式碼，可用來持續追蹤遊戲裡所有的角色。在遊戲開發過程中，你對角色追蹤的要求不斷演化，程式碼也隨之演化。我們打算把這整個演化的過程，切成四個階段來進行觀察。

第一階段：一開始很簡單

事情一開始，通常都很簡單。你的遊戲會針對遊戲裡的每個角色建立一個物件實體，這個物件會公開幾個簡單的查詢方法，主要是讓角色用來判斷其他角色究竟是敵是友：

```
struct Person
{
    Person(Faction faction, const Point & position);
    ~Person();

    bool isEnemy(const Person * otherPerson) const;

    void findNearbyEnemies(
        float maxDistance,
        vector<Person *> * enemies);
    void findAllies(
        vector<Person *> * enemies);

    Faction m_faction;
    Point m_point;

    static vector<Person *> s_persons;
    static bool s_needsSort;
};
```

你會用到一個列表，來存放遊戲裡所有的角色：

```
Person::Person(Faction faction, const Point & point) :
    m_faction(faction),
    m_point(point)
{
    s_persons.push_back(this);
    s_needsSort = true;
}

Person::~Person()
{
```

```
    eraseByValue(&s_persons, this);
}
```

每個角色都會被分派到某個「幫派」（faction），只要是不同幫派的角色全都是敵人：

```
bool Person::isEnemy(const Person * otherPerson) const
{
    return m_faction != otherPerson->m_faction;
}
```

因為你經常需要幫角色找出附近的敵人，所以有一個方法可以來做這件事：

```
void Person::findNearbyEnemies(
    float maxDistance,
    vector<Person *> * enemies)
{
    for (Person * otherPerson : Person::s_persons)
    {
        float distance = getDistance(m_point, otherPerson->m_point);
        if (distance >= maxDistance)
            continue;

        if (!isEnemy(otherPerson))
            continue;

        enemies->push_back(otherPerson);
    }
}
```

由於你也想知道角色有哪些盟友，所以還有另一個方法可以做這件事。這個方法用了一點小技巧——只要把所有角色按照幫派來排序，就可以把所有盟友全都排在一起。只要檢查過最後一個盟友，就可以提前退出迴圈了：

```
bool compareFaction(Person * person, Person * otherPerson)
{
    return person->m_faction < otherPerson->m_faction;
}

void Person::findAllies(vector<Person *> * allies)
{
    if (s_needsSort)
    {
        s_needsSort = false;
        sort(s_persons.begin(), s_persons.end(), compareFaction);
    }
```

```
    int index = 0;

    for (; index < s_persons.size(); ++index)
    {
        if (!isEnemy(s_persons[index]))
            break;
    }

    for (; index < s_persons.size(); ++index)
    {
        Person * otherPerson = s_persons[index];
        if (isEnemy(otherPerson))
            break;

        if (otherPerson != this)
            allies->push_back(otherPerson);
    }
}
```

上面這些做法全都沒問題——現在你只要利用這個簡單的幫派敵對模型，就能推動遊戲進行了。遊戲裡只要利用這麼簡單的東西，就能玩出很多花樣。順帶一提——你只要再添加一個函式，來判斷哪些幫派對其他哪些幫派懷有敵意，你就擁有 Sucker Punch 公司《inFamous》系列遊戲裡真正在使用的敵對模型了。

雖然這個敵對模型好像已經很夠用了，不過你很快就會發現，我們一開始所使用的兩個查詢函式 findNearbyEnemies 和 findAllies 好像有點不太夠用。這兩個函式確實很好用，但實際上還是會出現一些沒辦法解決的新問題。也許你想找出玩家視線範圍內可以清楚看到的所有盟友。其實你只要先找出玩家所有的盟友，然後再把玩家看不到的盟友篩選掉，就能完成這件事了：

```
vector<Person *> allies;
player->findAllies(&allies);

vector<Person *> visibleAllies;
for (Person * person : allies)
{
    if (isClearLineOfSight(player, person))
        visibleAllies.push_back(person);
}
```

你也可以在 Person 裡建立其他更多的方法，來處理各類的情況——直接多添加一個 findVisibleAllies 方法，並不困難對吧？這樣你就不必用到 allies 這個列表，只要直接建立一個 visibleAllies 列表就行了。不過，這種搜尋類函式的數量越加越多，整個做法就會顯得越來越笨拙。如果你在 Person 裡加入十幾個這種具有特定功能的搜尋類函式，而且大部分都是從同一個地方過來進行調用，這樣的做法根本就沒什麼好處。

第二階段：找出通用的模式

等你積累足夠多這種特定模式（「找出符合某組特定條件的角色」）的例子，你就會比較有信心，可以來嘗試通用的做法了[1]；所以，你在 Person 物件類別裡添加了一個樣板函式：

```
template <class COND>
void Person::findPersons(
    COND condition,
    vector<Person *> * persons)
{
    for (Person * person : s_persons)
    {
        if (condition(person))
            persons->push_back(person);
    }
}
```

這樣你就不必去做額外的記憶體配置工作，同時依然擁有合理又容易閱讀的程式碼[2]：

```
struct IsVisibleAlly
{
    IsVisibleAlly(Person * person) :
        m_person(person)
        { ; }

    bool operator () (Person * otherPerson) const
    {
        return otherPerson != m_person &&
                isClearLineOfSight(m_person, otherPerson) &&
                !m_person->isEnemy(otherPerson);
```

1　「足夠」的意思就是「至少要有三個以上」，因為根據守則 4，「先找出三個例子，才能改用通用的做法」。
2　當然，如果你的團隊習慣使用 Lambda 匿名函式，當然也可以用 Lambda 的寫法。

```
    }

    Person * m_person;
};

player->findPersons(IsVisibleAlly(player), &allies);
```

這個樣板一旦確立下來，你就可以掃視整個程式碼庫裡所有調用到 `Person::findNearbyEnemies` 和 `Person::findAllies` 的地方。你可以看到之前那個「找出玩家視線範圍內所有盟友」的例子，原本使用的是多步驟篩選的做法，現在你只要改用最新的 `findPersons` 樣板做法就行了。

在掃視的過程中，你發現每個調用到 `findAllies` 的地方，都會額外做一些篩選動作，所以你乾脆就把它們全都換成了 `findPersons`。這是一件好事——程式碼更簡單、更快速，而且也更容易閱讀了。你對於這一階段的成果，感到十分滿意。所有多步驟篩選的操作全都沒了，因此你的程式碼庫也變得更容易閱讀。你不斷往前推進，雖然有幾個地方還是會調用到 `findNearbyEnemies`，但有很多地方都變成調用 `findPersons`，而調用到 `findAllies` 的地方則全都沒了。

不過，後來你覺得這個簡單的敵對模型還不夠好。你希望讓玩家可以進行偽裝。你的目標是，如果玩家穿上保全人員的制服，在安全管制區裡就不會被射殺了。

第三階段：添加偽裝功能

在添加偽裝功能時，你目前的簡單敵對模型就曝露出它的缺點了。把整個世界只區分成敵人和盟友，並不是非常好的做法。這時你真的需要再多添加一些東西，才能反映出許多角色之間彼此矛盾的心態。保全人員會把另一名保全人員視為自己的盟友，但如果隨機遇到一個陌生人，他的態度就會介於敵人與盟友之間。

我們很容易就可以把這種微妙的敵對模型，抽象成一個虛擬界面：

```
enum class Hostility
{
    Friendly,
    Neutral,
    Hostile
};
```

```
struct Disguise
{
    virtual Hostility getHostility(const Person * otherPerson) const = 0;
};
```

你可以在 Person 裡添加一個新的方法，來設定角色目前的偽裝情況，然後用
nullptr 來表示沒有任何的偽裝：

```
void Person::setDisguise(Disguise * disguise)
{
    m_disguise = disguise;
}
```

isEnemy 方法顯然必須小改一下：

```
bool Person::isEnemy(const Person * otherPerson) const
{
    if (otherPerson == this)
        return false;

    if (m_disguise)
    {
        switch (m_disguise->getHostility(otherPerson))
        {
        case Hostility::Friendly:
            return false;

        case Hostility::Hostile:
            return true;

        case Hostility::Neutral:
            break;
        }
    }

    return m_faction != otherPerson->m_faction;
}
```

然後……其實這樣就可以了。我們所寫的其他程式碼，好像全都可以正常
運作——沒有新的問題跑出來，而且偽裝效果確實也按照預期的方式正常
運作。

不過，其實還是有個潛在的問題——之前舊的那個 Person::findAllies 方
法，現在沒辦法正常使用了。而且，我們並不知道它出問題了，因為目前沒
有任何地方會去調用到它。添加偽裝效果這件事，破壞了 findAllies 裡一

個很微妙的假設。這個假設就是，如果我們按照幫派對整個角色列表進行排序，我們所有的盟友應該全都會彼此相鄰排在一起才對。多了偽裝的效果之後，情況通常也差不多，不過並非總是如此。

你恐怕沒辦法指望在程式碼審查過程中，可以發現這類的問題。程式碼審查比較擅長的是在改動過的程式碼裡發現問題，因為那正是審查時所關注的重點。審查的做法並不擅長在沒有改動的程式碼裡發現問題，因為只要是沒改動的部分，審查者通常都會直接跳過。

這個特殊的 bug 本身也很討厭，因為我們一旦建立並使用偽裝功能，這個問題也不一定會出現。只要你的盟友在角色列表裡依然緊靠在一起，程式還是可以正常運作。就算 findAllies 出了問題，它還是會送回一個只包含部分盟友的列表，所以出問題的情況並不一定總是很明顯。

這個 bug 完全有可能永遠都沒被人發現！有時候我偶爾還是會在 25 年前寫的程式碼裡找出一些 bug，而且我可以很確定的是，那絕對不是程式碼裡最後一個 bug。永遠都還是有一些 bug，依然潛藏在舊程式碼中，等待出現足夠大的變動，那些潛藏的 bug 才會轉變成很明顯的問題。但程式碼變動的程度，有可能永遠不足以讓那些潛藏的錯誤曝露出來……所以，這真的還算是個問題嗎？

第四階段：回頭去用老做法

在這個範例中，它確實是個問題，因為過幾個月之後，情況又再次出現變化。有某個人寫了一段除錯程式碼，想列出玩家所有的盟友。他覺得 Person::findAllies 這個方法很適合做這件事──所以就直接去調用它了：

```
vector<Person *> allies;
player->findAllies(&allies);

for (Person * ally : allies)
{
    cout << ally->getName() << "\n";
}
```

這段程式碼看起來很不錯呀！只要是沒偽裝的情況，它都能完美運作。就算有偽裝的情況，這段程式碼也不會把問題很明顯表現出來。實際上雖然可能已經出問題，但它還是會列出一堆盟友……只是沒列出所有的盟友而已；就算漏了某個盟友，你也不太可能注意到，因為在這個盟友列表裡確實都是盟

友而不是敵人。這樣的一段程式碼，絕對很有可能順利通過你的程式碼審查程序，完全沒發現問題。

不過，之前沒人去調用 findAllies 的那段期間，有人用 findPersons 寫了一段程式碼；他很自然就會做出假設，認為送回來的結果應該是按照固定的順序排列才對。一般人很容易就會做出這樣的假設——畢竟順序這東西應該不會變來變去才對嘛！所以，新的程式碼就用它來找出附近的盟友，然後讓這些盟友排成一列跟在玩家身後，一切好像都沒什麼問題。但是突然有一天，不知道是什麼奇怪的原因，在某個極其罕見而且很難預測的情況下，那些跟在後面的盟友突然變得很奇怪，一個個爭先恐後搶著排到新的位置。遊戲裡如果出現這樣的問題，肯定是沒辦法上市的。

當然囉，問題就出在那個看似無傷大雅的 findAllies。因為只要一添加新的角色，findAllies 就會重新排列角色列表，所以在調用 findPersons 時，排列順序就會以一種不可預測的方式被打亂。為了找出問題所在，你很可能會去重新檢視所有調用到 findPersons 的地方，這絕對是一件很嚴重也很麻煩的事。

這要怪誰呢？

究竟是哪裡出了問題呢？

我們很容易就會把問題歸咎給第三階段，因為我們很顯然是在那個階段裡犯了錯。我們添加了偽裝的功能，但 findAllies 卻沒有做出相應的改動。不過，這其實是個很容易犯的錯——我們的程式碼還是可以完美運行，好像沒任何問題似的。不管做了多少產品測試，全都找不出 findAllies 的問題，因為它根本就不會被任何地方調用到。甚至特別針對 findAllies 去進行審查也沒用——這個問題背後的假設，其實還蠻微妙的[3]。

你可能還會爭辯說，第四階段也有錯，因為我們在那裡寫了一段新的程式碼，重新去使用之前那個已經沒人使用的 findAllies。你想想，這不就是本章所要說的守則嗎？——「沒在執行的程式碼，就是會出問題」。如果我已經知道 findAllies 完全不會被調用，那我絕對要假設它就是會出問題。

3　如果你就是很想對著本書大喊「你的單元測試在哪裡？！？」，好啦，請你先忍耐一下。我會談這東西的啦。

不過，身為一個程式設計者，這並不是你一般情況下會做出的假設；如果你所使用的程式碼庫，一直都沒出過什麼問題，你更不會做出這樣的假設。每次在寫新的程式碼或解決問題時，你一定會假設程式碼庫應該都是正常的才對。每次你看到某些功能，心裡通常都會假設，它應該會按照預期來運行才對。要不然的話，你的工作根本就沒辦法往下推展嘛。

這個範例裡真正的錯誤，其實是在第二階段犯下的。當你讓 findAllies 變成了孤兒時，其實就已經製造出一個問題了。一旦你完全不再調用它，它就不再能夠保證自己可以正常運作了。

這聽起來或許有點荒謬。你只不過是不再去調用它而已，這個函式照說應該還是可以按照預期正常運作才對呀。為什麼你要放棄一段可以完美運作的程式碼，放棄之前為它所付出的努力，只為了遵守這條守則呢？程式碼很顯然是到了第三階段才出問題的，對吧？

也許吧。這就好像是薛丁格的貓，對吧？我們在第二階段一旦接受這段程式碼變成孤兒，它就不會再被執行到；如此一來，你就沒辦法知道它能否一直保持正常運作了。在這個範例裡，要找出錯誤好像很簡單——我們的孤兒函式來到第三階段就出問題了，然後我們到了第四階段，就發現了這個問題（付出了巨大的代價）。不過在現實世界中，第二階段到第四階段之間，很有可能穿插好幾十個階段。或許我在整段期間做了很多的改動，只要沒影響到結果，我都不會覺得有什麼問題……但或許其中有某次改動，會讓那個被孤立的函式出問題，而我們根本就不會發現。

所以，更簡單的做法就是，只要某個東西變成了孤兒，我們就馬上假設它一定會出問題。幾乎可以肯定的是，隨著時間的推移，事情到最後一定會變成這樣。我們只是不知道什麼時候會出問題而已。

如果我們做出這樣的假設，那第二階段裡的錯誤就不是把 findAllies 變成了孤兒。錯誤在於我們把 findAllies 變成了孤兒，卻沒有把它刪除掉。我們要知道，只要不再去調用它，它就一定會出問題。我們在第二階段犯了這樣的錯，所以第三階段和第四階段就很難不出問題了——只要是沒被執行的程式碼，最後總會出問題，後來只要有人再去調用它，問題就來了。所以最好的做法，就是立刻刪除掉孤立的程式碼。

測試的局限性

當然囉，這並不是這個問題的標準答案。如果你是在一個以測試為中心的團隊裡工作，或許你會覺得很好奇，為什麼單元測試沒辦法發現這個問題。如果我們有一整套完整的單元測試，findAllies 就不會變成真正的孤兒。畢竟還有我們的單元測試會去調用到它，所以不必急著去假設它立刻就會出問題。

可是，單元測試並不是完美的。有些團隊確實有一些充分的理由，不去針對每一段程式碼進行單元測試。舉個例子，某些類型程式碼的測試效果，確實比另一些類型的程式碼測試效果更好。對一些作用很明顯、功能很簡單的無狀態函式來說，測試起來肯定比較容易，但對於一些比較複雜、有狀態的函式來說，可就沒那麼簡單了。比方說，假設你正在測試 C 的標準函式庫，要測試 strcpy 就比測試 malloc 來得容易許多 [4]。只要是有狀態的東西，單元測試就很難準確複製出程式碼實際執行的所有情況。你的單元測試總是會漏掉一些實際的使用情境。

findAllies 的測試程式碼，通常都是我們當初在寫 findAllies 的時候一起寫的，這個時間點遠遠早於我們後來考慮給 Person 物件類別添加偽裝功能的時間點。所以，我們所準備的測試案例絕不會考慮到偽裝的情境。只要不考慮偽裝的情況，findAllies 這個函式本來就可以正常運作，因此測試程式碼當然不會回報任何問題。或許添加偽裝功能的人，也有意識到應該去幫 findAllies 更新相應功能的單元測試，而且他還會特別去添加一些偽裝功能造成 findAllies 出問題的測試程式碼，讓順序出問題的情況浮現出來……不過，這其實是一件很艱巨的工作。

單元測試還是會牽扯到成本的問題。我們必須讓 findAllies 相應的單元測試，持續保持在最更新的狀態。執行這些測試，也會產生一些成本。而這一切又是為了什麼呢？我們幹嘛花那麼大的力氣，去針對一個沒有人會調用的函式，確保它後續不會出問題？

呃，你可能會說……我在前面不是說過嗎？第二階段（把 findAllies 變成了孤兒）會讓第三階段（findAllies 開始出問題）和第四階段（有問題的程式碼開始浮現出問題）很難不出問題。因為我們在第二階段讓程式碼變成孤

---

[4] strcpy 這個標準函式會把一串符合 C 語言風格的字串複製到另一個新的位置。它很簡單，而且完全是無狀態的。malloc 這個標準函式則是 C 語言的通用記憶體配置器。它負責管理你的程式碼裡所有動態配置的物件（大體上可以這麼說）。它是個非常複雜的函式，而且是有狀態的。

兒，所以它很容易就會出問題；之後只要有人再來調用這段孤立的程式碼，
問題就會跑出來了。如果可以針對它寫一段可靠的單元測試，這樣不是比較
好嗎？這樣更有可能提前偵測出問題，還可以讓這個孤兒函式在後來又被人
調用時，更有可能**不出問題**，對吧？

呃——不對哦。這其實就是我們應該在第二階段刪除掉孤立程式碼的意義之
所在。我們只要直接刪除掉沒用的程式碼，就不用再去擔心它會出問題，自
然也就不用去考慮第三階段的事了。而且我們也不用再去擔心，程式設計者
突然決定再次去調用它的問題——它已經不存在了，所以就沒什麼調不調用
的問題，自然也不用去考慮第四階段的事了。

如此一來，程式設計者只好去調用 findPersons，它絕對可以完美運作，不
會出什麼問題：

```
struct IsAlly
{
    IsAlly(Person * person) :
        m_person(person)
        { ; }

    bool operator () (Person * otherPerson) const
    {
        return otherPerson != m_person &&
               !m_person->isEnemy(otherPerson);
    }

    Person * m_person;
};

vector<Person *> allies;
player->findPersons(IsAlly(player), &allies);
```

去找出一些已經被孤立的程式碼，然後放心地把它刪除掉吧——這應該是一
件讓人蠻開心的事[5]。說真的，這也許會是你整個禮拜最爽快的時刻。因為
這樣你就可以減少專案裡的程式碼，讓一切變得更簡單，而且還不會失去
原本應該有的任何功能。這件事做起來又快又容易，而且大家都會因此而
受惠。

5　你不用害怕啦；別忘了，你永遠都可以回到你的原始碼版本控制系統裡，把那些已被刪除
　的程式碼重新取出來。實際上，你根本不會去做這件事，但「你可以這麼做」的這個事
　實，應該更有助於讓你做出正確的判斷才對。

寫出可收合概念的
程式碼

我總會花很多時間去查看程式碼，想搞清楚它究竟在做什麼。通常我會去查看的程式碼，有可能是我正打算去除錯的程式碼，也有可能是我正考慮去調用的程式碼，或是會來調用我所負責程式碼的其他程式碼。程式碼「實際上所做的事」，經常與它「想要做的事」並不相同，這正是查看程式碼這件事蠻有趣的理由。

最好的情況下，閱讀程式碼就好像在閱讀其他任何語言的文字一樣。你沿著一行一行的敘述，從上往下一路前行，抱著熱切的心情、隨著曲折的情節前進，然後在完全理解程式碼的作用和原理之後，來到了程式碼的結尾。

實際上，最簡單的方式就是直接用眼睛閱讀程式碼，就好像你用眼睛閱讀文章一樣：

    int sum = 0;

或者是：

    sum = sum + 1;

這兩個範例並不需要任何思考或推理 —— 看一眼就足以理解程式碼的意思了。即使是更長的一段程式碼，只要符合一些常見的模式，也可以有同樣的效果：

```
Color Flower::getColor() const
{
    return m_color;
}
```

你甚至可以一眼就看懂整個迴圈在做什麼：

```
int sum = 0;
for (int value : values)
{
    sum += value;
}
```

這裡也許要稍微想一下,不過其實並不困難。隨著程式碼的內容越來越多,想直接一眼看懂它的意思,就會越來越困難──如果你也像我一樣是個抱持懷疑心態的老程式設計者,也許你就會更難相信自己有能力一眼讀懂程式碼,因為你過去把程式碼的意思看錯、卻以為自己已經看懂了,像這樣的經驗實在發生太多次了。

程式碼的內容如果實在太多而無法一眼就看懂,你就會開始進行推理。你可以觀察一下,當你看到下面這段程式碼時,你的大腦在做什麼:

```
vector<bool> flags(100, false); ❶
vector<int> results; ❷

for (int value = 2; value < flags.size(); ++value) ❸
{
    if (flags[value]) ❹
        continue; ❹

    results.push_back(value); ❺

    for (int multiple = value; ❻
            multiple < flags.size(); ❻
            multiple += value) ❻
    {
        flags[multiple] = true; ❼
    }
}
```

幾乎可以肯定的是,你應該沒辦法直接看一眼就理解它的意思吧──也就是說,你應該沒辦法一眼就看出它是個篩選質數的數學演算法「埃拉托斯特尼篩選法」(Sieve of Eratosthenes;*https://oreil.ly/mgEXO*)。你大概只能從上往下一次看一行程式碼,然後再對每一行的作用進行推理,並思考它與前幾行搭配起來會有什麼樣的效果。

如果說得更詳細一點,你的思考程序也許是這樣的:

❶ flags 是一個向量,其中有 100 個 false。

❷ 看來我們打算在 results 這個陣列裡收集一些結果。

❸ 好，這裡是針對 flags 這個陣列進行迴圈操作，不過迴圈的索引是從 2 開始，這還蠻有趣的，只不過還不太確定是什麼意思。

❹ 嗯，如果 flags 陣列裡 value 所對應的元素有被設為真（true），那就先跳過；這裡也還不確定是什麼意思……

❺ 針對沒跳過的情況，就把 value 的值送入 results 陣列中？這一定就是最後要輸出的東西吧。

❻ 另一個迴圈，這次是針對 value 值的每一個倍數值。

❼ 啊，我知道了，我們會在這裡把所有的倍數標記起來，這就是那個叫埃拉什麼的篩選法……埃拉托斯特尼，對吧？這就是我們為什麼要從 2 開始，而不是從 0 或 1 開始的理由。現在我明白了：results 向量最後就會變成一個質數列表。

這整個推理的過程，就好像是在思緒上做出某種雜耍行為似的——每當你看到某些不太理解的東西時，就要先把它擱置在一旁，因為要等到後來你才能搞清楚，它應該如何與後面的程式碼互相搭配起來，這就好像雜耍的人先把一個球拋到空中，但心裡知道稍後還要抓到它才行。在這個範例中，你需要拆解兩個謎團——為什麼迴圈會從 2 開始，還有外層迴圈為什麼會跳過已經標記為真的值。把每個倍數值標記為真的後面那個迴圈，解開了這兩個謎團——你終於可以抓到剛剛拋出去的球，理解程式碼的用意了。

雜耍的人通常可以同時玩很多球——不過對我來說，三個就已經很厲害了。也許「你」可以同時玩很多個球，但無論如何球的數量終究是有限的。你可以在同時間內暫時擱置的想法，數量其實非常少。如果你同時想要追蹤的東西太多，就會開始隨機忘掉一些你原本想記住的東西。

這種「心理雜耍」（mental juggling；也叫做 cognitive load「認知負荷」）實際上只不過是「短期記憶」而已 [1]。簡單來說，你的「**長期記憶**」（你永遠不會忘的事）和你的「**短期記憶**」是不同的。如果你想記住一份購物清單的內容，這就會鍛煉到你的短期記憶——如果清單裡只有兩、三個東西，你應該就可以記住、不會忘記。但如果有十幾個東西，你就一定要寫下來才行了。

---

1 也可以叫做「運作中的記憶（*working memory*）」；其實認知科學家們對此也還沒有定論，就看你要選哪邊都行。實際上我比較喜歡「團隊運作中記憶」（Team Working Memory）這個說法，不過「短期記憶」確實是一個比較廣為人知的說法，所以這裡採用的是後面這種說法。

這是因為短期記憶能容納的數量是有限制的。你或許有聽說過，短期記憶大概只能放入七個（正負兩個）想法左右。如果想再多放一點，新的想法就會把舊的想法擠掉。無論你是在閱讀程式碼，或是想記住購物清單裡的東西，大概都是這樣的情況。

對於我們大多數人來說，七（正負二）這個數字可說是一個相當嚴格的限制[2]。同時記住三個不同的程式設計概念，並不會很困難——並不需要特別努力，就可以解開你所閱讀程式碼裡的一些謎團。另一方面，如果想同時追蹤十幾個概念，那就幾乎是不可能的事了。如果你對某段程式碼有很多地方不瞭解，那你的麻煩就大了。用程式設計的術語來說，你的快取記憶體溢出（overflow）了，你一定會忘掉一些原本想搞清楚的東西。

這就是失敗的感覺

身為程式設計者，我們都曾有過想搞清楚某些複雜程式碼的原理，但結果卻失敗的經歷。你查看程式碼時，總會發現一些無法理解的內容。為了理解它的意思，你經常會跳到程式碼的其他地方，找出它所調用的函式或定義的結構，或是找看看有沒有一些關於背景知識的註解說明。找著找著，又找到另一個地方去了。等你好不容易搞懂某段程式碼，你很可能已經忘記當初是從哪裡開始的了。這時候你忘記的速度，與你搞懂的速度大致相同。這種感覺實在太令人沮喪了！

短期記憶所扮演的角色

好的程式碼不會讓讀程式碼的人產生出這樣的挫敗感。通常程式碼寫了一次，就會被讀很多次；如果你想寫出好的程式碼，就要替後面讀它的人著想。不要指望那個來讀程式碼的人，有能力同時處理太多的新想法。

如果程式碼強迫來讀的人必須把超過七個（正負兩個）球拋在空中，球一定會接不住掉下來。只要是讀程式碼的人想放入短期記憶裡的東西，全都算是一個球。還沒解開的謎團，顯然要當成一個球來算，不過要算進來的可不止如此而已。累積下來的事實，以及彼此之間的關係，也是要算進來的，因為我們都希望可以找出已知事實與未解謎團之間的關係。如果各種謎團、

2　我已經用實驗確認過，咖啡對這個極限值並不會有什麼影響。

事實和關係的總數,超過讀程式碼的人天生的限制,那就一定會有東西被遺忘掉。

這些被遺忘掉的東西,就會讓程式碼變得很難懂。如果讀程式碼的人忘掉了一些解開謎團所需的事實,這個謎團就解不開了。你和讀程式碼的人都無法控制,有哪些想法會被遺忘掉——解開謎團的關鍵事實一旦被忘掉,謎團就解不開了。

我們就來計算一下,前面這個程式碼範例,在執行過程中有幾個需要記住的點:

```cpp
vector<bool> flags(100, false); ❶
vector<int> results; ❷

for (int value = 2; value < flags.size(); ++value) ❸
{
    if (flags[value]) ❹
        continue; ❹

    results.push_back(value); ❺

    for (int multiple = value; ❻
         multiple < flags.size(); ❻
         multiple += value) ❻
    {
        flags[multiple] = true; ❼
    }
}
```

❶ flags 是一個內含 100 個布林值的向量,一開始全都是 false(+1)。總數量 = 1。

❷ 這個 results 看起來好像是迴圈的輸出結果(+1)。總數量 = 2。

❸ 這是一個索引值從 2 開始的迴圈(+1)。總數量 = 3。

❹ 基於某種原因,我們會跳過某些 value 值(+1)。總數量 = 4。

❺ 啊,好的,這裡會把 value 值存入 results 中。我們的假設得到了證實(+0)。總數量 = 4。

❻ 另一個迴圈,這次是針對 value 值的倍數值(+1)。總數量 = 5。

❼ 上面所有的概念,全都可以收斂成「把一堆質數放入 results 向量中」。總數量 = 1。

即使我們用很保守的方式來計算記憶點，記憶點的總數量還是維持在安全的限制以下，並沒有超出一般人追蹤事物的能力。而且，記憶點的總數量不只會上升，也會下降。舉例來說，我們只要一脫離某個變數的有效作用範圍，就沒有必要再去管它了。如果可以把好幾個想法整合成一個想法，那就更棒了。

在前面的範例中，你到後來終於意識到，程式碼其實是要製作出一個質數列表，這就是概念整合的例子。原本你還在想辦法處理程式碼相關的大量細節，但後來突然意識到，這些東西全都可以整合起來。一旦你知道有好幾個東西可以整合在一起，就不用再擔心相關的細節，只需要抓住整合後的結果就行了。這時候所有的細節，全都會轉變成一個整合後的概念。

好的程式碼會讓這樣的程序變得很容易。這就是一種「可收合」（collapsible）的概念。它可以讓你一直維持在短期記憶的限制之內。它會用一段一段比較短的、比較相關的程式碼，來展示它的想法；每一段都經過精心的編寫，以符合讀程式碼的人短期記憶的限制，把這些東西逐步整合之後，就可以收斂成一個單一的概念。

其實有一些簡單的技術，可以做到這件事。我們就來看看另一個比較長的例子：

```cpp
void factorValue(
    int unfactoredValue,
    vector<int> * factors)
{
    // 把用來標出質數倍數值的 flags 全部清空

    vector<bool> isMultiple;
    for (int value = 0; value < 100; ++value)
        isMultiple.push_back(false);

    // 遇到倍數值就跳過，找出所有的質數 primes

    vector<int> primes;

    for (int value = 2; value < isMultiple.size(); ++value)
    {
        if (isMultiple[value])
            continue;

        primes.push_back(value);

        for (int multiple = value;
```

```
            multiple < isMultiple.size();
            multiple += value)
    {
        isMultiple[multiple] = true;
    }
}

// 找出 unfactoredValue 這個值所有的質因數 factors

int remainder = unfactoredValue;

for (int prime : primes)
{
    while (remainder % prime == 0)
    {
        factors->push_back(prime);
        remainder /= prime;
    }
}
}
```

這個函式中間的部分,與前一個範例的邏輯完全相同——不過這個版本更容易理解[3]。這是因為它的概念更容易收合。

取個好名字,真的是很有用的做法。primes 和 isMultiple 這兩個名稱,就足以讓你在理解迴圈的作用之前,先建立起一定的概念——primes 這個陣列裡最後會被放入一堆質數,這也沒什麼好奇怪的。如果前面第一個範例裡的陣列也取名為 primes,你或許就會更早看出它是埃拉托斯特尼篩選法——這就是取好名字的力量。

primes 這個名字也是一個非常方便的標識,表示這個陣列裡實際上保存著一堆的質數。如果這個變數被取名為 xx,你就必須多消耗一個寶貴的短期記憶槽,來記住這個 xx 其實是個質數陣列。如果只需要記住 primes 裡有許多質數,這就簡單多了。即使是最糟的情況,它也只是把你的短期記憶量從原本的七推向七加二的效果,而不至於變成七減二的效果;如果你的情況還不錯,這個變數可說是不言自明,根本不會佔用到你的短期記憶,也不至於對你的短期記憶造成什麼負擔。

---

3 順便說一句,這並不是對數字做因式分解的一種聰明做法。這只是一個範例。守則 19 還有另一個比較聰明的版本。

註解說明也有把細節收合起來的效果，因為它可以直接告訴你，每一段程式碼究竟想做的是什麼事。註解說明其實還有第二個功能——它可以為你標記出程式碼的不同區塊。在註解說明與另一個註解說明之間，總有一小塊程式碼有待你去解謎，這些段落應該要小到足以容納在你的短期記憶內，可以收合成單一概念的程度。每段程式碼開頭的註解說明會讓你知道，這段程式碼可以收合成什麼樣的概念。你在讀這段程式碼時，其實只是去確認註解說明講得對不對而已。

這就是抽象的力量。這也是大家理解複雜事物的做法。雖然你一次只能記住七個（加減兩個）新東西，不過你還是可以把這些東西整合成一個新的概念，然後再根據這些整合過的概念，構建出事物的整體樣貌。你並不是去記住所有的細節，而是去記住抽象的概念——記住一個簡單的抽象，就只會佔用你一個短期記憶槽而已。

界線要劃在哪裡？

用函式來劃出抽象的邊界，也有助於提高可讀性。以這裡的例子來說，我們可以把 factorValue 的三個註解說明部分，分別拆成三個不同的函式：

```
void clearFlags(
    int count,
    vector<bool> * flags)
{
    flags->clear();
    for (int value = 0; value < count; ++value)
        flags->push_back(false);
}

void getPrimes(
    vector<bool> & isMultiple,
    vector<int> * primes)
{
    for (int value = 2; value < isMultiple.size(); ++value)
    {
        if (isMultiple[value])
            continue;

        primes->push_back(value);

        for (int multiple = value;
             multiple < isMultiple.size();
             multiple += value)
```

```
        {
            isMultiple[multiple] = true;
        }
    }
}

void getFactors(
    int unfactoredValue,
    const vector<int> & primes,
    vector<int> * factors)
{
    int remainder = unfactoredValue;

    for (int prime : primes)
    {
        while (remainder % prime == 0)
        {
            factors->push_back(prime);
            remainder /= prime;
        }
    }
}
```

然後就可以利用這三個函式，把 factorValue 重寫如下：

```
void factorValue(
    int unfactoredValue,
    vector<int> * factors)
{
    vector<bool> isMultiple;
    clearFlags(100, &isMultiple);

    vector<int> primes;
    getPrimes(isMultiple, &primes);

    getFactors(unfactoredValue, primes, factors);
}
```

這樣會不會更容易閱讀呢？

對，但也不完全對！這些函式確實可以定義出很清晰的概念，一旦你理解它們各自的功用，靠這些函式的名稱就能幫助你在腦海中把那些概念定下來。

不過如此一來，你就不再是從上往下、用簡單的線性方式閱讀程式碼，而是要從某個函式跳到另一個函式了。如果你一開始深入研究 factorValue，所遇到的第一個東西就是去調用 clearFlags。你必須先去找出該函式並仔細

閱讀，才能瞭解它的作用。在查看 clearFlags 時，你還必須記住自己是從 factorValue 的哪個位置跑過來的，而且還要追蹤哪幾個變數對應到哪幾個參數，然後當你要離開 clearFlags 時，還要把所有東西一個一個對應回去。

所以，這樣反而會有更多東西需要追蹤；如此一來，想把這些概念收合起來就變得更加困難了。如果想記住所有相關的細節，一定會佔用短期記憶槽，可是你就只有七個（正負兩個）槽可以使用而已。在層層嵌套的一連串調用過程中，你必須記住每一次調用的位置，這有可能就會讓你的短期記憶超載。

程式設計領域有一種思想，總認為「抽象絕對可以得到正面的效果」——只要能放進函式的東西，都應該放進函式。函式用得越多越好。由於抽象是我們用來理解複雜事物的工具，因此只要是可以抽象化的東西，好像都應該把它抽象化才對。

抽象的代價

這其實是很傻的想法。抽象是有代價的，把邏輯分離成一個一個的函式，也是要付出代價的。所要付出的代價，很有可能會超過這麼做的好處。下面就是一個範例：

```
int sum = 0;
for (int value : values)
{
    sum += value;
}
```

如果你已經知道 values 就是一個整數向量，這段程式碼就非常容易理解。我們很容易就可以把概念收合起來——用迴圈遍歷所有的值，把值全部加起來，然後就可以得到總和。

你可能也看過下面這樣的寫法：

```
int sum = reduce(values, 0, add);
```

嗯。這當然是很簡潔的寫法。你或許可以根據 sum 和 add 的名稱，推斷出它正在計算總和，不過這也只是猜測而已。如果想確定的話，你就要深入進行調查。

一開始，你並不清楚 reduce 這個函式（或至少看起來像是個函式的東西）究竟是在做什麼，也不清楚 add 是什麼東西，還有 0 作為一個送進去的參數，本身也是一個謎。如果在你的程式碼庫裡搜索 reduce，就會看到很多的結果，不過下面這段看起來應該是比較重要的部分：

```cpp
template <class T, class D, class F>
D reduce(T & t, D init, F func)
{
    return reduce(t.begin(), t.end(), init, func);
}
```

好的，這只是個開始。看來 reduce 的第一個參數 t 是一個容器型物件類別，因為 begin 和 end 都是 C++ 可迭代物件標準的用法。接下來你必須找出 reduce 的四參數版本：

```cpp
template <class T, class D, class F>
D reduce(T begin, T end, D init, F func)
{
    D accum = init;
    for (auto iter = begin; iter != end; ++iter)
    {
        accum = func(accum, *iter);
    }
    return accum;
}
```

現在情況變得更清楚了！這個 reduce 函式會逐一遍歷整個集合，把某個函式（或類似函式的東西）連續套用到每一個元素和一個累計值 accum 上。往回跳幾層看一下，你心想這個 add 應該就是把兩個值相加吧；實際上確實是如此：

```cpp
int add(int a, int b)
{
    return a + b;
}
```

現在最後一塊拼圖終於拼上了。這裡就是用 reduce 來計算陣列裡所有值的總和，就像你一開始看到的那個簡單迴圈一樣……但是簡單的迴圈更**容易**閱讀，也更容易理解。它很容易就可以把概念收合起來，而後面這個比較抽象的演算法版本，則需要多花點力氣才能把概念收合起來。額外多一層抽象，並沒有什麼幫助，反而讓事情變模糊了。你必須去找出並搞懂四段獨立的程式碼，才能進一步理解整件事的來龍去脈，而且還要多佔用你的一些短期記憶。

使用抽象是為了讓事情更容易理解

我認為這裡潛藏著一個很棒的經驗法則，可以協助你進行抽象的決斷，讓你判斷是否要把某些邏輯拆出來變成一個函式，還是要運用一些比較通用的抽象概念，來解決你的特定問題。這個經驗法則很簡單——你的改法會讓程式碼變得更簡單、更容易理解嗎？改過的程式碼更容易把概念收合起來嗎？如果是的話，就可以去建立函式或使用抽象。如果不是的話，那就別這麼做。

長期記憶所扮演的角色

到目前為止本章所談的內容，感覺還蠻令人沮喪的！短期記憶只能放入七個（正負兩個）概念，我們只能做到這種程度，感覺實在太小氣了。在如此受限的情況下，就算你很努力抓住每個機會，盡可能把很多概念整合成比較抽象的單一概念，但如果想要真正構建出稍微複雜一點的東西，還是蠻困難的。

還好，我們的故事還沒講完！我可以很肯定地說，我對於我們遊戲引擎裡的很多概念都非常熟悉，而且這些概念的數量絕對超過七種（加減兩種）。在 Sucker Punch 公司的遊戲裡，角色相關物件類別裡就有好幾十種[4]方法，而且我很清楚知道它們都是做什麼用的。這又是怎麼一回事呢？

呃，其實很簡單。關於我們遊戲所採用的各種技術，我所知道的所有細節全都保存在我的長期記憶中，而且記憶量並沒有什麼固定的限制。我敢肯定地說，你一定也可以快速回想起自己的專案裡真正令人印象深刻的大量記憶——各種概念、事實、名稱、開發歷史、出問題時可以商量的人、你在修正某函式裡的 bug 所發生的有趣故事等等。所有的這些全都保存在你的長期記憶之中。

你會用短期記憶來把某個東西搞清楚——它就是你在進行任何推理時會用到的儲存空間，在你還沒搞清楚如何把這些片段資訊整合在一起之前，這些片段資訊就像是在短期記憶裡到處閒逛似的。一旦你把拼圖拼湊起來，一旦你花時間得出了結論，一旦你把細節整合成抽象的概念，這樣的結果就會進入到你的長期記憶之中。這裡就是保留住你專案裡所有細節資訊的所在——你並不需要每次都去重新搞清楚，只需要記住之前的結論就行了。

4　真的是有好幾十種。方法實在太多了。看來我們確實需要找機會整理一下了。

這也就表示，雖然下面這兩段程式碼有很明顯的相似之處，不過兩者之間還是有很大的差別：

```
sort(
    values.begin(),
    values.end(),
    [](float a, float b) { return a < b; });
```

還有這段程式碼：

```
processVector(
    values.begin(),
    values.end(),
    [](float a, float b) { return a < b; });
```

我知道 sort 是做什麼用的。我知道這個抽象概念，因為它就在我的長期記憶之中。我幾乎只要用眼睛一看，就能理解他的意思──唯一的工作就是去查看一下比較的部分，以分辨排列的順序。因此，當我看到 sort 時，它其實並不會佔用掉我的一個短期記憶槽。我知道 values 是一個由浮點數所構成的向量；現在我知道 values 已經變成一個排過序的浮點向量了。在我的短期記憶中，這依然只是一個概念而已。

我對於 processVector 的感覺就完全不同了。我以前沒見過它，也不知道它有什麼作用。它的名稱對我來說並沒有什麼幫助──這正好足以說明沒取好名字的威力。我唯一的辦法就是去查看 processVector 的程式碼，也許要一步一步去執行程式碼 [5]，才能逐漸把問題搞清楚。我想把它收合成一個更簡單的東西，這時候我又要去佔用我那極其有限的七個（加減兩個）短期記憶空間了。

常識記起來很容易；但要記住新概念，代價是很高的

你寫程式的目標，就是要讓它很容易理解，所以要清楚區分 sort 和 processVector 之間的差別，是很重要的事。如果用的是 sort，讀程式碼的人並不需要用到短期記憶，因為大家都已經知道 sort 是做什麼用的了。如

5 　在進行除錯時，可以一步一步執行程式碼，這的確是理解程式碼的一種好做法。我給 10 分滿分，強烈推薦。這種做法並不會從根本上改變對短期記憶的需求，不過除錯工具確實可以作為一個很好用的輔助工具，幫你記住或快速重新產生出新的想法，例如它可以讓你查看到有哪些變數，以及所有變數當下的值。

果用的是 processVector，情況就不同了——為了理解程式碼，讀程式碼的人就必須深入探究 processVector，才能把它所代表的概念收合起來，這一定會給他們的短期記憶帶來一定的壓力。

如果你的程式碼能善用團隊裡每個人都能理解的抽象或模式，相較於自己去發明新的抽象或模式，前面的做法肯定更容易閱讀。

這裡的結論其實很明顯——如果你正在寫程式碼，請務必善用你團隊裡常見的標準抽象和模式。不要沒事就去發明一些新東西……除非你可以確定，自己所發明的抽象或模式確實足夠強大，可以在你的團隊裡成為一種標準化的做法。

舉例來說，在埃拉托斯特尼篩選法的範例中，我使用到一個標記陣列（後來取名為 isMultiple），用來標記出哪些整數並不是質數，因為那些整數是其他數字的倍數。這是一個很普通的 C 語言風格陣列，其中放了許多 bool 布林值。很容易就能看得出來，我們還可以把它進一步抽象成「位元向量」物件類別，從而省下一些儲存空間，而且可以採用稍微好一點的記憶體存取模式。

改用 BitVector 物件類別之後[6]，質數篩選法的程式碼或許就會變成下面這樣：

```
vector<int> primes;
BitVector isMultiple(100);

for (int value = 2; value < isMultiple.size(); ++value)
{
    if (isMultiple[value])
        continue;

    primes.push_back(value);

    for (int multiple = value;
         multiple < isMultiple.size();
         multiple += value)
    {
        isMultiple[multiple] = true;
    }
}
```

6　本章裡的 BitVector 物件類別（至少在精神上來說）只是 C++ 的 vector<bool> 的一個簡化版本。

這樣會比較容易閱讀嗎？呃，如果 BitVector 這個物件類別是你團隊慣用的標準工具，大家都知道它是什麼東西，那當然可以這麼做！這樣的做法甚至可能比之前把所有標記保存在一個簡單的布林陣列裡的版本更簡單。

對於不知道 BitVector 的人來說，情況就不同了。比方說，有個魯莽的程式設計者，可能只是把它假設成一般的位元向量，然後就繼續往前推進了。魯莽的程式設計者往往不分青紅皂白，結果搞出一堆莫名其妙的問題。如果是比較謹慎的程式設計者，或許就會先去調查一下這個 BitVector 物件類別，先確保自己能理解它的作用……這個動作其實蠻重要的，就算他用的是之前那個最簡單的版本也一樣：

```cpp
class BitVector
{
public:

    BitVector(int size) :
        m_size(size),
        m_values()
    {
        m_values.resize((size + 31) / 32, 0);
    }

    int size() const
    {
        return m_size;
    }

    class Bit
    {
        friend class BitVector;

    public:

        operator bool () const
        {
            return (*m_value & m_bit) != 0;
        }

        void operator = (bool value)
        {
            if (value)
                *m_value |= m_bit;
            else
                *m_value *= ~m_bit;
        }
```

```
        unsigned int * m_value;
        unsigned int m_bit;
    };

    Bit operator [] (int index)
    {
        assert(index >= 0 && index < m_size);
        Bit bit = { &m_values[index / 32], 1U << (index % 32) };
        return bit;
    }

protected:

    int m_size;
    vector<unsigned int> m_values;
};
```

一個真正的 BitVector 物件類別，功能肯定比這個更多——當然也會更大更複雜！就算只考慮這裡所提供的功能，其實也沒有那麼簡單，比如這裡就建立了一個臨時物件，把讀取和寫入單一位元的能力包裝起來，然後再靠一些 C++ 的運算符號，來取得或設定其中各個位元的值 [7]。

這樣的做法看起來好像很聰明 [8]，它可以讓我們所寫的程式碼看起來好像是在進行簡單的陣列存取，但實際上它會被編譯成更複雜的東西。想搞懂這些細節，肯定會耗用掉那些來讀程式碼的人很有限的短期記憶——他們真正的目標，只不過是想理解質數篩選法的程式碼，而不是來搞懂 BitVector 這個奇怪的物件類別相關的細節。對於還不瞭解 BitVector 作用的程式設計者來說，由於他們並沒有把 BitVector 這個抽象概念收合起來並轉入長期記憶中，因此在程式碼裡使用這個東西，反而會讓他們更難理解。

因此，如果你正在寫質數篩選法的程式碼 [9]，貿然引入一個新的 BitVector 物件類別來作為標記陣列，這樣到底有沒有意義呢？不，幾乎可以確定不會有什麼意義！這其實是非必要的工作，而且還會讓程式碼變得更難閱讀。

---

7 C++ 的主要函式（primary function）有時好像可以讓你把整個宇宙的複雜性，打包到一行的程式碼之中。不過我好像離題了。

8 這可不是恭維。

9 這裡要特別提一下，請不要用這種方式來生成質數。在隨後的 2,250 年歷史中，人類又發明了其他更好的質數生成方法。話雖如此，我們還是要向埃拉托斯特尼致敬！在他個人的經歷中，這個演算法只不過是他令人印象深刻的第三或第四件事而已，而且我真的知道他其他的貢獻喲！

引入 BitVector 唯一的理由就是，你知道它會在程式碼庫裡被大家廣泛使用，團隊裡的每個人都會把它添加到自己的長期記憶中，而且使用它確實比之前的解法更具有重要的優勢。要確定這件事唯一的方法，就是去查看你的程式碼庫，如果確實看到很多地方都會用到這個位元陣列，而且你已經很確定使用它的好處（最好還有實際衡量過！），這樣你才有充分的理由不去使用 vector<bool>。如果真的是這樣的話，而且也只有在這樣的情況下，去使用 BitVector 才是合理的做法。

值得一提的是，我們 Sucker Punch 公司確實有用到一個位元向量物件類別，在我們那個相當大的程式碼庫裡，大約有 120 個地方會用到它。對於團隊裡大多數的人來說，這是一個用起來很舒服的技術──大家都已經很理解它的來龍去脈，因此對於這個位元向量物件類別的引用，並不需要特別去進行什麼額外的深入調查。它已經變成我們其中一部分的常識，因此完全可以安心使用。但它絕不是只根據一個實際使用案例就引入的概念──我們是根據大量會使用到位元陣列的程式碼範例，才把它寫出來的。

把所有概念整合起來

最好的程式碼（也就是，最容易閱讀與理解的程式碼）一定會善用短期記憶和長期記憶，讓兩者搭配得很好。它會善用你團隊裡的標準和慣例做法，因為這些東西全都已經保存在每個人的長期記憶之中。每當需要引入新的想法時，都應該要先以中小型的一段程式碼形式來呈現，所涵蓋的概念必須小到足以放入短期記憶中才行。這些概念都應該是一些很簡單、很容易抽象化的東西，而且還要為它精心挑選一個好名字，讓整個概念可以很容易收合起來，並進入到長期記憶之中。

結果會怎麼樣呢？這樣就會得出一個很容易閱讀與學習的程式碼庫──很容易就可以把新概念收合成簡單的抽象，然後再對這些抽象反覆做同樣的事，直到整個程式碼庫變得很清晰為止。

把複雜性
局限在局部範圍內

複雜性是規模擴展的大敵。

你知道的,程式碼越簡單越好——守則 1 就說,越簡單越好,但也不能太過於簡單——不過隨著專案規模的擴大,這條守則也會變得越來越難以遵循。如果只是很簡單的問題,要讓程式碼保持簡單並不難,可是隨著程式碼的增長與成熟,很自然就會變得越來越複雜。隨著程式碼越來越複雜,當然也就會越來越難處理——因為到了後來,你就會失去把所有細節記在腦海中的能力。每次想要修正某個問題或添加某個新功能,你都會遇到無法預知的副作用——每次往前邁出一步,總會伴隨意想不到的後退。

這個問題其中一部分的解法,就是盡量維持簡單,或是想辦法讓事情變得更簡單。這就是守則 1 的重點。但是,複雜性還是沒辦法完全消除;只要是具有中等程度的功能、壽命夠長的軟體,終究不得不去面對軟體所要解決的問題其中天生固有的複雜性。不過,複雜性其實是可以管理的。

套用體育界一句老掉牙的話:你無法阻止複雜性,那就想辦法管住它吧。

按照這樣的思路,其中一個有用的策略就是,如果真的無法消除複雜性,那就把它隔離開來。如果某段程式碼內部的細節真的很複雜,但它外部的界面很簡單,複雜性就不會是太大的問題。如果要處理這段程式碼內部的問題,你還是必須去應對其內部的複雜性,但如果是程式碼外部的問題,你就沒什麼好擔心的了。

一個簡單的範例

你可以用你自己最熟悉的程式語言，想一下正弦和餘弦函式怎麼寫。外部的界面很簡單——調用函式，根據送進去的角度值，取得相應的正弦或餘弦值。不過，內部的細節就複雜多了。

從很多年前開始，我就一直很想知道，這些函式實際上究竟是如何實現的。之前我只知道，這些函式可以很神奇地給出正確的答案[1]……這種幸福的無知，完全沒有給我帶來任何的麻煩！不管正弦和餘弦函式的實作程式碼內部有多麼複雜，都不曾影響到我使用它們的方式。這些函式只會完全按照我所預期的方式正常運作。

就算不知道正弦餘弦的實作細節，我還是可以畫出一個圓形：

```
void drawCircle(Point center, float radius, Color color)
{
    int count = int(ceil(pi / acos((radius - 1.0) / radius)));
    Point previousPoint = center + Vector(radius, 0.0, 0.0);
    for (int index = 1; index <= count; ++index)
    {
        float angle = 2.0 * pi * index / count;
        Point nextPoint = center +
                            radius * Vector(cosf(angle), sinf(angle), 0.0);

        drawLine(previousPoint, nextPoint, color);

        previousPoint = nextPoint;
    }
}
```

sinf 和 cosf（C 語言標準函式庫裡的 32 位元浮點數正弦餘弦函式）的內部肯定有一些很複雜的東西，不過這些複雜的東西全都包在函式的簡單抽象裡，完全不會洩漏到你的程式碼中[2]。所有的複雜性全都安安穩穩被局限在局部範圍內了。

---

1 我記得，這件事第一次激起我的好奇心時，我天真的猜測應該是靠一些「很大的表格與線性插值的做法」。現在我一想起自己當初的這個猜測，感覺就變尷尬的；當時我已經知道什麼是泰勒級數了。

2 sinf 和 cosf 都跟實作方式很有關係，而且很有可能非常非常複雜。我曾經想要在這裡寫出簡短的解釋，但結果還是做不到；各位一定要記住很重要的一點就是，函式並不需要計算出精確值，只需要計算出精確度滿足浮點值分辨率的一個值就足夠了，而且還可以利用取餘數的數學運算方式，把角度減小到比較方便的近似範圍內。有趣的是，其實有一些 x86 指令可用來計算正弦和餘弦，不過現代的編譯器並不會去使用它，除非特別用明確的命令要求這樣做。這些指令是 1987 年推出的，不過其中存在一些已知的問題，而且因為考慮到往前相容性，所以根本無法進行修正。哎！

隱藏內部的細節

這條守則同樣也可以適用於你自己的程式碼。只要有可能，你就應該把複雜性隔離開來，把它限制在程式碼裡明確定義的段落之中。

想像一下，假設你拿到了一份客戶記錄的列表，而你正在寫一個函式，希望能送回最近購買過某個東西的客戶列表。客戶記錄的內容是這樣的：

```
struct Customer
{
    int m_customerID;
    string m_firstName;
    string m_lastName;
    Date m_lastPurchase;
    Date m_validFrom;
    Date m_validUntil;
    bool m_isClosed;
};
```

這裡的複雜性在於，列表裡所有的客戶記錄，並不一定全都是有效的記錄。有一些客戶的帳號已經過期或尚未正式啟用，還有一些帳號則是已經被客戶關閉停用了。你的函式必須排除掉那些無效的客戶記錄：

```
void findRecentPurchasers(
    const vector<Customer *> & customers,
    Date startingDate,
    vector<Customer *> * recentCustomers)
{
    Date currentDate = getCurrentDate();

    for (Customer * customer : customers)
    {
        if (customer->m_validFrom <= currentDate &&
            customer->m_validUntil >= currentDate &&
            !customer->m_isClosed &&
            customer->m_lastPurchase >= startingDate)
        {
            recentCustomers->push_back(customer);
        }
    }
}
```

無效的客戶記錄所帶來的複雜性，並沒有被局限在局部範圍內——它已經洩漏到這個不相干的函式裡了。每次用迴圈遍歷整個客戶列表時，都必須先檢查客戶記錄是不是無效的。如果判斷有效性的規則改變了，每一個迴圈也都必須同步進行更新。

老實說，前面的程式碼設計得很糟糕。每個迴圈都要重複進行客戶有效性
檢查，這樣實在很沒道理——物件導向設計其中的一個承諾，就是可以更輕
易隱藏掉這類的複雜性。至少那個判斷有效無效的規則，應該要封裝起來
才對：

```
struct Customer
{
    bool isValid() const
    {
        Date currentDate = getCurrentDate();

        return m_validFrom <= currentDate &&
               m_validUntil >= currentDate &&
               !m_isClosed;
    }

    int m_customerID;
    string m_firstName;
    string m_lastName;
    Date m_lastPurchase;
    Date m_validFrom;
    Date m_validUntil;
    bool m_isClosed;
};
```

這樣確實可以讓迴圈變得更簡單一點：

```
void findRecentPurchasers(
    const vector<Customer *> & customers,
    Date startingDate,
    vector<Customer *> * recentCustomers)
{
    Date currentDate = getCurrentDate();

    for (Customer * customer : customers)
    {
        if (customer->isValid() &&
            customer->m_lastPurchase >= startingDate)
        {
            recentCustomers->push_back(customer);
        }
    }
}
```

不過,這件事其實只做了一半。另一種更好的解法,就是從更上游下手:與其用迴圈遍歷所有的客戶,不如讓迴圈只去遍歷「有效的」客戶。無論你的程式碼提供的是什麼樣的客戶列表,你都應該要再提供一個有效客戶列表,而這個列表很有可能就是根據所有客戶列表計算出來的結果。如此一來,你的程式碼就會變得相當簡單:

```cpp
void findRecentPurchasers(
    const vector<Customer *> & validCustomers,
    Date startingDate,
    vector<Customer *> * recentCustomers)
{
    Date currentDate = getCurrentDate();

    for (Customer * customer : validCustomers)
    {
        if (customer->m_lastPurchase >= startingDate)
        {
            recentCustomers->push_back(customer);
        }
    }
}
```

做了這個改動之後,所有的複雜性就會被局限在那個負責送回有效客戶列表的函式內部了。像 findRecentPurchasers 這樣的函式,就不必再去管客戶的有效性,所以程式碼寫起來就會更簡單,而且也更容易理解了。

分散各處的狀態與複雜性的關係

物件導向設計的做法,有助於把複雜性局限在局部範圍內,不過它也不是什麼萬靈丹。如果你把各種狀態分別存放在好幾個物件,而不是統一存放在單一物件中,這樣很容易就會惹出許多麻煩。

分散各處的狀態,並不一定是有問題的做法!有時候,建立系統模型最自然的做法,就是建立多個物件來共同管理系統的狀態。物件導向設計的好處之一,就是可以讓這種多物件設計彼此順利協調運作——每個物件都可以管理好自己的狀態,而物件之間的互動,也都有明確的定義。

但如果沒有仔細寫好程式碼,就無法享受到物件導向設計比較容易理解的好處了。如果你想做某件事,這件事同時會被好幾個物件當前的狀態所影響,這樣到最後很容易就會寫出非常不穩定的程式碼。

下面就是一個虛構的範例。假設你正在構建一款捉迷藏類遊戲，其中部分的樂趣就在於四處躲藏而不被敵人發現。在這個很適合全家一起玩的範例裡，玩家要嘗試偷偷溜到其他角色的身後，把寫有「踢我屁股吧」的紙條偷偷貼到他們的背上。為了讓這件事更簡單一點，你想在螢幕上顯示一個小小的「眼睛」圖示。如果所有的敵人全都看不到玩家，這個眼睛就會閉起來；但如果有敵人可以清楚看到玩家，這個眼睛就會睜開。閉上眼睛就表示玩家是安全的，睜開眼睛則表示玩家有被發現的風險。

這裡會用一些物件和物件類別，來建立相應的模型──玩家物件、各種其他角色物件、眼睛圖示物件，以及一個用來追蹤哪些角色會被其他角色清楚看到的物件。最後這個物件叫做「察覺管理器」（awareness manager），它可以讓你針對某個玩家角色，註冊相應的察覺事件；察覺事件裡包含兩個回調函式：第一個是 OnSpotted，只要玩家被其他角色看到了，就會去調用這個回調函式；第二個則是 OnLostSight，如果原本看得到玩家的其他角色，後來看不到玩家了，就會去調用第二個回調函式。

有了這幾個物件之後，想進一步實作出遊戲的功能，就要從「玩家物件」來下手。玩家物件可以直接去實作出察覺回調函式，持續計算出有多少個其他角色可以看到玩家。如果數量為零，玩家物件就會把眼睛圖示設為閉眼，否則就會把它設為睜眼。

這個察覺管理器，看起來就像下面這樣：

```
class AwarenessEvents
{
public:

    virtual void OnSpotted(Character * otherCharacter);
    virtual void OnLostSight(Character * otherCharacter);
};

class AwarenessManager
{
public:

    int getSpottedCount(Character * character);
    void subscribe(Character * character, AwarenessEvents * events);
    void unsubscribe(Character * character, AwarenessEvents * events);
};
```

眼睛圖示更簡單：

```
class EyeIcon
{
public:

    bool isOpen() const;
    void open();
    void close();
};
```

有了這幾個物件，玩家物件的程式碼寫起來就很容易了。在建立玩家物件時，會先從察覺管理器取得初始計數值，然後我們也會把 AwarenessEvents 介面實作出來，以處理狀態的變化。只要能夠準確計算出有幾個其他角色可以看到玩家，就能正確判斷眼睛圖示是否應該睜開眼睛還是閉上眼睛：

```
class Player : public Character, public AwarenessEvents
{
public:

    Player();

    void onSpotted(Character * otherCharacter) override;
    void onLostSight(Character * otherCharacter) override;

protected:

    int m_spottedCount;
};

Player::Player() :
    m_spottedCount(getAwarenessManager()->getSpottedCount(this))
{
    if (m_spottedCount == 0)
        getEyeIcon()->close();

    getAwarenessManager()->subscribe(this, this);
}

void Player::onSpotted(Character * otherCharacter)
{
    if (m_spottedCount == 0)
        getEyeIcon()->open();

    ++m_spottedCount;
}
```

```
void Player::onLostSight(Character * otherCharacter)
{
    --m_spottedCount;

    if (m_spottedCount == 0)
        getEyeIcon()->close();
}
```

這段程式碼並不算太糟糕。程式碼的數量並不多，本身也很容易閱讀。檢查 m_spottedCount 有沒有等於 0 的時機點有點微妙，不過想要搞清楚並不困難。我認為這段程式碼還算是挺不錯的。

失去行動能力？

不過，就像所有的設計一樣，這個範例也會進一步演化。為了給玩家增加一點點挑戰，我們稍微做了點調整：玩家一旦失去行動能力，眼睛圖示就會睜開眼睛。換個角度來說，就算沒有任何敵人看到玩家，玩家本身還是必須保有行動能力，這樣眼睛圖示才會閉上眼睛。

在這樣的情況下，Player 這個物件類別就會多出一個 setStatus 方法，只要調用它就可以改變玩家的行動能力狀態。我們只要在 setStatus 內部插入一些程式碼，就可以在玩家「失去行動能力」或「恢復行動能力」（或是「解除失去行動能力的狀態」？好啦好啦，怎麼說都可以啦）的時候，做出一些相應的動作。事實上，你只需要關心 m_spottedCount 等於 0 的情況，因為不等於 0 的時候，眼睛圖示一定是睜開眼睛的。同樣的，如果玩家被敵人看到（onSpotted/onLostSight）的情況有所變化，你也只需要檢查玩家還有沒有行動能力，就能判斷眼睛圖示該如何呈現：

```
enum class STATUS
{
    Normal,
    Blindfolded
};

class Player : public Character, public AwarenessEvents
{
public:

    Player();

    void setStatus(STATUS status);
```

```cpp
    void onSpotted(Character * otherCharacter) override;
    void onLostSight(Character * otherCharacter) override;

protected:

    STATUS m_status;
    int m_spottedCount;
};

Player::Player() :
    m_status(STATUS::Normal),
    m_spottedCount(getAwarenessManager()->getSpottedCount(this))
{
    if (m_spottedCount == 0)
        getEyeIcon()->close();

    getAwarenessManager()->subscribe(this, this);
}

void Player::setStatus(STATUS status)
{
    if (status == m_status)
        return;

    if (m_spottedCount == 0)
    {
        if (status == STATUS::Normal)
            getEyeIcon()->close();
        else if (m_status == STATUS::Normal)
            getEyeIcon()->open();
    }

    m_status = status;
}

void Player::onSpotted(Character * otherCharacter)
{
    if (m_spottedCount == 0 && m_status == STATUS::Normal)
        getEyeIcon()->open();

    ++m_spottedCount;
}

void Player::onLostSight(Character * otherCharacter)
{
    --m_spottedCount;
```

```
    if (m_spottedCount == 0 && m_status == STATUS::Normal)
        getEyeIcon()->close();
}
```

這裡確實增加了一些複雜性，因為現在除了要考慮玩家有沒有被敵人看到，還要考慮玩家自身的行動能力狀態；在這兩個條件的交互作用下，才能確定眼睛圖示該如何呈現。不過，這裡的發展到目前為止好像還不至於造成什麼災難性的影響啦。

為了讓程式碼少做一點事而做出某些假設（例如 Player::setStatus 只有在看得見玩家的敵人數量為零的情況下，才去更新眼睛圖示），這樣一定會讓程式碼的解讀變得比較微妙。雖然想搞清楚怎麼回事並不困難，但為了一點點的效率，終究還是要付出複雜性作為代價。

開始有點霧茫茫、越來越看不清楚了

不出意料之外，我們的設計又再次演化了。這次你要添加的是天氣的效應。如果遇到霧茫茫（foggy）的天氣，眼睛圖示就要睜開眼睛，就像是玩家被敵人看到，或是玩家喪失了行動能力似的。

這裡的天氣系統與之前的察覺系統其實很像，都是透過一個管理器來提供簡單的天氣查詢和事件回調 API：

```cpp
enum class WEATHER
{
    Clear,
    Foggy
};

class WeatherEvents
{
public:

    virtual void onWeatherChanged(WEATHER oldWeather, WEATHER newWeather);
};

class WeatherManager
{
public:

    WEATHER getCurrentWeather() const;
```

```
    void subscribe(WeatherEvents * events);
};
```

這裡的寫法特別比照之前的察覺系統所採用的模式。你只要添加一些初始化
程式碼，並實作出天氣變化事件的回調函式，然後再把一些新的邏輯融入原
有的檢查中，就可以讓整個系統正常運作起來了：

```
class Player :
    public Character,
    public AwarenessEvents,
    public WeatherEvents
{
public:

    Player();

    void setStatus(STATUS status);

    void onSpotted(Character * otherCharacter) override;
    void onLostSight(Character * otherCharacter) override;

    void onWeatherChanged(WEATHER oldWeather, WEATHER newWeather) override;

protected:

    STATUS m_status;
    int m_spottedCount;
};

Player::Player() :
    m_status(STATUS::Normal),
    m_spottedCount(getAwarenessManager()->getSpottedCount(this))
{
    if (m_spottedCount == 0 &&
        getWeatherManager()->getCurrentWeather() != WEATHER::Foggy)
    {
        getEyeIcon()->close();
    }

    getAwarenessManager()->subscribe(this, this);
    getWeatherManager()->subscribe(this);
}

void Player::setStatus(STATUS status)
{
    if (status == m_status)
        return;
```

```
    if (m_spottedCount == 0 &&
        getWeatherManager()->getCurrentWeather() != WEATHER::Foggy)
    {
        if (status == STATUS::Normal)
            getEyeIcon()->close();
        else if (m_status == STATUS::Normal)
            getEyeIcon()->open();
    }

    m_status = status;
}

void Player::onSpotted(Character * otherCharacter)
{
    if (m_spottedCount == 0 &&
        m_status == STATUS::Normal &&
        getWeatherManager()->getCurrentWeather() != WEATHER::Foggy)
    {
        getEyeIcon()->open();
    }

    ++m_spottedCount;
}

void Player::onLostSight(Character * otherCharacter)
{
    --m_spottedCount;

    if (m_spottedCount == 0 &&
        m_status == STATUS::Normal &&
        getWeatherManager()->getCurrentWeather() != WEATHER::Foggy)
    {
        getEyeIcon()->close();
    }
}

void Player::onWeatherChanged(WEATHER oldWeather, WEATHER newWeather)
{
    if (m_spottedCount == 0 &&
        m_status == STATUS::Normal)
    {
        if (oldWeather == WEATHER::Foggy)
            getEyeIcon()->close();
        else if (newWeather == WEATHER::Foggy)
            getEyeIcon()->open();
    }
}
```

你在寫出這樣的程式碼時，應該覺得這種寫法很合理才對。我自己當然也寫過這樣的程式碼，而且當下並不覺得這樣有什麼不好！

這是從之前第一個版本持續演化出來的結果——一開始在初始化玩家物件時，我們都會先查看一下各個不同的狀態，然後再持續追蹤那些狀態的變動，讓眼睛圖示持續呈現出最新最正確的樣子。

至少從概念上來說，這背後似乎有一個共通的、持續重複出現的概念，逐漸從實作過程中浮現了出來——如果狀態的變動對於眼睛圖示根本沒影響，就不用特別費心去更新眼睛圖示。天氣有所變化時，除非看見玩家的敵人數量為零，而且玩家並沒有喪失行動能力，否則根本就不必去更新眼睛圖示。如果看見玩家的敵人數量不為零，或是玩家已失去行動能力，這時候眼睛圖示一定是睜眼的，而且也應該持續保持睜眼才對。

現在的程式碼裡，總共有三個變因會影響眼睛圖示：有沒有敵人看見玩家、玩家自身的行動能力，還有目前的天氣狀態。每一個變因影響的方式略有不同，不過基本上都還是同一個想法，所以看起來還不至於非常複雜。

不過，我們可以退一步來看看。你在寫程式碼的過程中，很容易就可以看出這其中有個共通的想法——畢竟那就是你自己心裡的想法嘛！但你可以再想像一下，假設你的團隊裡有個同事，正在讀上面最後那段範例程式碼。對他們來說，剛才所說的那些背後共通的想法，依然是如此顯而易見嗎？呃……恐怕沒有那麼顯而易見吧。

如果你已經知道，這背後有個共通的想法（也就是狀態的變化如果對眼睛圖示根本沒影響，就不用特別費心去更新眼睛圖示），那你應該就很容易看懂，每次這個想法重複出現時，相應的程式碼應該怎麼寫才對。但如果你是從另一個方向來切入，想從程式碼的寫法反推出背後共通的想法……呃，這可就沒那麼容易了。

重新思考做法

不過，這裡還有個更大的問題。眼睛圖示的功能，其實並沒有那麼複雜——只要滿足下面三個條件，眼睛圖示就應該閉上眼睛：

- 沒有任何敵人看到玩家。
- 玩家沒有喪失行動能力。

- 天氣沒有起霧。

前面所寫的程式碼，竟然用了五段（！）分開的程式碼來實現此邏輯，而且分別採用不同的方式來表達這三個條件。這實在很讓人感到困惑。我們完全沒採用更簡單而直接的方式，來實現這些判斷規則——竟然沒有任何地方，單純只去檢查這三個條件來進行判斷。那五段程式碼全都是從原始設計衍生出來的做法，而且全都要搭配某些背景知識，才能讓程式碼少做一點判斷。

每次你的設計一有任何變動，你就必須去更新那五段程式碼，以符合實際的需求。舉例來說，如果你在天氣系統裡添加了一個新的 WEATHER:HeavyFog（濃霧）狀態，你就必須在原本會檢查 WEATHER:Foggy 的每個位置，針對這個變動添加新的檢查。

更危險的是，如果你所添加的方法會以不同的方式因應各種變動的情況，那又會怎麼樣呢？舉例來說，假設你做了一個決定，認為玩家也應該轉頭看向任何看見他的敵人；這也就表示，你又要在 Player::onSpotted 裡添加更多的程式碼了。這時你除了編寫新的程式碼，還必須確保自己不會無意中破壞了眼睛圖示的行為。

剛才寫的那些程式碼，其實有一個相當大的問題——它無法把設計上的複雜性局限在局部範圍內。你的設計本身其實很簡單（也就是本節開頭所提到的三個條件），但你卻把整個設計分散到五段分開的程式碼中，而且寫法也各自略有不同。每個條件都會增加一點點的複雜性，而每一點複雜性都會與其他的複雜性產生交互作用。所有的複雜性很快就會全部糾纏在一起了。

如果你有一個蠻複雜的想法（例如判斷眼睛圖示何時該睜開、何時該閉起來的規則），請務必在同一個地方表達這個複雜的想法。

以這個範例來說，我們其實可以直接只針對三個條件，實作出相應的程式碼。然後你可以再以這段實作程式碼為中心，構建出其他的程式碼。撇開系統其餘的部分不談，最後你或許會得出下面這樣的結果：

```cpp
enum class STATUS
{
    Normal,
    Blindfolded
};

class Player :
    public Character,
```

```cpp
    public AwarenessEvents,
    public WeatherEvents
{
public:

    Player();

    void setStatus(STATUS status);

    void onSpotted(Character * otherCharacter) override;
    void onLostSight(Character * otherCharacter) override;

    void onWeatherChanged(WEATHER oldWeather, WEATHER newWeather) override;

protected:

    void refreshStealthIndicator();

    STATUS m_status;
};

Player::Player() :
    m_status(STATUS::Normal)
{
    refreshStealthIndicator();

    getAwarenessManager()->subscribe(this, this);
    getWeatherManager()->subscribe(this);
}

void Player::setStatus(STATUS status)
{
    m_status = status;

    refreshStealthIndicator();
}

void Player::onSpotted(Character * otherCharacter)
{
    refreshStealthIndicator();
}

void Player::onLostSight(Character * otherCharacter)
{
    refreshStealthIndicator();
}
```

```
void Player::onWeatherChanged(WEATHER oldWeather, WEATHER newWeather)
{
    refreshStealthIndicator();
}

void Player::refreshStealthIndicator()
{
    if (m_status == STATUS::Normal &&
        getAwarenessManager()->getSpottedCount(this) == 0 &&
        getWeatherManager()->getCurrentWeather() != WEATHER::Foggy)
    {
        getEyeIcon()->close();
    }
    else
    {
        getEyeIcon()->open();
    }
}
```

之前針對不同條件進行檢查的五段程式碼,在這裡全都合併成一個 refreshStealthIndicator 方法了。只要這個方法裡進行檢查的條件有所變動,這個方法都會被調用。雖然還是有一些複雜性沒被局限在局部範圍內(因為你所檢查的條件,以及偵測這些條件變動的回調函式,兩者之間的聯繫並不明顯),不過這樣已經比之前好很多了。

而且,這種實作方式所要寫的程式碼,與條件的數量大致上呈現線性的關係。如果要添加新的條件,你可以直接在 refreshStealthIndicator 添加一個新的檢查,再寫一點初始化程式碼,然後在其中一兩處檢查條件的變動就可以了。如果你總共有 10 個條件,你的程式碼大概就會增加 10 倍左右。

這樣的做法,確實比之前沒有把複雜性局限在局部範圍內的做法好多了。用資訊科學的術語來說,之前寫的那些程式碼具有「二次複雜性」(quadratic complexity):每次添加新的條件,都要添加一段新的程式碼來檢查所有的條件,然後還要在程式邏輯相關的每一段程式碼裡添加新的檢查。這樣一來直接的後果,就是這種設計所實作出來的程式碼,所增加的行數會與條件的數量平方成正比。這樣可不太妙呀!如果程式碼的複雜度呈現出二次方增長的趨勢,你一定很快就會遇到瓶頸了。

把複雜性局限在局部範圍內，
只進行簡單的互動

你絕對要避免的事，就是讓系統的不同部分進行複雜的互動。你還是可以接受一些複雜的細節，只要能「把複雜性局限在局部範圍內」就行了。就算是一個內部細節很複雜的元件，只要有簡單的界面，可以進行簡單的互動，這樣絕不會讓你的專案掛掉。反過來說，如果元件的界面和互動方式都很複雜，就算內部的細節很簡單，它還是有可能會成為你的喪鐘。

很容易進行互動的元件所構建出來的系統，其複雜性往往是線性的。每個元件都只會讓系統變得稍微複雜一點點，但整體的複雜性依然是可控的。

但如果元件之間的互動很複雜，情況很快就會失控了。

如果每次添加新的功能，都必須在很多地方寫程式碼，那肯定就是一種很不好的跡象。即使是最好的情況，至少這也就表示，新的功能與你現有的程式碼應該是不太合得來——如果你所添加的每個功能，都需要在很多地方寫程式碼，那你很可能就是沒有把複雜性局限在局部範圍內。這樣到了最後，你一定會以淚水收場的。

有比之前好兩倍嗎？

每個專案到了最後，都會來到其架構的自然極限——你總是會遇到一些「原本的系統無法解決」的問題。舉例來說，你也許想添加一個功能，但這個功能卻無法用你原本的做法來表達。假設你有一個篩選機制，可以讓你指定一組條件，然後所有條件都必須同時滿足才行；可是後來你又遇到新的情況，必須讓某些條件改用 OR 而不是 AND 的方式組合起來。

資料的形狀，也可能會改變。你在構建某個系統時，原本是為了解決某種規模的問題，但隨著時間的推移，你開始需要套用不同規模或不同形狀的資料，這時候或許必須從根本上才能解決問題。

情況也有可能是，整個系統變得太過於錯綜複雜。你原本採用的典型做法，可以讓你在特殊情況下調整系統的核心行為，而這也是你這套系統歷久不衰的原因之一。但如今「每一種情況」都必須使用這個特殊的機制，特殊情況反而變成了常態。每次使用這個系統時，都必須採用不同的例外做法，來進行特殊的處理；大家光是想「讓事情做對」都很困難，更別說要「用對方法」了。

也許有些程式碼實在太老舊了，已經很難與整個程式碼庫的其他部分順利搭配起來。在你那頗具前瞻性的 C++ 專案裡，還留有一些 C 語言的舊程式碼；如今你對那些當初用雙手刻出來的指標結構，越來越有一種討厭的感覺。它代表的是一種古老、陌生的思維方式，如今大家都想用更現代的做法，把所有東西全都重新寫過。

這些全都是很自然、很難避免的情況，你應該不會覺得很奇怪才對。這些甚至都不能算是真正的問題。很多事情到了最後，往往都會出現如此的發展。

也許你認為自己可以事先預防這樣的情況——你認為之所以會遇到架構上的自然限制，其實是初始設計不良的後果，只要採用更好的設計，就可以避免這樣的問題——請不要忘了守則 4，至少要有三個以上的例子，才能去考慮通用的做法。你的初始設計確實有可能很糟糕。但如果你想預測未來，結果反而可能得到一個同樣糟糕但更複雜的設計，最後更早遇到自然的極限。

而且，你也不會在專案的每個部分，都遇到架構上的極限。其中有某些部分，還是可以讓人很放心地使用好多年，而無須進行任何修改。這倒也不是什麼偶然的情況——如果你在最初設計裡做了正確的選擇，而你所要解決的問題也幾乎都很類似，然後你和你的隊友也都很勤於保持整潔，無論你遇到什麼異常的情況，都會把問題局限在局部範圍內，讓問題很容易進行處理，這樣的話你也許就能一直持續使用原本的架構，而不需要進行什麼改動。

這就是為什麼想靠預測未來的方式做一些預防的工作，這種做法本身其實也很危險的理由。有時候根本沒必要這樣做，有時候這樣的做法也不太管用。

往前邁進的三條道路：忽略、調整、重構

無論如何，總之你確實遇到了某種自然的限制。不過這並不表示，你一定非要把舊的程式碼全部砍掉重練。

舉例來說，你還是可以試著「忽略」那些自然限制，繼續想辦法撐下去。你可以嘗試不要在篩選語句裡使用 OR 子句；你也可以去購買更強的硬體來處理效能問題；或者你也可以嘗試看看，自己能不能堅持與那些額外的複雜性、與那些老舊的程式碼和平共存。

做出一些小小的「調整」，或是改用一些特殊的處理方式，也可能是有效的做法。你的篩選方式或許真的一定要用到 AND 和 OR，不過這時候你還是可以利用特殊的處理方式，去進行額外的 OR 操作。也許你大部分的效能問題，都是因為一再重新計算某些相同的資料所造成，這時候只要善用快取的做法，就能很有效解決問題。也許每一次使用系統時，都必須透過異常處理機制來解決問題，不過大多數的異常狀況都很類似，因此你可以嘗試把這類的情況，整合到你的核心程式碼裡，這樣就能擺脫掉原本一大堆的異常狀況了。也許你的程式碼唯一真正過時的做法，就是使用了一組不成熟的巨集驅動函式，來處理 C 陣列的配置工作，而把這些東西轉換成 std::vector，其實也沒那麼困難。

或許你真的有必要「重構」整個系統，進行重大的改造。你原本的架構最初的設計，主要是為了解決你初期所能理解的問題。不過到了現在，你所遇到的問題已經不同了——或許你現在對問題的理解也更深入了。目前所採用的架構，已經不足以解決你現在所能理解的問題，而且你也看到了更好的做法。

所以，究竟該如何判斷，前面所說的三種基本做法，應該採用哪一種才對呢？你應該選擇「忽略」這個問題，還是稍微「調整」一下來解決問題，或是進行更大範圍的「重構」呢？

選擇漸進式演化，還是持續改造創新？

程式設計者在處理這類問題時，往往會有一種很自然的傾向，那就是經常會在錯誤的時間、基於錯誤的理由來進行大改造，但最後所帶來的問題，反而比原本想解決的問題還多。

更具體來說，程式設計者其實可分為兩大類。第一類程式設計者會以漸進的方式來思考問題。他們會根據現有的解法，來看待每一個新問題；他們總是希望能調整當前的設計，來解決各種問題。第二類程式設計者則會把問題和解法放在一起思考；他們經常會被某種新想法所吸引，總想要去解決系統所有的問題，而不只是解決手頭上的問題，而且他們會盡可能抓住機會，重新開始去做出全新的設計。

任何一種極端的傾向，都會變成一場災難。如果所有修正全都是採用漸進式的做法，最後你就會陷入困境，不斷推遲對專案的各種改進請求，然後慢慢埋沒在多年的調整工作，以及各種例外狀況處理的沉重壓力之下。如果不採用漸進式的做法進行修正，所有的改動都要從頭開始做起，結果恐怕只會一直原地踏步，遲遲看不到進展。你會不斷拋棄自己在前一個架構裡所學到的東西。每一個新架構都會帶來一堆新問題，最後你永遠都得不到什麼進展。

大體上來說，最好的方式就是找出比較平衡的做法。畢竟要選出正確的做法——忽略、調整、還是要進行重構——真的有點困難，但如果能夠更瞭解你自己和你同事的傾向，還是有助於做出更好的決定。如果你面對不確定性的反應，都是去做出讓你自己感到舒服的決定，那你很有可能每次都會做出相同的選擇。如果你是第一類程式設計者，對你來說比較舒服的決定就是漸進式的做法，所有問題全都會透過調整或忽略的方式來加以解決。如果你是第二類程式設計者，對你來說最舒服的決定就是重新打造所有的東西，所以每次只要一出問題，你就會選擇砍掉重練。這兩種都是很不好的極端做法；你應該要設法找出介於兩者之間的平衡做法。

第一類思考方式可能快要讓情況失控的跡象如下：

- 喜歡透過當前的架構，來描述手頭上的問題。比如在描述問題時，比較喜歡使用內部術語，而不是採用問題本身常用的描述方式。有時候第一類程式設計者只要一脫離現有的架構，就很難對問題進行思考；這一點從他們所使用的語言就可以看得出來。

- 喜歡用「不可能啦」這樣的說法來描述問題。這樣的說法幾乎可以確定是不對的——就算是最糟的情況，也只能說問題很難解決而已——也許必須對整個系統架構進行重大的改造，但絕不是不可能的事。

- 喜歡把專案的進度，拿來當作搪塞的理由。我的意思並不是說，不用去考慮專案的進度問題——進度顯然是很重要的！但如果你反對進行重大變動，其中第一個、也是唯一的一個論據，就只是因為進度上的問題，那你或許就陷入了第一類人的思考模式。

- 雖然對系統進行過很多次漸進式改動，不過前一次對系統進行重大的改動，已經是很多年前的事了。

第二類思考方式正逐漸佔據主導地位的跡象如下：

- 很想要全面改造系統，但最好的理由只是因為「我們真的很需要去清理一下那部分的程式碼」。

- 改造系統的決定，只是因為一個特定的案例；例如只因為某個單一功能很難實現，或是某一組資料會導致效能不佳。

- 想要進行改造的理由，只是因為效能或資源方面的問題，但實際上並沒有人真的去分析系統的效能，真的去找出系統的瓶頸。

- 你之所以提出重新設計系統的論據，主要是基於你打算採用的解法，而不是基於你手頭上的問題。只要不是以問題為基礎的提議，其實都非常可疑。

- 提議要改造系統的理由，主要是因為想採用一些特別耀眼的新玩意——比如改用最新的程式語言、最新的函式庫、全新的程式語言架構什麼的。

或許你已經從這裡的說明，看出自己的一些思考方式了！像我自己就很清楚——我的內心是屬於第二類的人，所以在我做決定時，總會提醒自己有這樣的傾向，並且特別留意這對於我的決定有什麼影響。幸運的是，我的團隊裡有很多第一類的人，所以我還可以靠他們來平衡一下。

有時候針對同一個問題，同時冒出第一類和第二類的警告跡象，這也是蠻常見的情況。舉例來說，或許你正在考慮，針對多年來沒進行過根本性改造的系統，進行重大的改動，但建議進行改動的推動力，好像只是基於大家對於某個很酷的新資料庫技術的興奮之情。這就是第一類信號（系統架構長期以來一直都沒改變過）和第二類信號（哇！最新的資料庫耶！）兩者同時出現的情況。

辨識出這些特定的模式，對你的決策程序確實有些幫助，但它還是無法為你做出決定。或許你會在自己的邏輯裡，看到某些保守的第一類模式，但這並不表示漸進式解法就是錯誤的！第二類信號的存在，也不表示重新改造系統是不合適的做法。你還需要更多的東西，來幫助你做出重大的決定，判斷究竟要著手進行重大的改造，還是繼續進行漸進式的改動。

一個簡單的經驗法則

下面就是我在進行重大改變之前，用來做判斷的簡單經驗法則：**有比之前好兩倍嗎？**

如果你可以確定改造之後的系統，會比你現在的系統好兩倍以上，這樣的回報就算是足夠大，值得讓你去承擔改造過程中難以避免的各種中斷或新的問題。如果不到兩倍——也就是新系統的表現，並沒有比目前的系統好兩倍——最好還是採用漸進式的方式來解決問題。

有時候，答案非常明顯。比如有個東西你非做不可，但目前的架構絕對做不到。舉例來說，假設你必須修改伺服器的程式碼，才能讓隱私方面的問題符合最新的法律規定。最新的法律規定要求系統必須讓使用者擁有「被遺忘的權利」，可是在你目前的架構下，根本無法支援這樣的功能，因為你的架構會以各種複雜的方式，保留住資料的歷史記錄，讓你無法輕易刪除掉個人專屬的舊資料。

新的系統會比舊的好兩倍以上嗎？以這個例子來說，你一定要去做一些原本並不支援、但系統改造之後就能支援的東西。從某種意義上來說，改造之後的系統確實比舊系統好太多了。變好的程度遠比「兩倍」大得多，所以當然可以很明確做出決定，接下來只要趕快著手進行改造就對了。

不過更常見的情況是，答案並沒有那麼明顯；你需要做一些測量（如果能測量的話）與估計（如果無法測量的話），才能判斷新做法有沒有比舊做法好兩倍以上。

舉例來說，Sucker Punch 公司在一開始製作《對馬戰鬼》這個遊戲時，我們發現當時針對地面所建立的物理模型，在面積方面很難符合新遊戲的需求。我們之前的遊戲，都是用人工方式把許多三角形組合成各種表面，以呈現出各種不同的地面，可是新遊戲所要構建的地面面積，大約多了 40 倍左右。對馬島實際的地面，全都是利用一大堆等高圖所建立起來的，每張圖都是 512 × 512 的 bitmap 位元圖，用來代表一塊邊長 200 公尺的正方形範圍。

若採用漸進式的解法，就要把這些等高圖逐一轉換成許多三角形，然後用我們原本的物理模型來進行處理。這個做法確實可以運作得很好，不過我們要處理的東西真的很龐大（大概會有 50 萬個三角形），就算做了簡單的最佳化調整，我們還是要佔用大量的儲存空間，才能把所有這些三角形全都記錄起來。

還有另一個替代方案──我們可以重新設計物理引擎，直接支援等高圖，不過這也就表示，一定會有很多額外的工作要做。比方說，我們必須去處理等高圖與所有其他基本元素之間的轉換，還要搞清楚原本物理模型中各種額外的資訊如何與等高圖相對應，而且我們的除錯工具也要進一步支援等高圖……諸如此類，總之有很多工作要做就對了。如果想讓所有東西全都正常運作起來，程式設計團隊或許需要投入整整三個人月的辛勤工作。

這裡先來檢視一下我們的經驗法則──改造後的系統，有比之前好兩倍以上嗎？從幾個不同的面向來看，絕對可以好兩倍以上！我們可以讓渲染引擎直接支援等高圖的使用，進而推導出我們所需的一切。原本我們針對遊戲裡每一個 200x200 米的正方形區域建立物理模型，需要用掉二十幾 MB 的空間，但整合了等高圖之後，只要幾百個 Byte 就足夠了 [1]。

同樣的道理，現在只要利用等高圖來做些簡單的查詢，就可以完成一些很基本的物理操作（例如測試一段很短的線段），而不必跳進幾十層的二元空間分區樹（binary spatial partitioning tree）裡進行操作──這樣就能更自由自在呈現出更多形式的幾何形狀了。這樣一來，在速度上絕對可以快兩倍以上。

1　出於一堆複雜的理由，其實我們最後是渲染出另一個等高圖的獨立副本，然後再把它轉換成浮點數以作為副本的一部分，其中每一塊 200x200 米的正方形區域，大概是 1 MB 左右。

所以，從經驗法則來看，這次的改造應該還蠻有意義的——改造過的新系統在一些重要指標上的表現，確實可以超過原本的兩倍，所以我們認為，雖然寫程式、改程式一定很花功夫，而且還要面對一些新的 bug，不過這樣的付出應該是值得的。

該怎麼看待那些不容易衡量的好處呢？

改造系統所帶來的好處，並不總是那麼容易量化，不過這絕不是不去檢視「要好兩倍以上」這個守則的好藉口。就算你著重的是一些比較軟性的改進（比如像是一些可以讓你的程式設計者更開心的改變，或是重新創造出某種流程，讓你的設計師可以建立出更流暢使用者體驗），你還是要想辦法量化這些東西才行。

如果不這樣做，你就等於是在縱容自己，做出一些讓你自己覺得最舒服的決定——也就是更符合你自然傾向的決定。如果你太過於頻繁做出讓自己覺得很舒服的決定，最後只會給自己帶來麻煩。

假設某些改動的目標，只是為了讓團隊裡的程式設計者更開心（比如替換掉一些老舊的程式碼）。你的程式設計者為什麼會因此而變得更開心呢？是不是因為這樣，他們就不必在一團錯綜複雜的混亂中，為了隨時會冒出來的 bug 而苦苦掙扎，進而提高工作的效率？如果是這樣的話，生產力會提高多少呢？生產力能提升兩倍以上嗎？

再舉個例子，假設你正在決定，是否要重建你的 UX 使用者體驗創建流程。新的使用者體驗會有多流暢呢？為什麼這對於你的使用者更好呢？能有多好？如何評估改進的幅度有多大？使用者會花更多時間來享用你的產品嗎（遊戲的目標正是如此）？如果你製作的是比較傳統的軟體，你的使用者能不能更快速、更有效完成他們自己的工作呢？

大改造也是解決小問題的好機會

你注意到了嗎？本章的內容完全沒有任何程式碼。在我們回頭討論真正的程式碼之前，最後再來談一個想法。

一旦你決定重新改造系統，這時你不妨可以考慮一下，順便清理掉系統裡所有的小問題。你不應該只為了修正一些過時的程式碼，就去進行重大的系統改造——這樣做的好處，絕不值得讓你引入新的問題。但如果你已經決定，要把部分的程式碼砍掉重練，這就表示你已經準備好承擔改動的成本，而且無論如何你一定會徹底而全面測試你所做出的改動——既然如此，不妨可以考慮一下，順手解決掉一路走來所遇到的一些小問題（例如改用比較現代的方式，來改寫原本的程式碼）。

這是一種非常具有成效的模式。你可以先把程式碼裡無法立即修正的一些小問題記錄起來。然後，當你要針對某塊領域做出重大的改造時，就可以同時解決掉所有這些小問題了。

這並不是說，你不應該去尋求漸進式改進的機會。只要能用漸進式的做法，就用這種方式來進行改進吧。也許隨著時間的推移，你就會收集到足夠多關於系統改進方式的小想法，從而證明進行重大改造是合理的。實際上，這也是很常見的情況，尤其是當你開始看出某種特定模式時，這樣的發展也是很正常的。如果你在目前的系統裡看到六個小問題，都可以透過相同的改造方式來解決，這時候你或許就找到了一個轉折點，因為你已經累積了足夠的價值，讓改造這件事變得很值得付出努力了。總體來說，只要改進的程度足夠大，就可以成為重大改造的最佳理由。

「比之前好兩倍以上」是一種很簡單的方式，可以讓你判斷改進的程度，確實值得進行重大的改造。千萬不要貿然去丟掉一些東西，只為了改用稍微好一點的東西來取代它；這是一種很糟糕的策略。如果你要丟掉某些東西，一定要用「好很多」的東西來取而代之。起碼要好兩倍以上才行喲。

大型團隊一定要有
很強的約定慣例

本書最基本的概念就是「程式設計非常複雜」，而你身為個人與團隊的一份子，你的生產力就取決於整件事的複雜性。你把整件事弄得越複雜——或者讓事情變得越複雜——你就越難成功。事情越簡單，你就越容易成功——所以，一定要越簡單越好！

無論你所從事的是哪一種專案，這個建議都很適用；不過，有些專案確實比其他專案更明顯。

有些專案本身夠小、夠簡單，就算其中有一些沒必要的複雜性，也不算是太嚴重的事。如果你某天下午寫了 100 行程式碼，而且打算寫完之後就把它丟掉，那你當然可以按照自己喜歡的方式，愛怎麼寫就怎麼寫。

但你只要加入了一個團隊，就算只有兩個人，也不能如此隨便。也許你們會想在「我的程式碼」和「你的程式碼」之間畫一條線，然後各自決定自己這邊要怎麼寫程式碼……不過，這樣是沒什麼用的。除非你們兩邊可以切得非常乾淨，而且在專案的整個生命週期裡，都能一直保持這樣的狀態，否則你們還是免不了會來回跨越這條界線。甚至要定義兩邊的界面時，也會出現問題——舉例來說，由於界面會跨越到界線的兩邊，那麼究竟是誰可以決定，界面裡的東西該怎麼取名字呢？

想把這種「我一邊你一邊」的模式，擴展到更大的團隊，更是不太可能的事，不過實際上還是很難阻止大家嘗試這麼做。對於某些程式設計者來說，「只要是你的程式碼，所有的事都由你決定」這樣的想法，確實具有非常強烈的吸引力。大家很容易就會爭辯說，程式設計是一種極具創造性的行為，綁東綁西的限制只會降低大家的創造力。大家也很容易爭辯說，專案裡每個不同的部分都有不同的需求，所以當然應該區別對待。大家總是很容易就會在很多小地方建立自己的程式設計風格，到後來卻發現，一堆人陷入「大括號應該放在哪裡」這類激烈的爭論之中。

所有的這些爭論，全都是錯誤的。雖然並不是完全的錯誤，但在大型團隊裡進行大型專案的現實情況下，每個人心中所存在的小小真理，全都會被徹底壓倒。程式設計風格的差異，絕對只會增加複雜性，讓每個人的工作都變得更加困難。

格式上的約定慣例

每一段程式碼，都會體現出某種風格和理念。如果必須用某種不熟悉的風格或理念來寫程式碼，你的速度一定會比較慢，而且更容易出錯。這就好像要你去讀一段你幾乎完全不懂的外語一樣；不管內容再怎麼簡單，對你來說都會變得非常困難。

如果你已經很習慣寫出下面這樣的程式碼：

```
/// \struct TREE
/// \brief 整數二元樹狀結構
/// \var TREE::l
/// 左子樹
/// \var TREE::r
/// 右子樹
/// \var TREE::n
/// 資料

/// \fn sum(Tree * t)
/// \brief 送回樹狀結構中所有整數之和
/// \param t 要計算總和的樹狀結構（或子樹）根節點
/// \returns 樹狀結構中的整數之和

struct TREE { typedef TREE self; self * l; self * r; int n; };
int sum(TREE * t) { return (!t) ? 0 : t->n + sum(t->l) + sum(t->r); }
```

……像下面這樣的程式碼，對你來說就會比較難讀懂（反之亦然）：

```
// 整數樹狀結構節點

struct STree
{
    STree *     m_leftTree;
    STree *     m_rightTree;
    int         m_data;
};

// 送回樹狀結構中所有整數之和
```

```
int sumTree(STree * tree)
{
    if (!tree)
        return 0;

    return tree->m_data +
            sumTree(tree->m_leftTree) +
            sumTree(tree->m_rightTree);
}
```

我在這裡並不打算做什麼好壞的評判——某種意義上來說,這根本就是相同的程式碼;唯一的區別就是其中的命名方式與格式而已。我自己很習慣採用第二種風格的程式設計寫法,所以第一種風格對我來說就很奇怪。如果想要讀懂它,肯定需要在腦袋裡進行一些轉換。如果你已經很習慣第一種風格,你應該就會有反過來的感覺。

這裡所要談的問題,並不是程式設計的風格,而是各種不同風格的「混用」。如果你真的去混用各種不同的風格(也就是增加複雜性),當你在不同風格之間切換時,一定會感到痛苦不堪。針對程式碼的不同部分,各自維護不同的風格,絕對不是個好主意。

程式語言使用上的約定慣例

程式語言的各種不同使用方式,也是相同的道理。如果你已經很習慣之前範例裡那種「基本」的 C++ 程式碼,像下面這種比較「現代」的 C++ 程式碼,對你來說就會很難閱讀:

```
int sumTree(const Tree * tree)
{
    int sum = 0;
    visitInOrder(tree, [&sum](const Tree * tree) { sum += tree->m_data; });
    return sum;
}
```

如果你已經很習慣使用舊版的 C++,你甚至有可能會把它視為不合法的程式碼!這裡用到了 Lambda 匿名函數的定義方式(就是以 [&sum] 為開頭的部分),但其實 Lambda 的寫法是 C++ 11 之後才加入的。

我要再說一次,我在這裡並不打算做好壞的評判。Lambda 匿名函式是一種很好用的寫法,我可以理解 C++ 為什麼要把程式碼寫成這樣。如果這是你們團隊工作流程的標準做法之一,而且你們對於它如何使用、應該在何處

使用，都有很明確的共識，那前面這段程式碼就沒什麼問題。但如果你是團隊裡唯一特別會使用 Lambda 寫法的人，同樣的這段程式碼就會變成一場災難。這裡的問題並不在於程式語言有哪些特定的用法——問題在於大家對於該不該使用程式語言的哪些用法，每個人都有不同的期望。如果你已經很習慣程式語言裡的某一套做法，要適應另一套做法肯定會消耗掉你的精力。如果採用的做法出乎你的意料，你一定會覺得很納悶，因為你根本搞不清楚自己所看到的程式碼，究竟是採用哪一套做法。

解決問題的慣例做法

程式設計者所遇到的問題，通常都有很多種解法，所以我們在寫程式時，通常都會根據自己的直覺，來解決特定的問題。如果你的直覺與隊友的直覺並不一致，這樣就會有點問題——你們會以不同的方式來解決相同的問題。就算是最好的情況，你們在查看彼此的程式碼時，也會增加彼此認知上的負擔。更有可能的是，會出現重新發明輪子的問題：最後你們很可能會以多種不同的方式，多次去解決同一個問題，因為你們並沒有意識到，同樣的問題已經被解決過了。

就以錯誤處理（error handling）來作為例子好了。處理錯誤的方法有很多種：有一些是程式語言和函式庫所引入的做法，有一些則是團隊根據自己特定的需求而發展出來的做法。就算你們限制自己只能使用 C++ 內建的做法，也會發現至少有三種不同的錯誤處理模型，而這些模型在 C++ 這 50 年的發展過程中，都曾經在某個時刻發揮過重要的作用。

甚至連「錯誤」本身的定義，也不是那麼絕對！你可以很合理地判斷，認為「錯誤」就是指使用上的錯誤——畢竟操作系統與大多數的函式庫，都是這樣判斷的。你也可以做出另一種判斷，認為「錯誤」是指那些無法避免的問題（例如找不到檔案），而不是那種完全可避免的「使用上的錯誤」。

舉例來說，在 Sucker Punch 公司裡，我們就會用 assert 下斷言的方式，來處理使用上的錯誤，而不會把它當成一般的錯誤來處理。這就是我們的約定慣例做法。關於如何處理錯誤，雖然有很多種不同的選擇，不過我們還是選擇了其中的一種，而且一直堅持使用這樣的做法。

堅持遵循同一個約定慣例，本身就是個挑戰，因為我們所用到的每個函式庫，好像都很想把我們拖入它的錯誤處理模型中。至少我們都一定要去處理

函式庫所送回的錯誤，然後再決定要如何把它傳播下去。如果你拿到的檔案處理程式碼，採用的是像下面這種真正老派的 C 語言風格，這些程式碼讀起來應該不會讓人覺得很愉快吧：

```cpp
string getFileAsString(string fileName)
{
    errno = 0;
    string s;
    FILE * file = fopen(fileName.c_str(), "r");
    if (file)
    {
        while (true)
        {
            int c = getc(file);
            if (c == EOF)
            {
                if (ferror(file))
                    s.clear();

                break;
            }

            s += c;
        }

        fclose(file);
    }

    return s;
}
```

在這段 1980 年代風格的程式碼裡，如果發生了錯誤，有時會送回全局狀態（global state），有時則會送回某個特殊值。細節並不重要──重點是，這裡並沒有一致的約定慣例做法。每個函式對於該如何送出錯誤，在想法上稍有不同──fopen 在錯誤時會送回 nullptr，getc 在錯誤時則會送回 EOF，還會設定一個全局標記。如果使用這個模型，就表示必須要記住一堆沒什麼規則的細節做法。

稍微好一點的做法，就是把錯誤移到物件本身──這樣就可以引入新的、更強大的約定慣例做法：

```cpp
bool tryGetFileAsString(string fileName, string * result)
{
    ifstream file;
    file.open(fileName.c_str(), ifstream::in);
```

```
    if (!file.good())
    {
        log(
            "failed to open file %s: %s",
            fileName.c_str(),
            strerror(errno));

        return false;
    }

    string s;
    while (true)
    {
        char c = file.get();
        if (c == EOF)
        {
            if (file.bad())
            {
                log(
                    "error reading file %s: %s",
                    fileName.c_str(),
                    strerror(errno));

                return false;
            }

            break;
        }

        s += c;
    }

    *result = s;
    return true;
}
```

這裡的約定慣例做法是,只要函式的名稱是以 try 作為開頭,就有可能會因為出錯而失敗。成功時函式會送回 true,失敗時則會送回 false,而關於失敗的各種詳細資訊,也都會回報至系統錯誤日誌中。如果一看到以 try 為開頭命名的函式,你大概就知道是什麼情況了。這就是約定慣例的力量——它是一種促進理解的捷徑,比起自己去細讀所有程式碼才能搞清楚細節,這樣的做法實在好太多了。在這段程式碼裡,只要是沒使用約定慣例的函式庫,都會被強制進行轉換,而像這樣的轉換工作,只要一個人來做就行了——錯誤處理方式全都按照約定慣例做好轉換之後,團隊裡的其他人就能享受到非常具有一致性的體驗了。

至於我所從事的專案，則定義了更豐富的錯誤類型，而不只是根據成功或失敗，送回一個簡單的 bool 布林值：

```
struct Result
{
    Result(ErrorCode errorCode);
    Result(const char * format, …);

    operator bool () const
        { return m_errorCode == ErrorCode::None; }

    ErrorCode m_errorCode;
    string m_error;
};
```

這種錯誤報告的方式，可以讓程式碼把錯誤傳播出去，同時還可以提供詳細的錯誤背景相關資訊。對於處理大量錯誤的專案來說，這是個很好用的模型，尤其是搭配像 try 這類的命名約定慣例，用起來更是方便：

```
Result tryGetFileAsString(string fileName, string * result)
{
    result->clear();

    ifstream file;
    file.open(fileName.c_str(), ifstream::in);
    if (!file.good())
    {
        return Result(
                "failed to open file %s: %s",
                fileName.c_str(),
                strerror(errno));
    }

    string s;
    while (true)
    {
        int c = file.get();
        if (c == EOF)
            break;

        if (file.bad())
            return Result(
                    "error reading file %s: %s",
                    fileName.c_str(),
                    strerror(errno));

        s += c;
```

```
    }

    *result = s;
    return ErrorCode::None;
}
```

或者你也可以使用例外處理的做法，這是 C++ 函式庫最基本的第三種錯誤
處理模型：

```
string getFileAsString(string fileName)
{
    ifstream file;
    file.exceptions(ifstream::failbit | ifstream::badbit);
    file.open(fileName.c_str(), ifstream::in);

    string s;
    file.exceptions(ifstream::badbit);
    while (true)
    {
        int c = file.get();
        if (c == EOF)
            break;

        s += c;
    }

    return s;
}
```

姑且不論好壞，這個函式實際上就是把 `file.open` 或 `file.get` 所拋出的異常
例外（exception）隱藏了起來。這樣做的優點是，錯誤處理並不會把正常的
操作流程搞得亂七八糟；缺點則是錯誤偵測與處理的複雜工作，全都被隱藏
並分散在多個函式之中 [1]。

所有這些風格全都是可行的，如果想採用其他的風格，也沒什麼問題。你可
以選擇其中任何一種，作為你自己的約定慣例做法——好吧，你應該不會使
用第一種風格吧，因為那感覺實在很愚蠢。但是其他幾種都蠻合理的，就看
你的專案選擇哪一種做法吧。

---

[1] 當你知道 Sucker Punch 公司並沒有採用 C++ 的例外處理做法時，你只要想想本書其他的守
則（最重要的是守則 10：「把複雜性局限在局部範圍內」），應該就不會覺得很驚訝了。我
們的程式碼函式庫裡確實有一些 try 語句，不過大概只有我們所用到的外部函式庫強迫我
們必須這麼做的時候，我們才會這樣做。

至於下面的做法，就很不合理了──在同一個專案裡，混用多種不同的錯誤處理慣例做法。不一致的慣例做法，一定會讓團隊裡的每個人經常感到困惑，然後這些感到困惑的程式設計者，就會寫出一堆的 bug。

我在前面兩個以 try 作為名稱開頭的函式裡，偷偷藏了一個例子，分別使用了不同的慣例做法。這兩種函式都是用指標的方式，來傳回函式「真正」送回來的值（* result）。不過在前一個函式中，如果遇到失敗的情況，真正送回來的值會維持不變；而在第二個函式中，如果遇到出錯的情況，送回來的值則會被清除。

不管你採用哪一種做法，你都可以提出一套很有道理的說法──不過你就是不能在同一個專案裡混用兩種不同的做法，因為那顯然會變成一場災難。在錯誤處理程式碼裡，混用不同的異常例外處理做法，這樣也是不行的，因為這樣到最後一定會以淚水收場。

你也可以大聲爭辯說，你的程式根本不需要進行錯誤處理。沒錯，完全不進行錯誤處理！實際上這正是我們在大部分遊戲程式碼裡採用的做法──我們根本就沒有定義錯誤，所以當然不用去進行錯誤處理。所有使用上的錯誤，全都是用 assert 下斷言的方式來進行處理。如果是記憶體不足之類的災難性問題，只會讓遊戲掛掉。至於一些比較極端的情況，則會觸發一些預設的行為，而不是送出錯誤。

實際上我們確實不得不針對程式碼的一些極端情況，去處理一些錯誤的狀況──舉例來說，我們的網路程式碼需要處理封包丟失的情況。不過，Sucker Punch 公司的程式設計者經常連續好幾個月，都沒有製造出任何一個錯誤，自然也就很少需要去處理什麼錯誤了。

在有效率的團隊裡，大家想的東西都很像

從團隊的角度（而不是個人的角度）來看，你的目標應該就是讓整個團隊保持一致。理想的情況下，團隊裡的每個人都應該非常同步，所以大家在遇到特定問題時，應該都會寫出「完全相同」的程式碼。這裡所說的「完全相同」，指的是：相同的演算法、相同的格式、相同的名稱。

我們都知道，閱讀與使用自己的程式碼，一定比使用其他人的程式碼更容易。任何的程式碼，一定都蘊含著無數關於「程式碼應該怎麼寫」的假設。當你在閱讀自己的程式碼時，所有假設好像都很自然而然，所以你根本不會注意到這些假設。當你在閱讀其他人的程式碼時，只要是你不認同的假設，每一個都足以讓你摔一跤。

如果命名的約定慣例，與你的期望並不相符，這下你就麻煩了。當然囉，你一定還是可以想辦法搞清楚，不過這終究需要花一些時間和精力。如果大括號放錯位置，或是程式碼使用了你不熟悉的程式語言功能，或是混用了不只一種約定慣例來做常見的工作（例如之前的函式範例），這些全都需要額外花掉你的一些時間和精力。

至於解決的辦法，其實也很明顯。如果想讓整個團隊順利合作無間，一定要讓大家的假設保持一致！使用相同的約定慣例！別再做傻事了！

約定慣例本身（像是大括號應該放在哪裡等等）其實沒那麼重要。你們可以針對大括號的放法，進行一些原則性的討論（實際上很多放法都還蠻不錯的）。選擇哪一種風格根本不重要，重要的是你們一定要選擇相同的風格，而且能夠始終如一採用相同的做法。

下面就是我們在 Sucker Punch 公司裡的做法。我們有一整套的程式設計標準，針對我們所能想到的一切，制定了非常嚴格的守則，其中包括：

- 給所有東西命名的方式。

- 程式碼的標準格式。如果你們夠聰明，就會選擇採用眾多程式碼格式化工具其中的一種輸出結果，來作為你們的約定慣例，因為這樣一來，要遵循這個約定慣例就會變得很容易——只要用那個格式化工具執行一下就行了 [2]。

- 使用程式語言特定功能的方式，包括要使用哪些功能、避免使用哪些功能。

- 解決各種常見問題的約定慣例做法。舉例來說，我們在寫「狀態機器」（state machine）時，會使用一種非常標準化的做法，因為我們的遊戲程式碼經常使用到狀態機器。

- 檔案要怎麼切分？這些檔案裡的程式碼，該如何進行排列分組？

2　唉！可惜我們並沒有那麼聰明。我們的程式碼格式約定慣例……實在有點古怪。

- 如何在程式碼裡表示常量（constant）。如果只是說，你會使用 #define 或 const，而不會在程式碼裡使用任何的魔術數字，這樣是不夠的——你的 const 應該取什麼樣的名字？你應該在哪裡定義它？在使用處的附近？在包含其他常量的原始檔案最頂部？還是在專案的標頭檔案？

每個人都一定要遵循這些約定慣例，而且在我們的程式碼審查程序中，這些約定慣例全都會被嚴格執行檢查。對於許多新來的程式設計菜鳥來說，要能夠在這些嚴格的標準下順利工作，總需要一段時間慢慢進行調整，不過並不需要太久，嚴格遵守程式設計標準的好處就會變得很明顯。

在每個專案剛開始時，我們就會讓程式設計團隊裡的人，有機會針對這些程式設計標準，提出他們想要做的任何改動。我們會針對每個提議的改動進行辯論，然後再進行投票。如果某個提案贏得多數票，就會在新的專案裡使用。舉例來說，在最近一輪投票中，我們通過了一個標準做法，可以在某些情況下使用 auto；有人或許覺得這太嚴格了，不過也有人可能覺得太過寬鬆了（完全取決於個人的傾向）[3]。

一旦我們對自己的標準做出了改動，我們就會針對我們那個相當大的程式碼庫，重新進行工作分配，然後像一群飢餓的蝗蟲一樣，仔細掃過整個程式碼庫，對所有東西進行轉換，以符合最新的標準。這個工作的成本很高，但實際上用不到一週的時間，我們就可以完全遵守最新的團隊約定慣例做法了。

請別忘了我們的目標：Sucker Punch 公司裡任何的程式設計者，在面對特定的問題時，都會寫出與 Sucker Punch 公司裡任何其他程式設計者完全相同的解法。我們越接近這個目標，就會越接近完美的情況——使用其他人的程式碼，就像使用自己的程式碼一樣容易。如果我在查看 Sucker Punch 公司的程式碼時，完全無法分辨出來是誰寫的（甚至有可能是我自己寫的），這樣我就知道，我們確實有接近那個目標，然後我們就可以很快做好準備，在沒什麼壓力的情況下，趕快去寫新的程式碼了[4]。

3　所以大家一定要訂出一致的約定慣例做法。
4　好吧，好吧，實際上也不是那麼沒壓力啦。不過壓力真的會小很多。

揪出引發雪崩的
那顆小石頭

如果我告訴你，程式設計的過程，其實就是不斷在除錯，你或許會哀傷地搖搖頭，喃喃自語地說道：「是呀，你說得太對了，老兄。你真是說得太對了。」

好吧，其實不是這樣的──沒有人會那樣說話的。不過，你肯定同意這個前提。當你想把某個想法轉變成一段完全可正常運作的程式碼時，你幾乎無可避免一定會在「讓它能正常運作」這個階段花費比較多的時間，遠遠超過「輸入程式碼」這個階段所花費的時間。除非出現極端的情況──比如想法真的很簡單，再加上令人難以置信的好運──否則你花在除錯的時間，一定會比設計程式的時間多很多。這件事實在太明顯了，以至於甚至很少被人提起。

重點來了。

既然你知道程式設計的過程主要是進行除錯，這對於你從事程式設計專案所採用的做法，究竟有什麼影響呢？你知道寫程式其實就是在除錯──那你打算怎麼做呢？

其中一個很明顯的答案，就是努力去寫出錯誤更少的程式碼。這就是本書其餘部分主要想談的內容，所以我們暫且把它放在一旁。本章的守則有點不一樣；這裡所要談的是，如何寫出比較容易進行除錯的程式碼。

bug 的生命週期

我們姑且先退一步，想想看除錯究竟是在幹嘛。bug 的生命週期有四個基本階段：

1. bug 被偵測到──你發現了問題。

2. 接下來是診斷──你進行調查並發現導致錯誤行為的原因。

3. 然後你會進行修正，改掉你程式碼裡的錯誤，來消除掉有問題的行為。

4. 最後你會進行測試，以確保問題已被修正，而且你的修正也沒有導致新的問題，然後你就會把修正提交出去。

診斷階段通常是花最多時間、也最令人沮喪的部分。因為大多數的 bug，都沒有詳細的資訊可供參考。通常你拿到的，都是關於問題症狀的說明──程式掛掉了、對話框裡的「確定」按鈕始終處於禁用狀態、使用者列表裡有四分之一的名字和姓氏反過來了⋯⋯或是其他之類的描述。如果你夠幸運的話，問題報告裡會有一些關於背景的描述，例如程式掛掉當時使用者正在做什麼之類的。

你所缺少的是出現這些症狀的「*理由*」。究竟是什麼東西導致了這些症狀呢？實際上究竟出了什麼問題呢？診斷其實就是回答這些問題的過程。除非真的知道出了什麼問題，否則你根本無法解決問題。

你可以確定的是，電腦這東西是不會變來變去的。如果提供給電腦的東西完全相同，它一定會產生出完全相同的結果。如果你沒看到完全相同的結果，那就表示你並沒有完全重現出原本的情況。

如果你能回到事情剛開始要出錯之前的時間點，問題很容易就能被診斷出來。然後你的工作就會變得很容易──只要逐步檢查程式碼找出問題就行了。如果你一不小心略過了問題，或是你回溯得不夠早，還沒回到問題發生的時間點之前，別擔心：重新啟動你的時光機，讓時間再多倒退一點就行了。

當然囉，實際上你並不能進行時光旅行──如果真的可以的話，你肯定有比修正問題更重要的事要做。事實上你需要的是「*假裝*」有時光旅行的能力，讓程式碼準確回到問題出現時的情況，然後在問題出現之前用除錯工具介入其中。

「情況開始偏離正軌」與「bug 開始出現症狀」這兩者之間通常會隔開一定的距離，因此要知道何時該用除錯工具介入，其實是個有點神奇的技術。如果問題所在的位置與症狀出現的位置是相同的，那你真的是很幸運：

```
void showObjectDetails(const Character * character)
{
    trace(
        "character %s [%s] %s",
        (character) ? character->name() : "",
        character,
        (character->sourceFile()) ? character->sourceFile() : "");
}
```

只要一個 null 物件，就可以讓這裡的程式掛掉；要診斷出這個問題，其實很容易。症狀（程式掛掉）與實際的問題，全都出現在同一個語句（程式碼會去檢查 character 是否為 null，就表示 null 物件是有支援的；但是在兩行之後，卻沒有先對 character 進行 null 檢查，就去調用物件裡的 sourceFile 方法）。由於症狀與問題本身出現在相同的位置，所以診斷起來非常容易。

如果症狀所在位置與問題本身相隔得並不遠，這樣也還算是有點「幸運」：

```
int calculateHighestCharacterPriority()
{
    Character * bestCharacter = nullptr;

    for (Character * character : g_allCharacters)
    {
        if (!bestCharacter ||
            character->priority() > bestCharacter->priority())
        {
            bestCharacter = character;
        }
    }

    return bestCharacter->priority();
}
```

這裡又是一個 null 指針，害程式掛掉了；這次是因為調用 calculateHighest CharacterPriority 時，遇到了沒有任何角色的情況。這裡的問題（角色列表是空的，所以並不會去執行迴圈裡的邏輯）與症狀（bestCharacter 依然是 null，所以程式就掛掉了）兩者之間只隔了幾行而已。

我們在這裡對於診斷問題的實際程序，總算有了一些初步的瞭解。之前我們曾說過，如果可以坐時光機回到事情剛開始出錯的地方，要診斷出問題就很容易了。的確沒錯，這就是我們在診斷過程中所做的事，不過我們很少能夠一次就跳回到最初的原因之所在（也就是開始出錯的地方）。

典型的情況下，問題多半是一點一滴慢慢分崩離析，而不是一下子突然就整個崩潰掉。你也不是一次就能直接跳回到事情出錯的地方，而是一點一點慢慢倒退回去。你會先找出一些看起來不太對勁的東西，然後再回頭找出它是從什麼時候開始看起來不對勁的。通常這樣就可以找出其他看起來不對勁的東西，然後再進行另一次倒退的程序；經過很多輪相同的程序之後，你才能找出那顆小石頭，確定就是因為它的緣故，才引發最後導致症狀的那一場雪崩。這就是診斷出一個 bug 的過程。

我知道，花力氣去把除錯的過程拆解開來，這樣的努力好像沒有什麼用。一開始我們只是想知道，除錯究竟是怎麼一回事。身為一個程式設計者，程式設計的過程就是不斷進行除錯，所以你只需要努力進行除錯就好了。為什麼要花力氣去描述一個顯而易見的程序呢？

呃……我們的目標其實是想讓除錯變得更容易，如果不明確定義除錯究竟是怎麼一回事，我們就沒辦法再進一步了。

如果我們把除錯定義成在時間上往回退的一個程序，讓我們可以重新構建出一連串錯誤的因果關係，再看它最後是如何導致我們所偵測到的症狀，這樣一來，只要想辦法讓我們更容易在時間上往回退，就可以讓除錯變得更容易了。最後只要找出引發雪崩的那顆小石頭，就知道該修正什麼了。往回溯的工作越容易，我們就越有可能沿著因果鏈追溯到問題的源頭。

這就是雪崩的特點。其實我們也可以不用一路往回退，退到最初那顆小石頭的所在之處。我們也可以不去診斷出導致該症狀的原因，只要解決掉症狀就行了。以之前第二個例子來說，我們只要添加一個 null 指針檢查，就能解決掉症狀，這樣一來就算沒有任何角色，程式也不會掛掉了：

```
int calculateHighestCharacterPriority()
{
    Character * bestCharacter = nullptr;

    for (Character * character : g_allCharacters)
    {
        if (!bestCharacter ||
            character->priority() > bestCharacter->priority())
        {
            bestCharacter = character;
        }
    }
```

```
        return (bestCharacter) ? bestCharacter->priority() : 0;
    }
```

如果順著時間往回溯的程序非常困難，我們就會被強烈誘惑，而去採用偷懶的做法──解決症狀而不追溯原因。這樣的誘惑非常強大，因為某種意義上來說，它確實是有效的做法。這段程式碼本來會掛掉，現在不會了。你的工作其實也算是完成了。

如果我們再往前回溯一點點，可能就會發現更好的解法，其實是拿掉bestCharacter 指針：

```
    int calculateHighestCharacterPriority()
    {
        int highestPriority = 0;

        for (Character * character : g_allCharacters)
        {
            highestPriority = max(
                                highestPriority,
                                character->priority());
        }

        return highestPriority;
    }
```

大多數的問題並不像這個範例如此簡單。只修補症狀而不回溯到原始問題處，這樣只會讓原始問題繼續躲在原處，隨時有可能引發另一場雪崩。

在這個範例中，null 指針就是那個小石頭，不過那只是一個特例。這個特例被我們所寫的程式碼漏掉了一次。我們之後還是很有可能會再次漏掉。最好的做法還是完全拿掉那個指針，才能完全擺脫掉這顆小石頭。

在探索一連串因果鏈的過程中，每一步都會有強烈的誘惑，讓你很想直接去處理症狀，而不去找出真正的原因。當你慢慢沿著時間往回溯，一步步從症狀找出相應的原因，然後再找出那個原因背後的原因，接著再找出那個背後原因的真正原因，其實你在任何一個時間點，都可以宣佈自己已經順利解決問題了。某種程度來說，你確實可以這麼說──畢竟當初那個促使你開始進行除錯的症狀，確實已經消失了。

可是在雪崩半途宣告勝利，就表示那顆小石頭其實還在。也許到了某個時間點，它又會導致另一場雪崩，到時候被埋葬的程式設計者可能就是你，也可能是其他的人。我們越容易在時間上往回退，就越容易抵擋住只修正症狀的

誘惑，越有意願去追溯出根本的原因。這樣可以讓我們更容易找出小石頭，而不只是阻止掉一場雪崩而已 [1]。

盡可能減少狀態

瞭解了「除錯」的定義之後，我們就能進一步找出許多改進的機會：

從症狀往回推，越接近原因，就越容易往回溯源。

> 如果原因和症狀的位置很靠近，或是在時間上很接近，想找出兩者之間的關係就容易多了。

縮短因果鏈的長度，就可以縮短除錯的過程。

> 只有單一原因的症狀，肯定比較容易進行修正；如果是一連串的原因導致一連串的症狀，這種問題就難解多了。

如果在時間上更容易往前回溯，一定更有助於問題的追蹤。

> 如果想知道症狀背後的原因，就必須觀察當時的各種狀態；狀態如果很容易重現，要探索因果鏈也會變得很容易。

這裡最容易做到的目標，就是上面所列的最後一項。如果狀態很多，想重現當初問題發生時的狀態就很困難。如果可以減少狀態的數量，一定更容易循著因果鏈往前回溯。

純函式（也就是沒有副作用、而且一切只跟輸入有關的函式）要進行除錯是很容易的。這種函式如果接收到某些輸入時，會送回不正確的值，只要再送入相同的輸入，它就會送回相同的輸出。所以我們可以根據需要，重複進行嘗試。

假設我們要計算費氏數列（Fibonacci numbers），我們的程式碼裡有個 bug。計算費氏數列通常是只會在程式設計考試或白板面試時出現的題目，不過還是請各位跟我一起來看一下吧。下面就是相應的程式碼 [2]。問題報告說，這個 getFibonacci 送了一個錯誤的值回來：

---

1 你怎麼知道自己找到的是小石頭，而不是另一個症狀呢？好吧，如果你不確定小石頭出現的原因或時間，那你很可能就是還沒找到小石頭，應該繼續進行調查。不過也請不要過份執著──每往上靠近真正的小石頭一步，都算是很有意義的進展。

2 這並不是計算費氏數列的好方法。請不要在程式設計的考試中使用這種做法。

```
int getFibonacci(int n)
{
    static vector<int> values = { 0, 1, 1, 2, 3, 5, 8, 13, 23, 34, 55 };
    for (int i = values.size(); i <= n; ++i)
    {
        values.push_back(values[i - 2] + values[i - 1]);
    }
    return values[n];
}
```

這是一個純函式，所以要重現問題很容易。它所依賴的唯一狀態，就是它的參數，所以每次我們調用 getFibonacci(8) 都會得到相同的錯誤結果 23，而不是正確的 21。我們只要一進入函式，就會發現問題很明顯 —— 原始的 values 陣列裡，設了一個錯誤的值。診斷工作完成了。

我們可以得出第一個重要的結論。如果是用純函式來構建程式碼，想重現狀態就會比較容易，問題也更容易進行除錯。

我們再來看看另一個比較複雜的場景。想像一下，假設我們的 Character 有一個方法，可以根據角色當前的盔甲、武器、HP 生命值等因素，送回相應的「威脅」值。我們可以寫程式來維護這個威脅值，以作為這個角色的狀態：

```
struct Character
{
    void setArmor(Armor * armor)
    {
        m_threat -= m_armor->getThreat();
        m_threat += armor->getThreat();
        m_armor = armor;
    }

    void setWeapon(Weapon * weapon)
    {
        m_threat -= weapon->getThreat();
        m_threat += weapon->getThreat();
        m_weapon = weapon;
    }

    void setHitPoint(float hitPoints)
    {
        m_threat -= getThreatFromHitPoints(m_hitPoints);
        m_threat += getThreatFromHitPoints(hitPoints);
        m_hitPoints = hitPoints;
    }
```

```
    int getThreat() const
    {
        return m_threat;
    }

protected:

    int m_threat;
    Armor * m_armor;
    Weapon * m_weapon;
    float m_hitPoints;
};
```

這段程式碼裡有個 bug，問題報告裡大概是這樣說的：「玩家遇到手持 +1 重傷之劍的敵人，竟沒有表現出受到威脅的樣子」。幸運的是，這個 bug 很容易重現。如果玩家的角色靠近一個手持魔法之劍的敵人，也不會表現出備戰的樣子，而是表現出一副若無其事的樣子。

當然，這個症狀並不是出現在前面那段程式碼中。這個例子裡實際的症狀是，玩家角色所播放的動畫有問題，因為他看起來應該是受到威脅的樣子，但實際看起來卻是一副若無其事的樣子。我們來到前面這段程式碼之前，其實已經循著因果鏈往上游追蹤了好幾個步驟，然後我們才發現這裡 m_threat 的值並不正確。

所以我們現在必須搞清楚，為什麼它的值不正確！我們必須施展出時光倒流的魔法，重現出導致 m_threat 被設為錯誤值的狀態。

在這個例子裡，這件事有點棘手。與之前那個簡單範例不一樣的是，相關的程式碼並不在「附近」。它的值也不是「最近」才設定的。我們應該是在之前的某個時間點，給 m_threat 設定了錯誤的值，可是我們並不確定是什麼時候。

這就是有狀態（stateful）的程式碼會有的問題。直到情況走偏很久之後，你才開始發現問題，而原因與症狀兩者之間的這種延遲情況，就會讓問題的診斷變得非常困難。在這個例子裡，我們知道 m_threat 的值是錯誤的，但是我們並不確定為什麼，也不知道什麼時候設定了不正確的值。

如果你有遵循之前守則 2 裡關於程式碼審查的建議，要診斷出這個問題就很輕鬆了。每當你要更新角色的狀態時，都去調用一下 audit 函式：

```
struct Character
{
    void setWeapon(Weapon * weapon)
    {
        m_threat -= weapon->getThreat();
        m_threat += weapon->getThreat();
        m_weapon = weapon;
        audit();
    }

    void audit() const
    {
        int expectedThreat = m_armor->getThreat() +
                             m_weapon->getThreat() +
                             getThreatFromHitPoints(m_hitPoints);

        assert(m_threat == expectedThreat);
    }
};
```

這樣一來，audit 函式就會在 setWeapon 之後用 assert 下斷言。說來真不好意思；我們應該先減去「舊武器」的威脅，然後再加上新武器的威脅才對。難怪玩家的角色會表現出一副若無其事的樣子。

如果沒有 audit 函式的協助，要診斷出問題絕對不是件輕鬆的事。你最後或許會在所有用到 m_threat 的地方放置中斷點，然後再執行程式碼，並在每次遇到中斷點時驗證一下狀態的值。這是很乏味的工作，而且在這個例子裡，根本不需要這麼麻煩——你實在不應該讓 m_threat 變成一種狀態。除非絕對必要，否則千萬不要輕易增加狀態。

我們可以用另一段無狀態（stateless）的程式碼來對照一下，這段程式碼裡也有個類似的 bug：

```
struct Character
{
    void setArmor(Armor * armor)
    {
        m_armor = armor;
    }

    void setWeapon(Weapon * weapon)
    {
        m_weapon = weapon;
    }
```

```
    void setHitPoint(float hitPoints)
    {
        m_hitPoints = hitPoints;
    }

    int getThreat() const
    {
        return m_armor->getThreat() -
            m_weapon->getThreat() +
            getThreatFromHitPoints(m_hitPoints);
    }

protected:

    Armor * m_armor;
    Weapon * m_weapon;
    float m_hitPoints;
};
```

以這段無狀態的程式碼來看，當我們發現 Character::getThreat 送回來的值有問題時，我們很自然就會有一個很清晰的行動計畫。在 getThreat 設一個中斷點，然後再走到手持魔法之劍的敵人面前就行了。問題很容易就診斷出來了──在一個明顯應該是加號的地方，卻放了一個錯誤的減號。只要減少狀態的數量，就可以讓診斷變得更容易。

我們並沒有把 Character 的狀態完全消除掉。保留下來的狀態── 角色的盔甲、武器以及當前的 HP 生命值── 全都是 Character 這個物件的重點資訊。這些都是沒辦法直接消除掉的東西。

許多遊戲程式碼都是如此，我們是用虛擬的類比方式來對真實世界的物件建立模型，而這些物件通常都具有一些狀態。比如一個物體的位置和速度，或是玩家當前的 HP 生命值，或是玩家的魔法之劍鑲嵌了哪些魔法寶石。這些全都是狀態，很不容易消除。

不過，只要是能消除掉的狀態，就把它消除掉吧。狀態只會讓除錯更加困難，而程式設計其實就是一直在進行除錯的過程。只要有可能，就盡量用純函式來構建出各種行為。這樣會比較容易把細節做對，而且當問題出現時，也更容易診斷出來。

「狀態」無可避免的處理方式

有時候狀態就是無可避免，就是會讓問題的診斷變得更加複雜。想像一下，假設你正在診斷某個問題——角色面對弓箭的攻擊，有時會做出不恰當的反應。照說角色應該要往後跌倒[3]，但有時他們反而會往前跌倒。

嗯。關於這個 bug 的描述，其中有個具有暗示性的用詞……看到「有時」這個詞你就知道，這個問題或許跟這兩個互動物件的「狀態」有關——我猜問題應該是在角色這邊，因為它應該擁有最多的狀態，不過弓箭這邊也不是完全沒有可能。如果想診斷出問題，就要先重現出當時的狀態。

這件事有可能很容易！如果 bug 百分之百會在你的某個單元測試中出現，你就可以放輕鬆了。這個單元測試一定可以建立出導致錯誤行為的狀態，因此診斷工作就會變得很簡單。只要設一個中斷點，讓它在弓箭射中角色時觸發，然後就可以開始進行除錯了——你可能需要探索一下因果鏈，以找出造成雪崩的那顆小石頭，不過每次在時間上往回退時，最困難的部分就是要重現出當時的狀態，而單元測試正好可以幫你解決這個問題。

你也可能沒那麼幸運。或許你並沒有任何自動測試程序，不過在好幾次的嘗試之後，你總算可以用人工方式把問題重現出來，而且可以在問題發生時偵測到它。

在 Sucker Punch 公司的遊戲引擎裡，有一個物件會把每一次的傷害記錄對應到適當的反應——角色被弓箭射到時，應該做出什麼樣的反應，就是靠這段程式碼來決定的。我們可以在這段相應的程式碼裡偵測到問題——只要添加程式碼，確保弓箭的射擊速度與角色跌倒的方向，全都指向相同的方向就行了：

```
void DamageArbiter::getDamageReaction(
    const Damage * damage,
    Reaction * reaction) const
{
    // 「傷害」對應到「反應」的具體邏輯，全都放在這裡。
    // 在 Sucker Punch 的遊戲引擎裡，這件工作是由單一
    // 個函式來完成的。這個函式大概有 3000 行的長度，
    // 不過它的內容並不適合用來作為講解的例子，畢竟它
    // 所要解決的全都是一些非常複雜的問題。
```

3　這完全是電影的邏輯。弓箭其實並沒有那麼大的力氣，能夠把任何比松鼠還大的東西往某個方向推倒。不過每個玩遊戲的人都抱著這樣的期待，所以我們還是從善如流吧。

```
        if (damage->isArrow())
        {
            assert(reaction->isStumble());
            Vector arrowVelocity = damage->impactVelocity();
            Vector stumbleDirection = reaction->stumbleDirection();
            assert(dotProduct(arrowVelocity, stumbleDirection) > 0.0f);
        }
    }
}
```

當這裡的 assert 斷言被觸發時,你就可以很清楚診斷出問題之所在。

這個 getDamageReaction 函式相對比較單純 —— 每次只要有任何的傷害
(damage),它就會送回相應的反應(reaction);它本身並不會產生什麼副
作用,不過這個遊戲世界裡任何物件的狀態,都有可能影響它的判斷。這聽
起來簡直就像是一場災難——我們該不會要把遊戲世界裡每一個物件的狀態
全都重現出來,才能把問題重現出來吧?

這就是為什麼我們要儘早偵測出問題的理由;我們應該在 getDamageReaction
的內部,就把問題偵測出來。這樣我們才能診斷出真正的問題。這個函式本
身並沒有什麼副作用,所以遊戲世界裡所有物件的狀態,全都不會被它影響
到。如果我們在調用 getDamageReaction 之後立刻再次調用它,應該還是會
得到相同的結果。

如果是在過去,我通常會插入一些程式碼來處理這個問題。偵測到問題時,
我就會讓除錯工具介入,開始一步一步執行程式碼,然後用遞迴的方式反覆
調用這個純函式:

```
void DamageArbiter::getDamageReaction(
    const Damage * damage,
    Reaction * reaction) const
{
    // 「傷害」對應到「反應」的具體邏輯,全都放在這裡。
    // 在 Sucker Punch 的遊戲引擎裡,這件工作是由單一
    // 個函式來完成的。這個函式大概有 3000 行的長度,
    // 不過它的內容並不適合用來作為講解的例子,畢竟它
    // 所要解決的全都是一些非常複雜的問題。

    if (damage->isArrow())
    {
        assert(reaction->isStumble());
        Vector arrowVelocity = damage->impactVelocity();
        Vector stumbleDirection = reaction->stumbleDirection();
        if (dotProduct(arrowVelocity, stumbleDirection) <= 0.0f)
        {
```

```
            assert(false);

            static bool s_debugProblem = CHRISZ;
            if (s_debugProblem)
            {
                getDamageReaction(damage, reaction);
            }
        }
    }
}
```

到了最近，我的做法就變得比較輕鬆了。我們在 Sucker Punch 公司裡所使用的 IDE，可以在除錯工具執行到某一行程式碼時，讓我設定接下來要執行到哪一行。這樣並不是完全沒有危險，因為在程式碼裡隨意跳來跳去，也可能會產生出一些問題，不過只要小心一點就行了。如果我發現碰到了問題，尤其是在純函式中，我就可以在程式碼裡往回退，以找出問題的原因。這樣的能力，改變了診斷的做法。在時間上往回退一步，在過去是很難做到的，但現在卻變得很容易。如果問題的根本原因就在很靠近的地方（最近才剛出現、而且就在附近的程式碼裡），這樣很容易就可以把它找出來了。

消除狀態這件事，並不一定是非黑即白、毫無折衷的一件事。就算附近某些程式碼還是保持著某些狀態，只要有某些程式碼完全無狀態，這樣還是可以讓問題的診斷變得更容易。你所消除掉的每一個狀態，都會有那麼一點點幫助的。

「延遲」無可避免的處理方式

到目前為止在我們所看過的範例，都可以用機械化的方式偵測到症狀。如果程式掛掉了，問題就會被自行偵測出來。程式碼只要透過 assert 下斷言的方式進行自我監管，它就可以偵測出自己的問題。在之前那個弓箭的範例裡，我們是在人工測試的過程中注意到這個問題的；不過我們還是可以把這個問題，轉化成程式碼裡的一個 assert 斷言。

像這種偵測出症狀的做法，實際上並不一定總是管用；診斷工作有時還蠻複雜的。有時候，症狀並不會馬上就會顯現出來。

下面就是 Sucker Punch 公司所遇過的一個範例——我們經常需要在動畫部分的程式碼裡，對問題進行除錯。在我們的遊戲中，角色的移動都是由動畫來驅動的，而這些動畫全都是由我們的動畫團隊製作出來的。每個動畫都會描述角色身體的每個部分隨時間移動的位置。比方說，在動畫開始 1.5 秒時，左手正好移到某個位置，而且方向也來到某個角度；在動畫來到第 1.53 秒時，它會稍微往上移動，並往前旋轉一點點的角度。諸如此類，只要動畫一直持續下去，我們所管理的角色身體有六百多個部位，其中每個部位每六十分之一秒都會有新的狀態。

每個動畫本身都是一個純函式。它並不會依賴任何外部的狀態，也沒有任何的副作用。它只關心它唯一的輸入變數，也就是我們正在進行計算的動畫時間軸裡確切的時間。如果我們用相同的輸入變數來重複進行動畫的計算，就會再次得出相同的身體位置。

不過，事情並沒有那麼簡單。當我們從某個動畫切換到另一個動畫時——比如說，當一個正在奔跑的角色決定要跳躍時——我們並不只是直接切換到新動畫而已。因為這樣會導致角色的身體突然跳到另一個新的位置，看起來實在很糟糕。所以，我們會用一種很平滑的方式，從舊動畫過渡到新動畫。

平滑處理會讓整件事變得更複雜，因為它跟角色當前的身體位置有關，也跟動畫時間軸裡的時間位置有關。為了把平滑處理時的問題重現出來，我們就必須掌握到我們所管理的角色身體那六百多個部位的位置和方向，以及動畫時間軸的那個單一時間值。

等一下，情況比想像中還糟！雖然我們的大腦非常擅長看出動畫裡的問題，但是當我們意識到自己看到了問題，這時候通常都已經過了一段時間；問題是，動畫本身每秒都會重新計算多達 60 次。當我們意識到動畫看起來好像有點不對勁時，動畫實際上已經重新計算了好十幾次，而當初導致動畫出問題的任何狀態，早就已經消失了。

解法還是有的，不過這是很昂貴的解法。動畫的平滑處理會受到很多狀態的影響，不過至少都是一些我們可以識別的狀態。如果每次重新計算動畫時，都把所有的狀態擷取起來，我們就可以用那些狀態來重新評估動畫平滑處理的過程，藉此診斷出問題之所在。

事實上，這就是我們所採用的做法。因為動畫是絕對不能出問題的，所以我們在動畫除錯方面做了不少的投資。我們會把每一幀動畫相關的所有角色狀態全都擷取起來，然後運用一個除錯工具，讓我們可以在最近計算出來的動畫裡前後來回滾動。當我們看到某個問題時，隨時可以暫停遊戲，啟動動畫除錯工具，前後來回滾動到出問題的地方，然後再用除錯工具介入，開始根據症狀去追出因果鏈裡的問題成因。

有了這個工具之後，我們就把除錯工作最困難的部分（把導致問題的狀態重現出來）自動化了。如果你的程式碼會受到狀態的影響，但所牽涉到的狀態只限定在某個範圍內，那麼直接擷取狀態的做法，就可以讓除錯變得容易許多。

你也可以把這樣的技術，理解成建立執行紀錄檔——這個紀錄檔不僅可以說明發生了什麼事，而且還包含導致同一事件再次發生所需的所有資料。如果你是用純函式來構建系統，構建執行紀錄檔就是完全合理而可行的做法。你只需要擷取所有的輸入，並提供一種回播的方法即可。

這件事並不容易做到，但由於 Sucker Punch 公司的動畫品質極其重要，而且還經常要面對一些非常難以進行除錯的問題，所以這麼做確實是值得的。

程式碼有四種風格

下面介紹一個簡單到令人難以置信、但在思考程式碼時非常有用的一個模型。想像一下，假設所要解決的程式設計問題可分成兩種——一種比較簡單，一種比較困難。

你應該已經知道什麼是簡單的問題了，不過我還是給你一些普通的範例好了：找出數字陣列裡的最大值與最小值；把節點插入到已排序的二元樹狀結構中；移除掉陣列裡的奇數。

困難的問題也很容易分辨：記憶體配置（例如實作出 C 語言標準函式庫裡的 malloc 和 free）；解析腳本語言；寫出一個線性約束問題求解器。

這裡所說的簡單與困難，以定義來說，其實只是程度上的不同而已。有些問題超級簡單，甚至比前面所說的簡單範例還要簡單——例如把兩個數字相加。當然也有一些比前面所說的困難範例更困難的問題，比如從無到有打造出一個日誌檔案系統（journaling filesystem）。

不過，把這兩種情況區分開來，是很有用的想法。程式設計者每天要解決的問題，大多介於簡單與困難之間。值得一提的是，上面所有的例子我真的全都寫過、解決過——只有從無到有打造出日誌檔案系統這個例子除外，雖然這聽起來還蠻有趣的。

很顯然，相較於解決簡單的問題，你在解決困難問題時通常會寫出更多的程式碼，而且你所寫出來的程式碼也會比較複雜。這是很常見的情況。困難問題的解法，通常比簡單問題的解法更難寫，而且最後的程式碼總是比較長、比較複雜。

這也就帶來了另一個簡單的模型。這一次我們假設問題都有兩種解法：一種比較簡單，一種比較複雜。簡單的解法簡短易懂。複雜的解法冗長而難懂。同樣的，這也只是程度上的不同而已。顯然一定還有相對更複雜或更簡單的解法，不過在程度上把解法區分成簡單與複雜，也是很有用的想法。

你是一個程式設計者,所以來到這裡你或許已經知道,我們在這條守則裡所要談的四種程式碼風格是什麼意思了(表 14-1)。

表 14-1　簡單 / 困難的問題、簡單 / 複雜的解法

	簡單的問題	困難的問題
簡單的解法	可以預期	可以追求
複雜的解法	真的非常糟糕	可以接受

很顯然,簡單的問題會有簡單的解法,困難的問題則有複雜的解法。根據個人經驗,我們應該都知道,面對簡單的問題卻寫出複雜的解法,是非常容易發生的慘劇。不過,即使是困難的問題,還是有可能寫出很簡單的解法。

根據守則 1,我們很希望能找出越簡單的解法越好,所以現在這條守則的走向應該很清楚才對!不過,我們還是來看一些範例好了。

簡單的問題,簡單的解法

我們先從簡單的問題開始吧——找出陣列裡的最大值和最小值。下面就是這個簡單問題的簡單解法:

```cpp
struct Bounds
{
    Bounds(int minValue, int maxValue)
    : m_minValue(minValue), m_maxValue(maxValue)
        { ; }

    int m_minValue;
    int m_maxValue;
};

Bounds findBounds(const vector<int> & values)
{
    int minValue = INT_MAX;
    int maxValue = INT_MIN;

    for (int value : values)
    {
        minValue = min(minValue, value);
        maxValue = max(maxValue, value);
    }
```

```
        return Bounds(minValue, maxValue);
    }
```

這個演算法很簡單──它只用了一個迴圈來遍歷陣列裡的值，然後再持續追蹤所找到的最大值與最小值。程式碼一開始有一些很微妙的小設定──我用了一個相當標準的技巧，確保一開始就會分別給 minValue 和 maxValue 設定一個值。除此之外，這段程式碼應該非常容易閱讀與理解才對。它真的蠻簡單的。

簡單的問題，三種複雜的解法

就算是採用完全相同的演算法，最後卻寫出複雜許多的程式碼，這絕對是有可能發生的事。大家應該都見過，把簡單的演算法隱藏在多層抽象裡的程式碼，就像下面這樣：

```
enum EmptyTag
{
    kEmpty
};

template <typename T> T MinValue() { return 0; }
template <typename T> T MaxValue() { return 0; }

template <> int MinValue<int>() { return INT_MIN; }
template <> int MaxValue<int>() { return INT_MAX; }

template <class T>
struct Bounds
{
    Bounds(const T & value)
    : m_minValue(value), m_maxValue(value)
        { ; }
    Bounds(const T & minValue, const T & maxValue)
    : m_minValue(minValue), m_maxValue(maxValue)
        { ; }
    Bounds(EmptyTag)
    : m_minValue(MaxValue<T>()), m_maxValue(MinValue<T>())
        { ; }

    Bounds & operator |= (const T & value)
    {
        m_minValue = min(m_minValue, value);
        m_maxValue = max(m_maxValue, value);
```

```cpp
        return *this;
    }

    T m_minValue;
    T m_maxValue;
};

template <class T>
struct Range
{
    Range(const T::iterator & begin, const T:: & end)
    : m_begin(begin), m_end(end)
        { ; }

    const T & begin() const
    { return m_begin; }

    const T & end() const
    { return m_end; }

    T m_begin;
    T m_end;
};

template <class T>
Range<typename vector<T>::iterator> getVectorRange(
    const vector<T> & values,
    int beginIndex,
    int endIndex)
{
    return Range<vector<T>::const_iterator>(
                values.begin() + beginIndex,
                values.begin() + endIndex);
}

template <class T, class I>
T iterateAndMerge(const T & init, const I & iterable)
{
    T merge(init);

    for (const auto & value : iterable)
    {
        merge |= value;
    }

    return merge;
}
```

```
void findBounds(const vector<int> & values, Bounds<int> * bounds)
{
    *bounds = iterateAndMerge(
                    Bounds<int>(kEmpty),
                    getVectorRange(values, 0, values.size()));
}
```

這裡採用的是完全相同的演算法，不過你真的要深入仔細查看，才能讓自己相信確實如此。至少，這段程式碼還算是善意的。裡頭並沒有什麼過份的東西——我們並沒有用到 C++ 任何特別奇怪的寫法，只有樣板特化這部分是比較複雜花哨的東西。所使用的名稱都有一定的描述性。你只要稍微瞇一下眼睛，就能想像出每一行的理由。

然而……這段程式碼的量是原來的 4 倍，而且它顯然比我們剛開始那個簡單的範例更難閱讀與理解。至少相對於我們打算解決的問題來說，這就是比較複雜的程式碼。我們之前的寫法很簡單；後面這個寫法則是很不恰當地把它複雜化了。

顯然這只是把解法複雜化的其中一種做法而已。我們應該也都看過，那種想要解決問題、結果卻衝過頭的程式碼：

```
struct Bounds
{
    Bounds(int minValue, int maxValue)
    : m_minValue(minValue), m_maxValue(maxValue)
        { ; }

    int m_minValue;
    int m_maxValue;
};

template <class COMPARE>
int findNth(const vector<int> & values, int n)
{
    priority_queue<int, vector<int>, COMPARE> queue;
    COMPARE compare;

    for (int value : values)
    {
        if (queue.size() < n)
        {
            queue.push(value);
        }
```

```
        else if (compare(value, queue.top()))
        {
            queue.pop();
            queue.push(value);
        }
    }

    return queue.top();
}

void findBounds(const vector<int> & values, Bounds * bounds)
{
    bounds->m_minValue = findNth<less<int>>(values, 1);
    bounds->m_maxValue = findNth<greater<int>>(values, 1);
}
```

這裡選擇去解決一個更通用的問題，那就是去找出陣列裡第 N 大（或第 N 小）的數字，然後再找出最小值和最大值這兩個特例。這種過於通用的做法，幾乎可以說是一種走火入魔的做法。沒錯，並沒有多出很多額外的程式碼，而且寫出像這樣聰明的東西，確實比寫出簡單的解法更有趣，可是它也變得更難看懂了[1]。

最後一種情況是用錯演算法，這當然也會讓事情變得更複雜。我們這個例子實在很難用錯演算法，因為簡單的解法實在太明顯了，不過我們應該也都看過，那種不使用簡單演算法的程式碼：

```
struct Bounds
{
    Bounds(int minValue, int maxValue)
    : m_minValue(minValue), m_maxValue(maxValue)
        { ; }

    int m_minValue;
    int m_maxValue;
};

int findExtreme(const vector<int> & values, int sign)
{
    for (int index = 0; index < values.size(); ++index)
    {
        for (int otherIndex = 0;; ++otherIndex)
        {
```

---

1 它的效能也很糟糕，不過守則 5 已經告訴過你，不用太在意最佳化的想法，所以我覺得我有責任把效能的問題，降級到附註裡來說明就可以了。以這個例子來說，最簡單的解法就是最快的解法，而且這種情況其實並不罕見。

```
            if (otherIndex >= values.size())
                return values[index];

            if (sign * values[index] < sign * values[otherIndex])
                break;
        }
    }

    assert(false);
    return 0;
}

void findBounds(const vector<int> & values, Bounds * bounds)
{
    bounds->m_minValue = findExtreme(values, -1);
    bounds->m_maxValue = findExtreme(values, +1);
}
```

所以總體來說，使用太多的抽象、增添太多通用性、還有選錯演算法──這三種非常常見的做法，都會讓事情變得比原本真正需要的還要複雜。

複雜的代價

額外的複雜性，確實需要付出額外的代價。寫出複雜的程式碼，一定比寫出簡單的程式碼所花費的時間更長，除錯的時間也會長得多。每一個讀程式碼的人，都必須努力克服這些複雜性，才能理解實際上發生了什麼事。我們的簡單解法就沒有這些問題──很容易就能一次做對，而且只要稍微看一眼，很容易就能搞懂其中的原理，而且可以很確定它是正確的。

事實上，「你會不會用簡單的解法來解決簡單的問題？」這個問題正是區分普通程式設計者與優秀程式設計者的最佳標準。Sucker Punch 公司在面試應聘者時，我們會看兩件事：應聘者能否解決困難的問題，還有他們會不會用簡單的解法來解決簡單的問題？除非這兩個問題的答案都是肯定的，否則我們就沒什麼興趣了。

遇到簡單的問題卻寫出複雜的解法，這種人不但會讓自己的工作變得更困難，還會讓團隊裡的其他人工作起來更困難。他們的解法不僅需要更多的時間來建立，還會在程式碼庫裡引入更多的 bug，而且他們的解法對其他人來說更難使用，也更令人沮喪。我們實在承擔不起呀。

四種（但實際上是三種）程式設計者

就像程式碼有四種風格——簡單和困難的問題，簡單和複雜的解法——程式設計者也可分為四種。給你一個簡單的問題，你會寫出簡單的解法還是複雜的解法？給你一個困難的問題，你會寫出簡單還是複雜的解法？

事實上，面對困難的問題時有能力寫出簡單的解法、但面對簡單的問題時卻又寫出複雜的解法，這樣的程式設計者是絕對*不存在的*。所以，實際上只有三種程式設計者，如表 14-2 所示。

表 14-2　三種程式設計者

程式設計者的種類	簡單的問題	困難的問題
平庸的	複雜的解法	複雜的解法
不錯的	簡單的解法	複雜的解法
偉大的	簡單的解法	簡單的解法

平庸的程式設計者與不錯的程式設計者之間的區別在於，不錯的程式設計者在面對簡單的問題時，會寫出簡單的解法。不錯的程式設計者和偉大的程式設計者之間的區別則在於，就算問題變得越來越困難，偉大的程式設計者還是能找出簡單的解法。

到了某個程度，只要問題變得足夠困難，最後終究會找不到簡單的解法。因此，衡量程式設計者的最佳標準就是，在他們的解法開始變複雜之前，他們究竟能走多遠。他們能走得越遠，用簡單的做法解決的問題越困難，他們就是越好的程式設計者。

事實上，你可以換個角度來看這個問題。偉大程式設計者有一種核心技能，那就是在遇到一些看似困難的問題時，他們總是知道，只要能從正確的角度來思考，就有可能找出很容易的做法。

困難的問題，有點複雜又不太管用的解法

假設我們要檢查特定某一組字母（比方說「abc」），看看它有沒有任何排列方式，正好出現在另一個字串中。也就是說，如果「排列字串」裡有好幾個字母，可以排列成各種不同的字串，其中會不會有某種排列方式，正好出現在另一個「搜索字串」中呢？以 abc 這個排列字串來說，如果搜索字串

是 cabbage 或 abacus，函式就應該送回 true，但如果搜索字串是 scramble 或
brackish，就應該送回 false。

該如何解決這個問題，解法並不是那麼明顯，對吧？最明顯的做法就是把這
組字母的所有排列方式全部列出來，然後再一一檢查有沒有出現在另一個字
串中。用遞迴的做法來列出所有的排列方式，其實是很容易的。只要依序從
排列字串裡逐一取出每一個字元，然後再把剩餘字元的每一種排列方式接到
它後面就行了。下面就是第一次嘗試的結果：

```cpp
vector<string> generatePermutations(const string & permute)
{
    vector<string> permutations;

    if (permute.length() == 1)
    {
        permutations.push_back(permute);
    }
    else
    {
        for (int index = 0; index < permute.length(); ++index)
        {
            string single = permute.substr(index, 1);
            string rest = permute.substr(0, index) +
                            permute.substr(
                                index + 1,
                                permute.length() - index - 1);

            for (string permutation : generatePermutations(rest))
            {
                permutations.push_back(single + permutation);
            }
        }
    }

    return permutations;
}

bool findPermutation(const string & permute, const string & search)
{
    vector<string> permutations = generatePermutations(permute);
    for (const string & permutation : permutations)
    {
        if (search.find(permutation) != string::npos)
            return true;
    }
```

```
        return false;
    }
```

這裡的邏輯非常簡單,而且好像真的管用耶……不過,排列字串太長的話,就會開始出問題了。排列字串稍微長一點,整個程式就炸裂了。由於排列方式的數量是字串長度的階乘,所以我們的 findPermutation 函式很快就沒辦法用了。如果只給它四個字母來進行排列,它做起來會很輕鬆。但如果給它十幾個字母,它就會掉進一個遞迴黑洞中,永遠都不會送回結果 [2]。

看到這種直接炸裂的天真反應,我就知道有一些額外的工作要做了。如果排列字串裡有任何重複的字元,在我的排列方式列表裡就會有一些重複的項目。如果把排列方式列表裡重複的項目消除掉,也許會有一點幫助吧:

```
vector<string> generatePermutations(const string & permute)
{
    vector<string> permutations;

    if (permute.length() == 1)
    {
        permutations.push_back(permute);
    }
    else
    {
        for (int index = 0; index < permute.length(); ++index)
        {
            string single = permute.substr(index, 1);
            string rest = permute.substr(0, index) +
                        permute.substr(
                            index + 1,
                            permute.length() - index - 1);

            for (string permutation : generatePermutations(rest))
            {
                permutations.push_back(single + permutation);
            }
        }
    }

    sort(
        permutations.begin(),
        permutations.end());
```

---

2 好吧,並不是「永遠不會」。如果只有 4 個字母,generatePermutations 的速度就很快,以至於我的 PC 都很難測量出來。如果是 8 個字母,大約就需要百分之一秒。如果是 12 個字母,我就必須等待 42 秒,而且在此期間,我的 PC 風扇會全速運轉,仿佛它想要不顧一切阻止我把某些東西熔化掉似的。

```
    permutations.erase(
        unique(permutations.begin(), permutations.end()),
        permutations.end());

    return permutations;
}
```

這樣好像有點用，但其實用處並不大。我並沒有添加很多程式碼，這樣很好，而且我所添加的程式碼也很簡單，但是我並沒有真正解決核心問題。你的問題是階乘所造成的，不管再怎麼做最佳化，終究還是徒勞無功。除非我們所要排列的字母數量很少，或是有很多重複的字母，否則這段程式碼還是不太管用。

困難的問題，有點複雜的解法

比較好的改動方式，就是拋棄掉先找出「所有」排列方式的想法。這種做法已經確定走不下去了。

相反的，我們可以把思考問題的方式倒過來。我們先來檢查一下搜索字串裡每一個相同長度的子字串好了。如果排列字串裡的每個字元，全都可以跟其中某個子字串裡的字元一一對上，這樣就找到一個符合的排列方式啦：

```
bool findPermutation(const string & permute, const string & search)
{
    int permuteLength = permute.length();
    int searchLength = search.length();

    vector<bool> found(permuteLength, false);

    for (int lastIndex = permuteLength;
         lastIndex <= searchLength;
         ++lastIndex)
    {
        bool foundPermutation = true;

        for (int searchIndex = lastIndex - permuteLength;
             searchIndex < lastIndex;
             ++searchIndex)
        {
            bool foundMatch = false;

            for (int permuteIndex = 0;
                 permuteIndex < permuteLength;
```

```
                    ++permuteIndex)
        {
            if (search[searchIndex] == permute[permuteIndex] &&
                !found[permuteIndex])
            {
                foundMatch = true;
                found[permuteIndex] = true;
                break;
            }
        }

        if (!foundMatch)
        {
            foundPermutation = false;
            break;
        }
    }

    if (foundPermutation)
        return true;

    fill(found.begin(), found.end(), false);
    }

    return false;
}
```

雖然巢狀迴圈的邏輯感覺有點亂，但這的確是可行的做法。你一看到三層巢狀迴圈，可能就會開始擔心它的執行效能——畢竟我們第一次寫這個函式時，失敗的原因就是因為效能問題——但實際上這個問題還算好，因為這裡的 N^3 還是比之前的 N! 階乘好多了。除非排列字串的長度有 1000 個字元，否則效能不太會是個問題。

如果說這裡還有什麼問題，那應該就是邏輯的複雜性吧。這只是個簡單的範例，大小很適合本書，所以我們所要解決的問題，實際上並沒有那麼困難。或許你希望我能找出更簡單的解法，而前面這個解法應該還不算合格。這大概就是還不錯的程式設計者會寫出的解法吧——功能沒有問題，但還是稍微複雜了一點。

實際上，對於不錯的程式設計者來說，他們更典型的行為往往是忍不住過早去進行最佳化，一心只想要設法去避免使用那三層的巢狀迴圈。舉例來說，他們可能會持續記錄各個字元出現的次數，再搭配雜湊值比對的判斷方式，讓這個函式能夠有更接近線性的表現：

```
#define LARGE_PRIME 104729

bool findPermutation(const string & permute, const string & search)
{
    int permuteCounts[UCHAR_MAX] = {};
    int currentCounts[UCHAR_MAX] = {};

    int permuteHash = 0;
    int currentHash = 0;

    for (unsigned char character : permute)
    {
        ++permuteCounts[character];
        permuteHash += character * (character + LARGE_PRIME);
    }

    int permuteLength = permute.length();
    int searchLength = search.length();

    if (searchLength < permuteLength)
        return false;

    for (int searchIndex = 0; searchIndex < permuteLength; ++searchIndex)
    {
        unsigned char character = search[searchIndex];

        ++currentCounts[character];
        currentHash += character * (character + LARGE_PRIME);
    }

    for (int searchIndex = permuteLength;; ++searchIndex)
    {
        if (currentHash == permuteHash)
        {
            bool match = true;

            for (char character : permute)
            {
                if (permuteCounts[character] != currentCounts[character])
                    match = false;
            }

            if (match)
                return true;
        }

        if (searchIndex >= searchLength)
```

```
            break;

        unsigned char removeCharacter = search[searchIndex - permuteLength];
        unsigned char addCharacter = search[searchIndex];

        --currentCounts[removeCharacter];
        currentHash -= removeCharacter * (removeCharacter + LARGE_PRIME);

        ++currentCounts[addCharacter];
        currentHash += addCharacter * (addCharacter + LARGE_PRIME);
    }

    return false;
}
```

同樣的，這的確是可行的做法，只是太過於複雜了。在某些情況下，它的效能確實會比前一個解法更好……不過這其實並不重要。我們的最後一個解法，不但具有完全合理的效能，而且還更容易理解。

困難的問題，簡單的解法

真的有更簡單的解法，不但更容易閱讀，而且還更容易理解？偉大的程式設計者之所以比不錯的程式設計者更厲害，就是因為他有能力找出這種類型的解法。

以這個例子來說，我們之前的那個演算法（檢查搜索字串的每一個子字串，看它是否正好是排列字串的某種排列方式），其實已經算是很不錯了，只不過我們「表達」那個演算法的方式，看起來好像有點複雜而已。不過，其實還有另一種更簡單的思考方式，可以檢查比對是否相符。

如果我們先對排列字串裡的字母進行標準的排序，然後再以類似的方式，針對我們想比較的每個子字串進行標準的排序，最後我們只要直接去比較這兩個排序過的字串就行了：

```
bool findPermutation(const string & permute, const string & search)
{
    int permuteLength = permute.length();

    string sortedPermute = permute;
    sort(sortedPermute.begin(), sortedPermute.end());

    for (int index = permuteLength; index <= search.length(); ++index)
```

```
    {
        string sortedSubstring = search.substr(
                                     index - permuteLength,
                                     permuteLength);
        sort(sortedSubstring.begin(), sortedSubstring.end());

        if (sortedPermute == sortedSubstring)
            return true;
    }

    return false;
}
```

這裡並沒有改變基本演算法，不過這樣的表達方式更容易理解了。前一個做法其中比較複雜的部分，現在變得很簡單了。偉大的程式設計者就是能找出像這樣簡單明瞭的解法──他們很清楚知道，簡單明瞭幾乎永遠是最重要的事。最偉大的程式設計者並不是能夠寫出最複雜程式碼的人：而是在面對最複雜的問題時，能夠找出最簡單答案的人。

拔草囉

我女兒還小的時候，我們家裡有一台任天堂的 GameCube。事實證明，有個以製作遊戲為生的父親，其中一個副作用就是，你家裡會有市面上的每一款電視遊樂器。我的孩子們一直到很久之後才意識到，並不是每個人家裡都是這樣的。

我們最喜歡的遊戲是《動物森友會》；在這個遊戲裡，我們三人共享一個充滿擬人化動物的小村莊。你可以在村子裡做各式各樣的事情──挖掘化石、設計新衣服、裝飾你的房子、蒐集貝殼、釣魚、與鎮上的動物交朋友，或是單純放鬆一下，聽聽 KK Slider 演奏他的吉他。

在《動物森友會》這個遊戲裡，你要做的其中一件事就是拔草。每天晚上，無論你那一天有沒有玩過遊戲，你的村子裡一定會長出一些雜草。拔掉這些雜草還蠻容易的──只要跑到雜草旁，按下按鈕，然後「啾！」一聲，雜草就沒了。不過，這件事你必須一直去做。不管你有沒有拔，雜草都會一直不斷長出來。甚至在你沒玩遊戲的日子裡，雜草還是會一直長出來！如果你不去拔掉那些雜草，雜草就會接管你的小村莊。

經過 20 年之後，這個遊戲的團隊依然持續在製作《動物森友會》這個遊戲。數以千萬計的人都玩過這個遊戲的某一代，每個人都有相同的經歷──你只不過離開了幾週，當你再次回到之前辛辛苦苦打掃乾淨的小村莊，就會發現它已經又雜草叢生了。雖然經過了二十年，我還是能感受到那種不暢快的感覺。

你的專案其實就像是那個村莊。你一定要拔掉那些雜草──也就是在你的程式碼庫裡不斷出現的那些小瑕疵。無論你是否正在做專案的工作，無論你有沒有在拔雜草，每天都還是會有更多的雜草一直長出來。如果你不拔掉那些雜草，它就會把這個專案堵得讓人難過得要命。

所以，在這個比喻裡的雜草，究竟是指什麼東西呢？它指的就是那些很容易修正、但也很容易被忽略的小問題。想一想《動物森友會》裡的雜草——要拔掉它，只不過就是按下按鈕這麼簡單而已。拔掉雜草也不會有什麼副作用。它並不會在其他任何地方引起什麼問題。所有的改變，就只是少了一些雜草而已。

下面就是一段有雜草的程式碼：

```cpp
// @brief 移除掉向量裡重複的整數
//
// @param values 想要進行壓縮的整數向量

template <class T>
void compressVector(
    vector<T> & values,
    bool (* is_equal)(const T &, const T &))
{
    if (values.size() == 0)
        return;

    int iDst = 1;

    for (int iSrc = 1, c = values.size(); iSrc < c; ++iSrc) {
        // 檢查看看有沒有重復值
        if (!is_equal(values[iDst - 1], values[iSrc]))
        {
            values[iDst++] = values[iSrc];
        }
    }

    values.resize(iDst);
}
```

這段程式碼裡的註解說明，有幾個明顯的問題。首先，註解說明的內容與函式本身的功能並不相符。這感覺上好像是一開始的時候，它本來只是個用來針對整數向量裡的重複值進行壓縮的函式，可是後來有人把它改成樣板的寫法，卻忘記更新註解說明了。最上面的註解說明，實在太不精確了——我們並不是刪除掉所有的重複值，只是刪除掉相鄰的重複項目而已。除非事先對陣列進行過排序，否則這絕對不是同一回事。另外，第二個註解說明裡也有個錯別字。這些問題全都解決掉之後：

```cpp
// @brief 針對向量裡一連串相同的值進行壓縮
//
// 如果向量裡出現一連串相同的值，就只保留第一個值，
// 其他重複的值全都移除掉。
```

```
//
// @param values 想要進行壓縮的向量
// @param is_equal 所要使用的比較函式

template <class T>
void compressVector(
    vector<T> & values,
    bool (* is_equal)(const T &, const T &))
{
    if (values.size() == 0)
        return;

    int iDst = 1;

    for (int iSrc = 1, c = values.size(); iSrc < c; ++iSrc) {
        // 檢查看看有沒有重複值
        if (!is_equal(values[iDst - 1], values[iSrc]))
        {
            values[iDst++] = values[iSrc];
        }
    }

    values.resize(iDst);
}
```

修正這些問題，其實就是在拔草。做起來很容易。修正註解說明並不會在其他地方引起任何問題。而且我確實讓程式碼變得更好了——把註解說明裡模棱兩可的說明修正掉，確實有可能會在某個時候，讓某個人避開犯錯的機會。

不過，這裡還有更多的事可以做。其實這裡還有一些命名和格式上的問題。i 和 c 這兩個變數並沒有遵循標準的約定慣例——按照這個專案的約定慣例，應該要使用 index 和 count，而不是單獨的一個字母。is_equal 這個參數也應該改成 isEqual，才能符合這個專案的函式命名風格。大括號的寫法也不一致，而且這個專案的約定慣例並不贊成把多個參數全都包在 for 語句之中。約定慣例也要求註解說明的後面應該要有空行，但第二個註解說明並沒有這麼做。

這些全都很容易進行修正：

```
// @brief 針對向量裡一連串相同的值進行壓縮
//
// 如果向量裡出現一連串相同的值，只保留第一個值即可，
// 其他重複的值全都移除掉。
```

```
//
// @param values 想要進行壓縮的向量
// @param isEqual 所要使用的比較函式

template <class T>
void compressVector(
    vector<T> & values,
    bool (* isEqual)(const T &, const T &))
{
    int count = values.size();
    if (count == 0)
        return;

    // 只要不同於前一個值，就把它複製起來

    int destIndex = 1;
    for (int sourceIndex = 1; sourceIndex < count; ++sourceIndex)
    {
        if (!isEqual(values[destIndex - 1], values[sourceIndex]))
        {
            values[destIndex++] = values[sourceIndex];
        }
    }

    values.resize(destIndex);
}
```

雖然不像第一輪只改動註解說明那麼安全，但這一輪改動還是蠻安全的。這些改動確實有可能引入某個 bug——比如說，你可能會把 destIndex 不小心改成了 sourceIndex。雖然實際上不太可能，但還是有機會發生這種事。

雜草的鑑定

定義你所發現的問題是否為雜草，主要的考慮就是安不安全。如果你能很安全地修正這個問題，那它應該就是要被拔掉的雜草。修正註解說明裡的錯別字，絕對是很安全的。至於註解說明裡更實質性的錯誤（例如我們在第一輪改動裡清除掉的那些模棱兩可的說明），修正這類問題也是很安全的……只要你可以確定自己對函式的認知與理解是正確的，那就沒問題了！

你也可以很安全地解決命名的問題。只要針對原始程式碼其中的一部分，進行「搜索＋替換」就可以了，而且編譯器或許也會幫你抓出一些錯誤，至少對於像 C++ 這類的編譯語言來說，編譯器確實可以幫上一點忙。

在第二輪的改動中，我在幫某些變數重新命名時，還順便稍微移動了位置。這樣做應該還算安全，不過並不像其他改動那麼安全。這或許依然可以算雜草，不過也可以說比較沒那麼像雜草了。

這裡顯然還是有某種程度上的區別！到目前為止我所做過的改動，全都跟程式碼的功能沒什麼關係——編譯器大概都會生成相同的程式碼。我們基本上就是在不影響功能的情況下，提高了程式碼的可讀性和一致性。

你可以想像，一定還有更多不會影響程式碼功能的實質性改動，例如改動物件類別成員的名稱，這有可能會改動到許多原始檔案，每一處改動都必須保持住一致性；另外，你也有可能針對某個物件類別，預先寫出一些新的用法說明。只要沒影響到程式碼的功能，都可以當作雜草拔掉。也許你只是想把細節做對，只要沒改變到功能，例如只是移動變數或幫變數重新命名，這些或許都可以算是雜草，只不過一定要多加小心就是了。

如果你主動去修改功能，那就不能再算是拔雜草而已了：你在處理的就是一個 bug，所以一定要遵守不同的規則。你可以用自動的方式把雜草拔掉；但你絕對不能用自動的方式去修正某個 bug，因為這樣經常會引入新的問題。根據定義，拔草並不會引入新的問題。

拔草是很容易的，沒有雜草的程式碼庫，一定可以讓你工作起來更加愉快⋯⋯問題是，為什麼大多數的專案都有這麼多的雜草呢？

程式碼裡的雜草是怎麼長出來的？

好吧，要拔掉雜草很容易，不過，忽略掉它也很容易。我們所要做的工作，永遠都比時間多。拔掉雜草的成本雖然很低，但你當下就是要花時間去做；不過，它的好處會慢慢擴散，通常都要過一陣子你才會有感覺。你的眼睛天生就很容易沒注意到它的存在。

此外，對某個程式設計者來說很像雜草的東西，在另一個程式設計者眼中卻有可能是一朵花[1]。或許你對某些註解說明感到很疑惑，心裡很懷疑它也許有點問題，但你對程式碼的理解又沒有足夠的信心，不知道該不該對它進行

---

1 園丁有句格言是這麼說的，「雜草只不過是種錯地方的植物。」這讓我想起有一次，我想給老婆一個驚喜——我決定偷偷幫我老婆的菜園除草。結果那次驚喜不足、驚嚇有餘，因為我把她剛種的蘆筍全都拔光了。如果我真正的目標，是永遠不再被要求去除草⋯⋯嗯，那我的確達成目標了。

改動。這時候你可以更徹底查看程式碼,也可以請比較熟悉程式碼的人,幫你再次檢查你所懷疑的東西,但是(請參閱前一段)你還有一大堆工作等著你去完成,修正註解說明這件事,根本就排不進你的工作計畫中。

你也有可能會在團隊新成員所寫出的程式碼裡,看到某些格式上的問題。雖然你可以靠自己把那些問題修正過來,但你很容易就會告誡自己別去做修正,因為這樣一來新的團隊成員就永遠沒機會學會正確的格式了。最好還是在下次進行程式碼審查時,再去把那些錯誤揪出來吧。

雖然要拔掉雜草很容易,但是讓雜草留在原處,幾乎也是同樣容易的事。那些讓你不願意拔掉雜草的因素——你有更重要的問題需要去關注啦、不確定那些雜草是否真的是雜草啦——這些理由全都是很真實的。

但是,雜草只會滋生出更多的雜草。你可能有一套明確定義的命名和格式約定慣例,但如果你的專案到處都是這種雜草叢生的不合格程式碼,最後就沒有人知道該相信什麼了。大家究竟應該相信約定慣例,還是相信程式碼呢?我很清楚這種情況下會發生什麼事:大家只會聳聳肩,然後去採用他們自己覺得比較舒服的那個做法。

註解說明讓你感到困惑嗎?那它一定也會讓下一個看到它的人感到困惑。你往往會很驚訝地發現,在修正註解說明的過程中——檢查函式有沒有按照你的想法在運作、檢查它周圍的程式碼有沒有做出正確的假設、在進行程式碼審查時討論要不要加入一些新的註解說明——情況到最後經常都會演變成,真的的解決掉程式碼裡某個「真正」的 bug。

拔草這件事做起來就是快。這種事根本不需要特別安排時間,想到就做就對了。如果需要相當長的時間來做,那就不能算是雜草了。

我們 Sucker Punch 公司很看重拔草這件事,而它之所以有效果,主要是因為大家對於雜草是什麼都很清楚。根據守則 12,我們確實擁有很強大而嚴格的團隊約定慣例。許多拔草的工作,確實可以修正一些不符合約定慣例的東西。這同時也會強化約定慣例本身的地位——尤其是改動都需要進行審查,而在審查過程中,你們兩個人都會看到不合規與合規的版本,也會看到除草前與除草後的差別,然後同意那的確是要拔掉的雜草。如果身為一個程式碼審查者,你認為接受審查者其實是在不重要的問題上浪費時間,那麼真正的問題其實是,你們對於什麼是重要的事,各有不同的看法。那才是你們真正應該要去解決的問題。

最後我要再說一次，拔草是一件很簡單的事。如果你知道什麼東西是雜草，把它拔掉就對了。如果你懷疑某個東西是雜草，那就值得花點功夫來確認一下；如果是雜草，拔掉就對了 [2]。

對於你們團隊裡最優秀、最資深的成員來說，我們在這裡所提出的要求，好像有點違反直覺。這些人肯定是最擅長發現雜草的人。畢竟，為專案寫出約定慣例的人，一定最有能力看出哪些東西不符合約定慣例。這些人很可能就是團隊裡比較資深的人。要他們花時間去解決那些小問題，真的有意義嗎？

絕對是有意義的！清除掉專案裡的雜草，可以讓每個人工作起來更輕鬆。而且，這樣也可以讓重要的東西變得更容易被看見。

2　不過，請先確定它不是蘆筍喲。

要從結果往回推，
別從程式碼往後推

請原諒我以下簡短的隱喻。

程式設計的目的，其實是為了幫相隔的兩邊搭起一座橋梁。你總有一些想解決的問題，也有一堆程式碼和技術可供使用。這兩者總是被分隔在兩邊。你可以試著擴展手中的程式碼，用新的方式把它一點一滴重新組合起來，為兩邊搭起一座橋梁，一次解決一點問題，直到完全解決為止。

有時候你只有一個很小的間隙要跨越。你手頭上的程式碼幾乎就已經足以解決問題，或是只需要以正確的方式去調用即可。幾乎不需要設計什麼程式，就能把橋梁搭建起來：你只需要使用正確的參數，去調用你的程式碼就可以了。

有時候兩邊的間隔非常大。你根本不清楚該如何運用你的程式碼來解決問題。有時候甚至連要解決什麼問題都不太清楚！當你在製作遊戲時，尤其容易發生這種情況，因為在你開始製作遊戲之前，實在很難預測究竟是什麼東西會很有趣。我們經常在 Sucker Punch 公司裡，好不容易解決掉一個很棘手的問題之後，才發現解決它根本毫無意義，因為結果玩起來根本不有趣，這實在是很令人沮喪的常見現象。

每個間隔都會把東西分成兩邊。你總是站在其中的一邊，望向另外的一邊。問題是──你究竟是站在手握許多程式碼的這一邊，還是站在有很多問題的另一邊呢？

換句話說，撇開橋梁的比喻不說，你可以想想看，你是不是會根據手頭上的程式碼，來考慮所要面對的問題？還是你會透過問題的角度，來考慮你的程式碼？

應該是前者對吧？你一定非常瞭解現有的程式碼，但問題卻有可能是完全沒見過的。舉例來說，問題很有可能會以一種完全不同的語言來描述。在Sucker Punch 公司裡，我們可能會透過遊戲給玩家所帶來的情緒，來描述某個特定的功能——比如說，在遊戲裡使用到某個能力時，應該要讓玩家感受到「沉重」或「扎實」的感覺。至於如何把它轉化成程式碼與資料結構，那就是另一回事了！

就算是在比較傳統的領域裡進行程式設計，你還是必須面對一些用特定領域說法來定義的問題：例如像是你更新資料所要參考的一些法律審查要求，或是商學院裡的一些很像雙關語的「可操作衡量指標」。

想透過你手頭上的技術來理解問題，是一種很自然的做法。以 Sucker Punch公司為例，如果我想讓玩家的某個能力有一種「沉重的感覺」，我可能就會考慮透過動畫、聲音和視覺效果系統、觸覺反饋技術等等，來表現出這樣的「沉重感」。我會去思考如何把這些不同的技術組合起來，讓這種能力感覺很沉重。

至於那些比較傳統的範例，我可能就會去思考，如何調整我們的日誌紀錄系統，來處理一整組的審查要求，或是如何使用我們的 UX 使用者體驗技術，快速拼湊出一些東西，讓我們的銷售人員能識別出潛在的客戶並進行追蹤（這就是營運主管口中所說的「可操作衡量指標」啦）。

一個範例

假設我正在構建一個系統，其中有很多參數需要在不同的正式生產環境下進行調整。其中有些參數很簡單——例如我們應該要啟動的工作執行緒最大數量，或是日誌紀錄檔的路徑。有些參數則比較複雜，例如某些插件（plug-in）邏輯列表，還有每個插件相應的參數。隨著環境的不同，我可能需要調整好幾百個單獨的參數。

這聽起來好像需要用到一個配置檔案。後來我發現，我手頭上正好有一些看起來很合適的 JSON 處理程式碼。參數的各種型別與可預測的結構，非常適合用 JOSN 來進行處理，而 JSON 的文字格式若要進行編輯與除錯也很容易，而且 JSON 的可擴展性足以讓我相信，新的參數很容易就能整合進來。看來似乎很完美呀！

我的 JSON 界面程式碼，看起來就像下面這樣：

```cpp
namespace Json
{
    class Value;
    class Stream;

    struct Object
    {
        unordered_map<string, Value> m_values;
    };

    struct Array
    {
        vector<Value> m_values;
    };

    class Value
    {
    public:

        Value() :
            m_type(Type::Null),
            m_str(),
            m_number(0.0),
            m_object(),
            m_array()
            { ; }

        bool isString() const;
        bool isNumber() const;
        bool isObject() const;
        bool isArray() const;
        bool isTrue() const;
        bool isFalse() const;
        bool isNull() const;

        operator const string & () const;
        operator double () const;
        operator const Object & () const;
        operator const Array & () const;

        void format(int indent) const;

        static bool tryReadValue(Stream * stream, Value * value);
    };
};
```

透過這個界面來使用 JSON 非常簡單——先用 `Json::Value::tryReadValue` 來解析 JSON，以取得某個 Value 值，然後檢查一下它的型別，再用適當的存取器進行存取。如果調用了不合用的存取器（例如想把一個陣列轉換成物件），程式碼就會用 assert 下斷言，並送回一個預設值 [1]。

在這個簡化的範例中，我們所支援的其中一個可配置參數，就是被阻擋的伺服器列表。下面就是 JSON 配置檔案裡相應部分的摘錄內容：

```
{
    "security" : {
        "blocked_servers" : [
            "www.espn.com",
            "www.theathletic.com",
            "www.xkcd.com",
            "www.penny-arcade.com",
            "www.cad-comic.com",
            "www.brothers-brick.com"
        ]
    }
}
```

不管是誰配置了這些東西，他的目的很顯然是希望我別在上班時浪費時間吧——因為這些全都是我保存在 Chrome 書籤列表裡的一些常用網址。話說回來，這東西看起來還不錯：它確實是非常容易進行讀寫的 JSON。

如果我願意去處理配置檔案裡的一些不可預測性，要實作出一個函式來檢查這個被阻擋的伺服器列表，其實是很容易的。畢竟這是一個可以在文字編輯器裡編輯的 JSON 檔案，所以我不能指望其中的設置絕對符合我的預期。編輯檔案的人經常都會犯錯誤——選項的名稱拼錯了、使用了被棄用的配置選項、需要字串的地方卻指定了數字，或是在需要陣列時卻指定了字串之類的。

我所使用的 JSON 解析器，會負責驗證我傳遞給它的 JSON 正不正確，所以至少這點還不用太過於擔心。一點點的不可預測性，也是設計的一部分，比如 security 和 blocked_servers 這兩個鍵值就是可有可無的。如果它們被省略掉了，就表示沒有任何伺服器會被阻擋下來。不過，我還是必須確保在面對其他形式的不可預測性時（例如有人在被阻擋的伺服器列表裡貼了一個數字），程式碼依然很可靠而不會出錯。

---

1 眼尖的人現在可能已經發現，這並不是一個完全相容的 JSON 處理程序。它在處理物件時使用了 unordered_map，這也就暗示著它使用的是那種獨一無二不會重複的 key 鍵，就算在 JSON 中明確允許重複的 key 鍵也一樣。不過你先別去管這些，繼續往下看就對了。

針對這個檔案要寫出可靠又不會出錯的程式碼，雖然會有點囉嗦，不過其實也沒那麼困難：

```
bool isServerBlocked(string server)
{
    if (!g_config.isObject())
    {
        log("expected object for config");
        return false;
    }

    const Object & configObject = g_config;
    const auto & findSecurity = configObject.m_values.find("security");
    if (findSecurity == configObject.m_values.end())
        return false;

    if (!findSecurity->second.isObject())
    {
        log("expected object for config.security");
        return false;
    }

    const Object & securityObject = findSecurity->second;
    const auto & find = securityObject.m_values.find("blocked_servers");
    if (find == securityObject.m_values.end())
        return false;

    if (!find->second.isArray())
    {
        log("expected string array for config.security.blocked_servers");
        return false;
    }

    const Array & blockedServersArray = find->second;
    for (const Value & value : blockedServersArray.m_values)
    {
        if (!value.isString())
        {
            log("expected string array for config.security.blocked_servers");
            continue;
        }

        const string & blockedServer = value;
        if (blockedServer == server)
            return true;
    }
```

```
        return false;
    }
```

這樣……可以收工了，對吧？我使用了現有的 JSON 函式庫，並快速適應它的用法來處理那個配置檔案。我所寫出的程式碼，會遍歷整個解析過的 JSON 資料，這段程式碼雖然有點長，但寫起來很容易，也很容易看得懂。大家都知道 JSON 的程式碼還蠻可靠的，所以用它來解決這個問題也是很合理的做法。

我透過技術上的努力解決了問題，過程中並沒有付出太多的功夫，最後確實得到了一些可以正常運作的成果。只要是使用過 JSON 函式庫的人，在處理這種配置檔案時，應該都不會遇到什麼問題才對。

煩惱出現了

不過，經過一段時間之後，我的團隊發現每次要深入研究配置資訊時，都要先看很多的程式碼，這樣實在有點煩。雖然程式碼寫起來很容易，讀起來也不難，但你把同樣的基本程式碼寫了六遍之後——檢查有沒有取得物件、用鍵值來進行查找、處理一下鍵值漏掉的情況、再根據需要重複以上的動作——你大概就會想把它通用化了吧。

其實我已經先朝這個方向邁了一步，因為在處理過程中，我都有把出錯的情況用 log 記錄起來。這裡都是用一個點來隔開各個 key 鍵的名稱，以作為列表裡各個項目的名稱，只要 key 鍵的名稱本身沒有用到「點」這個字元，這樣的做法就是安全的。我可以接受自己的配置檔案，針對 key 鍵的名稱做出這樣的限制，因為這樣就能用一個簡單的函式，來遍歷整個巢狀的 Object 物件了（假設我有現成的字串拆分與字串連接函式可供調用）：

```
const Value * evaluateKeyPath(const Value & rootValue, string keyPath)
{
    vector<string> keys = splitString(keyPath, ".");

    const Value * currentValue = &rootValue;
    for (unsigned int keyIndex = 0; keyIndex < keys.size(); ++keyIndex)
    {
        if (!currentValue->isObject())
        {
            log(
                "expected %s to be an object",
                joinString(&keys[0], &keys[keyIndex + 1], ".").c_str());
```

```
            return nullptr;
        }

        const Object & object = *currentValue;
        const auto & findKey = object.m_values.find(keys[keyIndex]);
        if (findKey == object.m_values.end())
            return nullptr;

        currentValue = &findKey->second;
    }

    return currentValue;
}
```

這樣就可以消除掉 isServerBlocked 一大段的程式碼，大體上可以把程式碼的量減掉將近一半左右：

```
bool isServerBlocked(string server)
{
    const Value * value = evaluateKeyPath(
                            g_config,
                            "security.blocked_servers");
    if (!value)
        return false;

    if (!value->isArray())
    {
        log("expected string array for security.blocked_servers");
        return false;
    }

    const Array & blockedServersArray = *value;
    for (const Value & value : blockedServersArray.m_values)
    {
        if (!value.isString())
        {
            log("expected string array for security.blocked_servers");
            continue;
        }

        const string & blockedServer = value;
        if (blockedServer == server)
            return true;
    }

    return false;
}
```

如果再引入另一個版本的 evaluateKeyPath，可針對陣列進行處理，程式碼就可以再進一步簡化：

```cpp
bool isServerBlocked(string server)
{
    const Array * array = evaluateKeyPathToArray(
                              g_config,
                              "security.blocked_servers");
    if (!array)
        return false;

    for (const Value & value : array->m_values)
    {
        if (!value.isString())
        {
            log("expected string array for security.blocked_servers");
            continue;
        }

        const string & blockedServer = value;
        if (blockedServer == server)
            return true;
    }

    return false;
}
```

這一切都算是真正的進展——這個版本的 isServerBlocked，長度只有我第一次寫出來的一半左右。因為有好幾百個選項要處理，所以這是很重要的進展。從數字上來看，這應該很簡單才對。

不過，雖然有所進展，我們感覺上好像還是在寫大量的樣板程式碼。究竟是哪裡搞錯了呢？

在間隔的兩側選邊站

所有這些範例——最初決定使用 JSON 函式庫，然後是我逐步的改進——都是從技術面開始著手，然後再逐步向前推進。我們的團隊有個大家都很瞭解的 JSON 函式庫，我一直都在想怎麼把它套用到這個配置檔案問題中。我把這些技術套用進去之後，接著就開始逐步進行改進了。

在我們的橋梁比喻中，我是站在技術的這邊，去觀察我想解決的問題，能不能找到跨越間隔的做法。這是一種很常見的模式──用你打算採用的解法來思考問題。

不過，這樣的做法是有點問題的。由於你是透過 JSON 的角度，去看這個配置設定的問題，所以一開始就會去考慮 JSON 的各種格式。如果看到一堆類似的東西，你就會想說用 JSON 陣列來表示好了。你會針對每個配置選項，建立一些短短的名稱，因為這很明顯就是為了用來作為 JSON 物件裡的 key 鍵。你會把相關的配置選項放進物件中，因為這就是大型 JSON 檔案安排資料很自然的做法。如果你有個配置選項是枚舉選項，可用來說明程式碼是在「本地」還是「遠端」執行，你知道這個選項也可以當成字串來使用，因為 JSON 就是用這種型別來表示的。

其實你並不是非使用 JSON 不可。如果你選擇了不同的格式，就會用不同的方式來思考問題。在 Sucker Punch 公司裡，我們有一個配置檔案採用的是二進位的格式、而不是文字的格式。我們的配置選項完全沒有層次結構，因為我們所使用的序列化（serialization）技術，並不支援這樣的結構。我們會直接寫入整數和浮點值，因為這樣的做法比較自然一點，而不會像 JSON 那樣，把所有的數字全都轉換成浮點數。簡而言之，你所使用的技術，絕對會強烈影響你對於問題的看法。

如果我嘗試去打破這樣的思維模式，在思考配置檔案問題的時候，**完全不去管我要用什麼方式來解決問題**，這樣又會怎麼樣呢？如果我站到另一邊去，也就是站到問題的這一邊，從問題往回推，而不是從手中掌握的技術往後推，我會怎麼去思考這些東西呢？

改從問題往回推

下面就是看待這個問題的另一種框架。如果讀寫配置檔案可以像魔法一樣自動完成，那 isServerBlocked 這個函式最方便的實作方式應該是什麼樣子呢？

最簡單的做法似乎就是用一個全局的 struct 結構，來保存所有的配置選項[2]。然後被阻擋的伺服器列表，只要用這個 struct 結構裡的一組字串集合（set）來表示就行了。大概就是像下面這樣的東西吧：

```
struct Config
{
    set<string> m_blockedServers;
};
const Config g_config;

bool isServerBlocked(string serverURL)
{
    return (g_config.m_blockedServers.count(serverURL) > 0);
}
```

嗯。這個做法甚至比我之前用 JSON 技術所構建的 isServerBlocked 最簡化版本還要簡單得多。它寫起來更容易，而且也更容易看得懂，會讓人搞錯的東西也比較少。而且，它的效能也好很多，雖然效能表現在這裡或許並不重要。

實際上，整件事變簡單了，而這只不過是個開始而已。如果真的好好思考一下這個配置檔案的問題，很快就會發現之前的 JSON 實作程式碼還有一些其他的問題。下面就是一些例子：

- 如果 *config.json* 裡某些支援的部分沒有找到預期的 struct 結構，我的 JSON 程式碼就會報錯——比如 key 鍵所對應的值搞錯型別了，或是漏掉某個一定要有的 key 鍵之類的。至於沒有支援與無法識別的選項，則會被默默忽略掉。只要配置檔案是合法的 JSON，就有可能包含各式各樣的配置選項，但這些選項實際上卻沒有連接到任何東西。這樣並不是很好——比如像拼錯配置選項名稱這樣的常見錯誤，就會很難被發現。

- 只有在使用到有問題的選項時，我們才會發現程式碼裡的某個選項出問題了。這裡的 isServerBlocked 確實會把它所看到的問題記錄起來，但唯有當我們調用這個函式來檢查伺服器是否被阻擋時，這件事才會發生。如果沒有去調用這個函式，配置檔案這個部分的任何錯誤都不會被檢測到。如果這個函式被多次反覆調用，我們也有可能會看到一大堆重複的配置檔案格式錯誤報告，像垃圾郵件一樣塞爆我們的日誌紀錄。

2　如果使用全局物件的想法把你嚇到了，我只能說很抱歉。這個特殊的範例——配置選項只會在啟動時讀取，然後就永遠不會改變了；而且好幾百個配置選項的檢查工作，全都分散在專案的不同位置——它正好是一個很好的例子，可用來說明全局物件為什麼可以是一個很好用的東西。

- 到了某個時間點，我們的團隊或許就要針對配置檔案，製作出相應的文件。當我們要做這件事時，一定要從頭開始才行。配置檔案預期的結構，其實是由使用到它的所有程式碼所定義，而這些程式碼全都分散在整個程式碼庫中。如果想搞清楚我們究竟可以接受哪些配置選項，就必須像偵探一樣，去做一些調查的工作。

這些問題聽起來好像很熟悉……因為我們好像無意間闖入了「早期綁定」（early-bound）和「後期綁定」（late-bound）這兩種解法之間正在進行中的聖戰。身為一名程式設計者，你至少都應該使用過一些後期綁定語言（Python、Lua 或 JavaScript），也使用過一些早期綁定語言（如 C 或 Java）吧。

為了簡化到極致：在後期綁定的解法中，你通常會到很晚才發現問題。如果使用的是早期綁定的解法，你至少可以早一點發現一些問題。在早期綁定的語言中，你通常在編譯階段就會發現一些 bug（但不幸的是，很難發現所有的 bug）。如果使用的是後期綁定語言，所有 bug 都會等到你執行程式碼時才出現。

我用 JSON 函式庫所構建出來的解法，就屬於後期綁定的做法。關於 `security.blocked_servers` 這個 key 鍵相關的任何問題，都要等到 `isServerBlocked` 被調用時才會呈現出來。我們可以對照一下那種採用全局配置結構的解法（這屬於早期綁定的做法）。當我在初始化那個 Config 結構時（大概是從某種配置檔案把它載入進來時），我就會去解決我所發現的所有問題，這樣一來，`isServerBlocked` 實作起來就容易多了。

也許我並沒有真的改進什麼東西——聽起來我只不過是把問題轉移到不同的地方而已。當然囉，這個版本的 `isServerBlocked` 實作程式碼確實簡單多了，但這只不過是因為，我把一定要存在於某處的某些解析驗證程式碼省略掉了，不是嗎？配置檔案裡有好幾百個選項，全都要寫出相應的解析程式碼，這聽起來一點都不好玩呀！

如果我把這兩種做法結合起來，應該沒有人反對吧——我還是用 JSON 函式庫來讀取配置檔案，不過當我在程式碼裡存取配置選項時，則使用 Config 結構。我只需要寫一些函式，負責拆解我們用 JSON 解析器讀取進來的資料，再送入 Config 結構裡就行了。只要有一整組正確的輔助函式，整件事就不難了：

```
void unpackStringArray(
    const Value & value,
    const char * keyPath,
    set<string> * strings)
{
    const Array * array = evaluateKeyPathToArray(value, keyPath);
    if (array)
    {
        for (const Value & valueString : array->m_values)
        {
            if (!valueString.isString())
            {
                log("expected %s to be an array of strings", keyPath);
            }

            strings->emplace(valueString);
        }
    }
}

void unpackConfig(const Value & value, Config * config)
{
    unpackStringArray(
        value,
        "security.blocked_servers",
        &config->m_blockedServers);
}
```

雖然配置檔案的選項有好幾百個，但其中大部分都非常簡單——不是很簡單的型別，就是很簡單的型別列表，而且全都可以透過一個簡單的分層命名空間來進行存取。我只要用十幾個這類的「unpack」函式，就能處理掉幾乎所有的東西。如果想處理一個結構化資料的列表（用 JSON 術語來說，就是由 Objects 所組成的一個 Array 啦），我們就必須再寫出一些類似的程式碼，不過倒也不是那種很棘手的程式碼啦。

採用這種做法，確實可以解決掉我之前提到的一些問題。我可以比較早發現配置檔案裡的問題，因為在拆解配置檔案時，問題就會被報告出來。我也不會讓同一個問題出現很多次的錯誤報告，然後像垃圾郵件一樣塞爆我們的日誌記錄。如果配置檔案裡有某些必要的選項，我就可以在寫程式碼時，預期一定會有這些選項——如果這些選項被遺漏掉了，我們的 unpackConfig 函式就會報錯，然後程式在一開始的階段就會出現失敗的情況。

不過，我還沒有解決所有的問題。我之前有提到，我們總會在某個階段需要用某種方式，來為配置檔案格式建立相應的說明文件，這部分到目前為止還沒有任何的進展。如果有人想去設定一些無法識別的配置選項，目前我也沒有任何方式能去偵測出這樣的情況。

從我目前所實作的程式碼來看，這個配置檔案所支援的結構，可以說是由負責拆解它的程式碼所定義，所以也許有一種做法，可以根據我所進行的拆解調用行為，反向推斷出配置檔案的結構。舉例來說，由於我會去拆解整個配置檔案，這樣或許就可以做出推論，認定 JSON 檔案裡沒有被拆解出來的任何東西，全都是沒有支援的。如果我持續追蹤 JSON 裡有哪些部分被成功拆解出來，那 JSON 檔案裡只要是沒被拆解出來的東西，就可以被認定為無法識別的選項了。

同樣的，由於我會把整個配置檔案的內容拆解出來，所以我當然知道配置檔案裡每個選項的名稱和型別。根據這些名稱和型別的資訊，我就可以構建出一個最小化的說明文件，列出所有支援的選項與相應的型別。就算是最小化的文件，終究還是比沒有文件好一點吧——而且這種最小化的文件，具有非常可靠而準確的巨大優勢，因為它就是直接從程式碼裡衍生出來的！

這兩件事都是可以做得到的——不過做起來並不容易就是了。我確實寫過一些程式碼，來偵測並回報那些無法識別的選項。雖然程式碼並不至於多到不像話，但它的內容還是太長了，這裡實在放不下。此外，這種感覺依然很像是從我所構建的解法往後推進，而不是從問題往回推的感覺。

現在來談談另一個完全不同的做法

這裡有個瘋狂的想法——如果問題在於，我很難從所寫的程式碼推斷出配置檔案的結構，那何不反過來做呢？先定義結構，再根據結構推斷出程式碼要怎麼寫。

首先要提醒一句——接下來會是很長的一個範例！我想用一個「沒有暗藏任何祕密手法」的範例，來說明從結果往回推的做法大概會是什麼樣子；如果考慮到它所提供的功能，這段程式碼其實可說是非常緊湊。在本書眾多的範例中，只有這個範例是可以完全按照原樣直接使用的。因此，請耐心期待接下來幾頁的內容吧！

在這個簡單的範例裡，我會像下面這樣去定義配置檔案的結構，然後用這樣的一個全局結構來管理所有的配置選項：

```
struct Config
{
    Config() :
        m_security()
        { ; }

    struct Security
    {
        Security() :
            m_blockedServers()
            { ; }

        set<string> m_blockedServers;
    };

    Security m_security;
};
Config g_config;

StructType<Config::Security> g_securityType(
    Field<Config::Security>(
        "blocked_servers",
        new SetType<string>(new StringType),
        &Config::Security::m_blockedServers));

StructType<Config> g_configType(
    Field<Config>("security", &g_securityType, &Config::m_security));
```

雖然這段程式碼有點像是 C++ 樣板的示範程式碼，不過它的意圖應該很明顯才對。JSON 檔案裡的每一個物件，都會用一個全局變數來表示，而每個全局變數的型別，則是用 StructType 樣板來加以定義。比如「security」這個 JSON 物件，就是用 g_securityType 這個全局變數來表示；而配置檔案裡的「security.blocked_servers」這個選項，則是 g_securityType 的一個欄位（Field）。至於整個配置檔案，則是用 g_configType 這個全局變數來表示。

這幾個全局變數，本身也定義了 JSON 物件轉換成 C++ struct 結構的轉換方式。進行轉換時，需要知道四個資訊——各個物件欄位在 JSON 裡的 key 鍵和型別，以及相應 C++ struct 結構的 C++ 型別和成員指標（member pointer）。要在 C++ 進行這種「後設式程式設計」（metaprogramming）其實有點棘手，不過還是做得到的。

這其中很困難的部分，就是要重新整理一下 C++ 的型別資訊，以確保各個型別都不會出什麼問題。為此，我特別定義了一個樣板物件類別，準備把 C++ 各種不同的型別，與相應的 JSON 型別聯繫起來：

```
struct UnsafeType
{
protected:

    template <typename T> friend struct StructType;
    virtual bool tryUnpack (const Value & value, void * data) const = 0;
};

template <class T>
struct SafeType : public UnsafeType
{
    virtual bool tryUnpack(const Value & value, T * data) const = 0;

protected:

    virtual bool tryUnpack(const Value & value, void * data) const override
        { return tryUnpack(value, static_cast<T *>(data));  }
};
```

SafeType 這個抽象結構，可以針對特定的 C++ 型別，提供型別安全（*type-safe*；也就是型別不會出問題）的拆解結果──它可以讓我們把字串拆解到字串變數中，把整數拆解到整數變數中，其他以此類推。大多數情況下，我都是用 SafeType 的拆解界面來進行拆解的工作。不過，如果要處理的是 struct 結構，程式碼就會稍微簡單一些（這要歸功於 UnsafeType 所引入的拆解界面），不過它依然是型別安全的（這要歸功於某些樣板技巧）。

下面就是一些 C++ 型別相應的 SafeType 定義：

```
struct BoolType : public SafeType<bool>
{
    bool tryUnpack(const Value & value, void * data) const override;
};

struct IntegerType : public SafeType<int>
{
    bool tryUnpack(const Value & value, void * data) const override;
};

struct DoubleType : public SafeType<double>
{
    bool tryUnpack(const Value & value, void * data) const override;
```

```
};

struct StringType : public SafeType<string>
{
    bool tryUnpack(const Value & value, void * data) const override;
};

bool BoolType::tryUnpack(const Value & value, bool * data) const
{
    if (value.isTrue())
    {
        *data = true;
        return true;
    }
    else if (value.isFalse())
    {
        *data = false;
        return true;
    }
    else
    {
        log("expected true or false");
        return false;
    }
}

bool IntegerType::tryUnpack(const Value & value, int * data) const
{
    if (!value.isNumber())
    {
        log("expected number");
        return false;
    }

    double number = value;
    if (number != int(number))
    {
        log("expected integer");
        return false;
    }

    *data = int(number);
    return true;
}

bool DoubleType::tryUnpack(const Value & value, double * data) const
{
```

```
    if (!value.isNumber())
    {
        log("expected number");
        return false;
    }

    *data = value;
    return true;
}

bool StringType::tryUnpack(const Value & value, string * data) const
{
    if (!value.isString())
    {
        log("expected string");
        return false;
    }

    *data = static_cast<const string &>(value);
    return true;
}
```

這裡的程式碼與我們之前在 Config 那個範例裡所寫的程式碼，其實都是在做
類似的事情。這裡雖然打包成一個一個的「型別物件類別」，但目的其實是
一樣的——檢查一下 JSON 值的型別正不正確，然後把它轉換成 C++ 原生的
值。這樣我就可以處理一些常見的情況了（例如一些整數的配置值）。JSON
裡的數值全都是浮點數，所以 IntegerType 這段程式碼會去檢查浮點值，看
它實際上是不是一個整數值。

除了這些簡單的型別之外，我們再來看一下其他的東西；先來看看字串列
表（例如配置檔案範例裡被阻擋的伺服器列表）。這裡是用 C++ 的 set（集
合）來表示這個列表，所以我需要建立一個 SetType：

```
template <class T>
struct SetType : public SafeType<set<T>>
{
    SetType(SafeType<T> * elementType);
    bool tryUnpack(const Value & value, set<T> * data) const override;

    SafeType<T> * m_elementType;
};

template <class T>
SetType<T>::SetType(SafeType<T> * elementType) :
    m_elementType(elementType)
```

```
{
}

template <class T>
bool SetType<T>::tryUnpack(const Value & value, set<T> * data) const
{
    if (!value.isArray())
    {
        log("expected array");
        return false;
    }

    const Array & array = value;
    for (const Value & arrayValue : array.m_values)
    {
        T t;
        if (!m_elementType->tryUnpack(arrayValue, &t))
            return false;

        data->emplace(t);
    }

    return true;
}
```

配置檔案有好幾百個選項，其中應該也有一些其他的列表吧。我會把 vector
向量相應的 VectorType 保留給各位作為練習——它與 SetType 幾乎是完全相
同的。唯一的區別就是在 SetType 調用到 set 的 emplace() 的地方，會變成調
用 vector 的 push_back() 方法。

最後要處理的就是把 JSON 物件轉換成 C++ 的 struct 結構——或者更準確地
說，就是把 JSON 裡成對的鍵 / 值，對應到 C++ 的 struct 結構或物件類別裡
的成員。我定義了一個型別安全的 Field 結構，以供 StructType 使用：

```
template <class S>
struct Field
{
    template <class T>
    Field(const char * name, SafeType<T> * type, T S:: * member);

    const char * m_name;
    const UnsafeType * m_type;
    int S::* m_member;
};

template <class S>
```

```cpp
template <class T>
Field<S>::Field(const char * name, SafeType<T> * type, T S::* member) :
    m_name(name),
    m_type(type),
    m_member(reinterpret_cast<int S::*>(member))
    { ; }
```

我在 Field 結構裡處理型別安全的問題時，做法上稍有不同。這裡的型別安全性是透過構建函式強加進來的。我要求 SafeType 和成員指針（member pointer）必須具有相符合的型別。這樣我才可以在 Field 結構裡安全地使用型別不安全的 UnsafeType，以及指向成員的整數指針值，因為我知道它們其實具有相符合的型別。

StructType 可說是非常直觀。有鑑於所有其他的樣板在這裡可能都會有一些古怪的行為，我打算在構建函式裡使用一個「**參數可變樣板**」（*variadic template*；也就是參數數量可變的樣板）。既然都做了，那就做到底吧：

```cpp
template <class T>
struct StructType : public SafeType<T>
{
    template <class... TT>
    StructType(TT... fields);

    bool tryUnpack(const Value & value, T * data) const override;

protected:

    vector<Field<T>> m_fields;
};

template <class T>
template <class... TT>
StructType<T>::StructType(TT... fields) :
    m_fields()
{
    m_fields.insert(m_fields.end(), { fields... });
}
```

這個 tryUnpack 方法非常簡單——它會用迴圈遍歷 JSON 物件的每個欄位，把每個欄位都與我們的 StructType 裡的欄位進行比對。像這樣的迴圈做法，很容易就可以把配置檔案裡無法識別的選項抓出來，這樣也就順便解決掉我心裡一個困擾已久的問題了：

```
template <class T>
bool StructType<T>::tryUnpack(const Value & value, T * data) const
{
    if (!value.isObject())
    {
        log("expected object");
        return false;
    }

    const Object & object = value;
    for (const auto & objectValue : object.m_values)
    {
        const Field<T> * match = nullptr;

        for (const Field<T> & field : m_fields)
        {
            if (field.m_name == objectValue.first)
            {
                match = &field;
                break;
            }
        }

        if (!match)
        {
            log("unrecognized option %s", objectValue.first.c_str());
            return false;
        }

        int T::* member = match->m_member;
        int * fieldData = &(data->*member);

        if (!match->m_type->tryUnpack(objectValue.second, fieldData))
            return false;
    }

    return true;
}
```

一旦我利用 JSON 函式庫取得了一個 Value 值，就可以利用我為配置檔案所構建的 StructType，去調用它的 tryUnpack 方法了：

```
bool tryStartup()
{
    FILE * file;
    if (fopen_s(&file, "config.json", "r"))
        return false;
}
```

```
        Stream stream(file);
        Value value;
        if (!Value::tryReadValue(&stream, &value))
            return false;

        if (!g_configType.tryUnpack(value, &g_config))
            return false;

        return true;
    }
```

事情進展到了這裡，情況看起來應該還不錯吧！我可以對配置檔案進行可靠的、型別安全的解析，而且不用寫大量的程式碼就可以做到了——所有型別和拆解邏輯加起來還不到 300 行的 C++ 程式碼。對於本書來說，這的確是一段很長的範例程式碼，不過對於大多數程式專案來說，這只是很小的一部分而已。這個範例裡有好幾百個配置選項，成本很快就可以攤提掉。針對配置檔案資料格式的說明，目前還不會自動生成文件，不過添加起來也很容易——只要在每個 Field 裡添加一個說明字串，然後透過型別層次結構寫出一個簡單的遞迴，這樣就能生成文件了。

往後推 & 往前推

本章探討了解析配置檔案的兩條途徑。第一條途徑是先從配置檔案的格式開始出發。我們發現可以用 JSON 來表示所有的選項，也發現手頭上已經有現成的 JSON 解析器可以使用，只要利用這些東西繼續往下走就行了。這絕對是一種有效的做法——配置檔案解析起來很容易，我們也很容易就可以從中提取出選項。

在第二條途徑中，我們改從另一個角度來看問題：程式設計者可以直接去實作出所要支援的配置選項，而不是靠自己去解析配置檔案裡的好幾百個選項。我在第一條途徑裡選擇了實作起來很方便、但使用起來不太方便的解法。在第二條途徑中，我們改從想要的解法往回推，而不是從我們手中的技術往後推展，最後果然得到了一個更簡單也更好的解法 [3]。

---

3 如果你很有興趣做這樣的事，你也可以看一下生成程式碼（generated-code）的解法，如協議緩衝（protocol buffers；*https://oreil.ly/qvptL*）或 C++ 反射魔法（reflection magic，例如 clReflect；*https://oreil.ly/pOnLe*）。

有時大問題反而好解決

「反正不管遇到什麼問題，全都選擇最無聊的做法就對了；如果你想到某個令人興奮的解法，那反而有可能是個壞主意。」

如果這就是你對本書大部分建議的看法，我也不會責怪你啦。我們有很多的守則，確實讓人覺得蠻掃興的。我們經常先指出一些可以解決問題、感覺也蠻有趣或蠻聰明的技術，然後卻又馬上告訴你，使用那樣的技術其實是個壞主意。而一些比較簡單、無聊的做法，卻「幾乎」總是最好的做法。不過，情況也不一定全都是如此啦！

也許在某個很特殊的場合，天上的雲朵突然很莊嚴地散開，你彷彿沐浴在一道從天而降的溫暖陽光中，光線照亮了坐在鍵盤前的你[1]。在這短暫而輝煌的時刻，你忽然意識到有一種更通用的解法，可以解決掉你正在處理的特定問題，而且做起來更簡單、更輕鬆。

好好享受這一刻吧，因為這樣的情況並不多見。當這樣的機會來臨時，一定要善加利用。只要寫出簡單的程式碼，解決掉那個具有通用性的問題，當下你就能享受無上的榮耀。

直接跳到結論

下面就是一個例子。在 Sucker Punch 公司早期有一款遊戲，玩家要扮演浣熊大盜 Sly Cooper 穿越各種關卡。Sly 的行動非常敏捷，他可以跳到空中，然後落在突出的岩石或是懸掛在建築物之間的鋼絲上。控制的方式很簡單——只要按下 X 按鈕就可以跳起來，然後再用搖桿調整 Sly 在半空中的拋物線軌跡（雖然物理上來說好像不太可能，不過在遊戲裡倒是可行的玩法），最後按下 O 按鈕就可以降落在某個突出的尖頂或鋼絲之類的東西上面。

1　請原諒我用這樣的方式來比喻。我在西雅圖住了 35 年；對我來說，這比喻再恰當也不過了。

這一切當然都是用程式碼來實現的 [2]！這段程式碼裡最棘手的部分，就是在玩家按下 O 按鈕之後，該如何選擇 Sly 著陸的位置。當玩家按下 O 時，玩家的心裡應該很清楚 Sly 應該降落在哪裡，但遊戲卻必須以某種方式猜出玩家心裡的想法。如果猜對了，玩家根本不會留意到這其中的魔法；但如果猜錯了，玩家就會感到非常非常沮喪。

猜測玩家心中的著陸點，說起來容易做起來難。想像一下，假設玩家讓 Sly 朝向鋼絲的方向，而附近也沒有其他可能的著陸點。這時候程式碼就必須做出預測，判斷玩家想要降落在鋼絲上的「哪個位置」。我們應該用什麼樣的演算法，來選出這個落點呢？

簡單的做法，效果並不是很好。如果只是在鋼絲上面，選擇距離 Sly 目前位置最近的點，這樣的效果並不好——因為這樣做的話，當你沿著鋼絲跳出去之後，就會被再次吸回當初按下按鈕時的那個點。為了避免出現這樣的問題，程式碼可以往前投射出 Sly 的跳躍軌跡，然後降落在鋼絲上距離該軌跡最靠近的那個點。這是個比較好的解法，不過在某些常見的情況下，還是會出現嚴重的問題。事實上，這個看似簡單的做法，真正實作起來並沒有那麼簡單，因為鋼絲實際上是一條三次曲線，而不是一條直線。

我們不斷嘗試各種新模型，想要解決主角落在鋼絲上的落點問題，但測試了一連串的模型之後，卻感到越來越絕望。這件事持續了好幾個禮拜。那幾個禮拜真的超痛苦的 [3]。

直到後來有一天，當時我正在與另一個注定失敗的模型奮戰，忽然間好像撥雲見日似的，一道曙光射向了我的鍵盤。我發現我的問題在於，我一直在一堆小事上糾結，但我其實應該從大處著眼才對。

我一直在尋找某種解析式的解法，嘗試（但不斷失敗）找出某個魔法函式，可以在給定輸入的情況下，幫我計算出最佳的位置——給定的輸入包括 Sly 的位置和速度、玩家用控制器所輸入的動作，以及鋼絲的幾何位置。後來我忽然意識到，其實我根本不用去精確計算出鋼絲上的最佳落點——我只需要寫出一個函數，用來估算鋼絲上每個點的「適當性」，然後再從中挑選出最佳點就行了。

2　這個演算法就包含在 7,147,560 號的美國專利中。抱歉，當時軟體專利還蠻流行的。不過你不用害怕；這個專利將會在 2023 年 12 月 12 日到期，到時候你就可以完全自由去使用這裡所提供的這個演算法，創造出你自己的「以敏捷的浣熊為主角」的平台遊戲了。

3　筆者親身經歷過這樣的痛苦，因為當初這個問題的程式碼就是我負責的。

好吧，這樣的說法好像不是很精確。其實我並不需要針對鋼絲上的每個點，去計算出「適當性」的估計值——我只需要找出其中最「適當」的點就行了。我需要的是一個「成本函數」（用來衡量適當性），然後再針對某個變數（在這裡就是一個用來表示鋼絲上某個點的參數）進行調整，設法找出能夠讓這個成本函數最小化的結果就行了。

簡而言之，我所面對的是一個最佳化問題。也許我可以先解決函數最佳化這個大問題，這樣就有能力找出任何函數的局部最佳值；然後我只要針對 Sly 的著陸點寫出一個成本函數，就能找出其中成本最低的點了。假如我的成本函數確實可以反映出玩家心裡的想法，這個遊戲就能挑選出鋼絲上正確的落點了。

黃金分割最佳化演算法（*https://oreil.ly/0ocWS*）是一個非常可靠的最佳化演算法，而且實作起來也不困難[4]：

```
float optimizeViaGoldenSection(
    const ObjectiveFunction & objectiveFunction,
    float initialGuess,
    float step,
    float tolerance)
{
    // 針對一個點或兩個點，推算出目標函數的值，以作為取樣點

    struct Sample
    {
        Sample(float x, const ObjectiveFunction & objectiveFunction) :
            m_x(x),
            m_y(objectiveFunction.evaluate(x))
            { ; }
        Sample(
            const Sample & a,
            const Sample & b,
            float r,
            const ObjectiveFunction & objectiveFunction) :
            m_x(a.m_x + (b.m_x - a.m_x) * r),
            m_y(objectiveFunction.evaluate(m_x))
            { ; }

        float m_x;
        float m_y;
```

4　這個演算法並不複雜——你只要查看隨後的程式碼，應該就可以理出頭緒，不會覺得很頭大才對——但如果你接下來的 10 分鐘沒什麼事，不妨可以去看一下維基百科的解釋。事實證明，黃金分割最佳化演算法確實很有助於解決許多問題，我們在 Sucker Punch 公司的程式碼庫裡，有好幾十個地方都會去調用它。

```
};

// 在初始猜測值附近取三個初始取樣點

Sample a(initialGuess - step, objectiveFunction);
Sample mid(initialGuess, objectiveFunction);
Sample b(initialGuess + step, objectiveFunction);

// 固定讓「a」點這邊的值，比「b」點這邊的值稍微低一點。
// 如果初始範圍並沒有正好涵蓋到最小值，
// 我們就往「a」點的方向找，直到找到為止。

if (a.m_y > b.m_y)
{
    swap(a, b);
}

// 找出「mid」中間點的值比「a」、「b」兩點的值
// 都小的一個點。這樣就可以確保 a 和 b 兩個點之間
// 會有一個局部最小點。

while (a.m_y < mid.m_y)
{
    b = mid;
    mid = a;
    a = Sample(b, mid, 2.61034f, objectiveFunction);
}

// 迴圈會一直執行到三個點足夠靠近為止

while (abs(a.m_x - b.m_x) > tolerance)
{
    // 一定要確保「a」點這邊是切得比較大塊的一邊，
    // 「b」點這邊則切得小塊一點，這樣黃金切割就一定是
    // 根據比較大塊這邊來進行切割。

    if (abs(mid.m_x - a.m_x) < abs(mid.m_x - b.m_x))
        swap(a, b);

    // 用一個介於「mid」中間點（代表目前最佳猜測值）
    // 和「a」點之間的點來進行測試。如果比中間點好，
    // 它就變成新的中間點，而原本的中間點就變成新的
    // 「b」點。要不然的話，新的點就變成新的
    // 「a」點。

    Sample test(mid, a, 0.381966f, objectiveFunction);
```

```
            if (test.m_y < mid.m_y)
            {
                b = mid;
                mid = test;
            }
            else
            {
                a = test;
            }
        }

        // 把我們所找到的最佳點送回去

        return mid.m_x;
    }
```

只要順利實作出這個通用的黃金分割演算法，接下來就可以去實作鋼絲落點的目標函式了。鋼絲模型採用的是貝茲曲線（Bezier curve；*https://oreil.ly/YWuzT*），這是用來表示三次曲線的其中一種方式。為了稍微簡化實際的程式碼，這裡的目標函式計算的是起跳之後降落到落點所需的時間（意思就是玩家越早能降落的點，就會越優先被選擇），乘以降落在該點所需的最大加速度。進行這些計算所要用到的東西（例如 Sly 目前的位置與速度），全都包含在我們所實作出來的這個目標函式物件中。

```
    struct BezierCostFunction : public ObjectiveFunction
    {
        BezierCostFunction(
            const Bezier & bezier,
            const Point & currentPosition,
            const Vector & currentVelocity,
            float gravity) :
            m_bezier(bezier),
            m_currentPosition(currentPosition),
            m_currentVelocity(currentVelocity),
            m_gravity(gravity)
        {
        }

        float evaluate(float u) const override;

        Bezier m_bezier;
        Point m_currentPosition;
        Vector m_currentVelocity;
        float m_gravity;
    };
```

這個物件的 evaluate 方法並不會很複雜：

```cpp
float BezierCostFunction::evaluate(float u) const
{
    // 沿著曲線取點

    Point point = m_bezier.evaluate(u);

    // 計算出降落到那個點的高度
    //   需要花多少時間

    QuadraticSolution result;
    result = solveQuadratic(
                0.5f * m_gravity,
                m_currentVelocity.m_z,
                m_currentPosition.m_z - point.m_z);

    float t = result.m_solutions[1];

    // 假設降落前所有水平方向的速度全都變成 0

    Vector finalVelocity =
        {
            0.0f,
            0.0f,
            m_currentVelocity.m_z + t * m_gravity
        };

    // 計算出即時加速度與最終加速度 ... 由於我們是
    //   沿著一條三次曲線來進行計算，這兩個加速度
    //   其中有一個就是最大的加速度

    Vector a0 = (6.0f / (t * t)) * (point - m_currentPosition) +
                -4.0f / t * m_currentVelocity +
                -2.0f / t * finalVelocity;

    Vector a1 = (-6.0f / (t * t)) * (point - m_currentPosition) +
                2.0f / t * m_currentVelocity +
                4.0f / t * finalVelocity;

    // 忽略掉 Z 軸的加速度，因為我們都知道它就是重力加速度

    a0.m_z = 0.0f;
    a1.m_z = 0.0f;

    // 計算出成本函數的值

    return t * max(a0.getLength(), a1.getLength());
}
```

只要對這個成本函數執行黃金分割最佳化,就可以得到一個感覺上或多或少比較自然的落點。它確實還是需要一些微調,而且 evaluate 的程式碼也沒有考慮到一些比較極端的情況[5],不過,就算這只是我們第一次的嘗試,結果還是比之前一連串失敗的模型要好得多。只要經過微調之後,感覺上就可以預測出很自然的落點了──實際上,玩家也會自我訓練,去適應這個成本函數的判斷結果,而遊戲本身也會持續去猜測玩家的想法[6]。

一般來說,解決你確實理解的具體問題,相較於解決你不太理解的通用化問題,前者幾乎總是比較好的做法。根據守則 4,一定要先找出三個例子,才能改用通用的做法。不過,那個守則也不是所有的情況都能「完全」適用──有時候,通用的解法反而比那種具有針對性的解法更簡單。以這裡的例子來說,「為 Sly 選出鋼絲落點」這個具體的問題本身就很難解決,至少想找出解析式的解法確實不容易,但通用的解法反而相對容易許多。

找出一條沒被擋到的前進路線

接著再來看看 Sucker Punch 公司編年史上的另一個範例⋯⋯這是個比較近期的例子。在《對馬戰鬼》這個遊戲中,玩家可以進行一次短促而激烈的衝刺,通常是為了躲開敵方的攻擊。玩家可以用搖桿來選擇方向,然後再按下衝刺按鈕。咻!我們的武士英雄 Jin Sakai 瞬間就會往該方向閃避,躲開危險。至少對玩家來說,感覺就是如此。

Jin 並不一定會「完全」按照玩家所選的方向去衝刺。舉例來說,假設玩家在森林裡與敵人戰鬥,如果 Jin 直接衝進一顆樹──就算那個方向嚴格來說,確實是玩家所選擇的方向,但這樣實在太奇怪了。沒有人想看到自己的武士做出這樣的蠢事!取而代之的做法,就是讓程式碼去選擇一個盡量接近玩家的選擇、同時又能避開所有樹木的衝刺方向。玩家根本不會知道是怎麼做到的──他們只會覺得這樣的動作很優雅,一點都不會顯得很笨拙,然後大家都會很開心。

5　比較極端的情況其實也沒那麼糟糕──而且很容易就可以透過在成本函數裡添加懲罰來進行處理。如果這個評估函式會計算得出曲線末端以外的點,那就增加懲罰來阻止這件事。只要仔細構建懲罰的做法,就可以讓這個最佳化做法指向曲線的有效範圍。同樣的,如果 Sly 跳得不夠高而無法降落在某個點上,也可以為此單獨增加一個懲罰項來達到效果。

6　如果你嘗試用這樣的最佳化做法來解決問題,請記住一件事,雖然它會幫你找出一個最小值,但有可能並不是你想要的最小值。你一定要仔細調整你的成本函數,還有你的初始猜測值也很重要,這兩個東西都要很謹慎處理才行。

Sucker Punch 公司的遊戲引擎裡有一段程式碼，可以在遊戲環境下進行這種「尋路」的工作——粗略來說，就是讓主角來到遠端區域的某一個位置，同時還會避開玩家無法通過的區域。如果用比較簡單的方式來說：我們會先檢查每一條從初始點連往遠端區域裡每個點的連線，然後拿掉那些會遇到障礙物的路徑，再從可用的路徑結果中找出最好的一條路。如果說得更清楚一點，其實就是針對「已探索節點圖」（discovered graph）運用 A* 演算法[7]。

只要直接使用這段尋路程式碼，就可以實作出感覺蠻自然且優雅的衝刺行為，不過這只能算是個還不錯的開始，正式使用的話還不夠好。Jin 雖然可以優雅地躲過樹木，但他還是會很笨拙地撞到其他的角色，不管是敵人或盟友都一樣。很明顯的一種解決方式，就是調整尋路程式碼裡的檢查程序，把其他角色和樹木的檢查全都涵蓋進來。原本的尋路程式碼，根本不知道怎麼處理其他角色之類的障礙物！它可以處理環境裡的一些固定障礙物（例如樹木和建築物），但它目前還無法處理一些臨時性的障礙物（例如衝向玩家的敵方角色）。

不過，要加入這樣的支援，好像也不是很困難，所以我就這樣做了。你還記得嗎？從比較簡單的層面來看，尋路程式碼會去檢查每一條路徑上有沒有障礙物。如果路徑上有障礙物，尋路程式碼就再去找另一條能避開障礙物的新路徑。因此，如果希望路徑也能避開其他的角色，就表示有兩件事要做：要檢查路徑有沒有與其他角色相交疊，還要找出能避開其他角色的路徑。這兩件事都不難，不過還是要寫新的程式碼，因為我們會用一個圓形區域來表示角色所佔用的空間。另外，現在還多了一個額外的問題——我們還必須考慮角色所佔用的圓形空間與環境裡的障礙物交疊的情況，以及角色與角色之間交疊的情況。所有這些交疊的情況，都會阻擋到我們的路徑。

呃……這個做法確實行得通，不過這也就表示，一定要寫出大量的新程式碼，才能處理大量的新狀況。這一定會讓原本就很複雜的尋路程式碼變得更加複雜，而這一切全都是為了處理「玩家做出衝刺動作」這個特殊的需求。後來我又發現，對於移動中的角色來說，把他視為簡單的圓形障礙物效果並

7　A* 演算法並沒有那麼複雜，不過在這裡解釋起來的話，內容就太多了。關於「已探索節點圖」（discovered graph），意思就是理論搜索空間（theoretical search space），其中包含這個世界裡任兩個點之間的連結。我們會去探索哪些兩兩成對的點可以互通，而障礙物則會切斷兩點之間的連線。

不太好，所以我就把圓形改成長橢圓形，來表示移動中的角色所佔用的空間[8]——這下子情況又變得更糟糕了。這裡一直添加額外的複雜性，感覺實在不太妙。

後來，突然之間有如撥雲見日一般，出現了一道曙光。看來我是把程式碼添加到錯誤的位置了！畢竟，尋路程式碼本來就可以支援環境裡任意的幾何形狀。樹木是圓形的障礙物，就像一個靜止不動的角色。如果我可以假裝把角色視為臨時的樹木，尋路程式碼就知道要避開他了，這樣根本不用添加任何額外的複雜性。

我的觀點轉變成這樣之後，一條很清晰的路就自動出現了。不管是樹木、建築物、柵欄等等，還有環境裡所有其他固定的部分，全都可以用一個非常大的網格來表示，其中每個格子點全都可以標記成「可通過」或「不可通過」。我也可以透過一個簡單的界面，引入臨時性的障礙物——然後我真正需要做的，就是去檢查網格裡某個特定的格子點，看看它會不會擋到路：

```cpp
struct GridPoint
{
    int m_x;
    int m_y;
};

struct PathExtension
{
    virtual bool isCellClear(const GridPoint & gridPoint) const = 0;
};
```

尋路程式碼在調用一些基本的函式時，可以把這個擴展界面送進去，用來檢查某個路徑上有沒有障礙物，也可以針對某個給定的方向，用來找出最佳的前進路徑。下面就是這兩個函式原本的調用方式：

```cpp
class PathManager
{
public:

    float clipEdge(
        const Point & start,
        const Point & end) const;
    vector<Point> findPath(
        const Point & startPoint,
```

---

8 圓代表的就是與某個點相隔固定距離的點集合，而長橢圓形則是與某個線段相隔固定距離的點集合。迴紋針和跑道都是長橢圓形的——兩條平行線的兩端，分別用兩個半圓相連。

```
        float heading,
        float idealDistance) const;
};
```

下面則是新的版本：

```
class PathManager
{
public:

    float clipEdge(
        const Point & start,
        const Point & end,
        const PathExtension * pathExtension = nullptr) const;
    vector<Point> findPath(
        const Point & startPoint,
        float heading,
        float idealDistance,
        const PathExtension * pathExtension = nullptr) const;
};
```

clipEdge 和 findPath 這兩個函式內部的細節，幾乎都沒有受到影響。無論函式之前在巨大的尋路網格裡檢查過哪些地方，我都可以再針對 PathExtension 界面添加額外的檢查。這些函式和其他幾個類似的函式，加起來總共還不到十幾行程式碼。

這裡並沒有詳細說明如何實作出 PathExtension 界面，不過做起來其實都很類似、也很簡單：

```
struct AvoidLozenges : public PathExtension
{
    struct Lozenge
    {
        Point m_points[2];
        float m_radius;
    };

    bool isCellClear(const GridPoint & gridPoint) const override
    {
        Point point = getPointFromGridPoint(gridPoint);

        for (const Lozenge & lozenge : m_lozenges)
        {
            float distance = getDistanceToLineSegment(
                            point,
                            lozenge.m_points[0],
                            lozenge.m_points[1]);
```

```
            if (distance < lozenge.m_radius)
                return false;
        }

        return true;
    }

    vector<Lozenge> m_lozenges;
};
```

這樣就可以了。全部只不過幾十行簡單的程式碼，而不是我之前為了直接解決問題而拼命去寫出來的那好幾千行骯髒的程式碼。

這個新的 PathExtension 界面顯然更加具有通用性——它可以處理你添加到網格裡任何類型的臨時障礙物，對於形狀、大小或障礙物的表達方式也沒有任何的規定。還記得嗎？我們第一次嘗試時，只能支援圓形和長橢圓形的障礙物而已。現在這樣真的是往前邁出了一大步。不過這額外的通用性，完全不是這裡的重點！

重要的並不是這個解法更具有通用性——而是它比起你之前那些更有針對性、更不通用的解法，竟然更簡單、更容易實現。事實上，在我寫這篇文章時，Sucker Punch 公司程式碼庫裡恰好剛寫了一段 PathExtension 的實作程式碼——就是我剛剛所介紹的那段程式碼。我們還沒有利用到它額外的通用性，不過這倒是完全沒問題啦。

看出機會之所在

大多數時候，比較具有針對性的解法，往往比通用的解法更容易進行實作。你還是應該盡可能去解決你所能理解的問題。不要輕易嘗試去透過通用的做法來解決問題，除非你有足夠多的例子，可以確定這個問題確實值得用比較通用的方式來解決[9]。

像本守則範例裡的問題，其實還蠻罕見的，它採用通用的做法來解決問題，確實比採用針對性的做法更簡單、更容易。我所舉出的這兩個範例，時間上相隔了 18 年（驚訝吧！），而我們所解決掉的其他無數問題，幾乎都是用簡單而直接的非通用方式解決的。

9　「足夠」的意思，就是「至少三個以上」。

雖然這種通用化的解法很罕見，不過卻很重要。這兩個範例（還有其他的幾個範例），對於 Sucker Punch 公司而言都是很重要的突破。有時候，突破就代表一種全新的典型做法，例如第一個範例，讓我們可以透過局部最佳化的方式解決許多遊戲玩法的問題；有時候，這種突破也可能只是解決某個困難問題的一次性解法，例如第二個範例就是如此。不管怎麼說，這些突破確實都為我們創造出更優秀、更成功的產品。

這同時也留下了一個很重要的問題——比較通用的解法竟然可以建立出比較簡單的程式碼，這其中有沒有什麼線索可循呢？在你的程式碼中，如何看出這樣的機會呢？

當我回顧 Sucker Punch 公司長達四分之一世紀的工程歷史之後，我確實找出了一個常見的因素。我們所有「通用解法就是更簡單的解法」這樣的例子，全都是「**在視角上必須做出重大改變**」的情況。通用的解法往往代表一種完全不同的問題思考方式，而這種全新的視角，就促成了一個從根本上來看更簡單的解法。

在這個守則的範例中，視角的改變是比較偏技術性的——在第一個範例中，我們從解析式的做法切換到最佳化的做法，而在第二個範例中，我們則是把新功能添加到程式碼裡完全不同的位置。

不過，有時候視角的改變根本不是技術性的。舉例來說，你可能會突然意識到，你程式碼裡的某個功能，開放給錯誤的使用者了。很多時候我們之所以能解鎖更簡單的做法，經常是因為我們把之前給程式設計團隊使用的功能，轉移給生產團隊使用（或是反過來的情況）。

不過，總有那麼一刻，你會突然意識到，你對某個問題的思考方式全然是錯誤的。當這樣的意識突然襲來時，你就很有可能撥雲見日，體驗到「可以用比較簡單通用的解法，去解決掉某個棘手問題」的無限樂趣。

讓程式碼自己講故事

本書有很多的重點，無論是把程式碼的行為小心隱藏在額外的抽象背後，還是幫各種東西挑個好名字，或是盡可能選擇最簡單可行的問題解法，這些全都是為了讓程式碼更容易閱讀。只要寫出很容易閱讀的程式碼，就能讓其他事情進行得更順利，畢竟我們花在閱讀與除錯程式碼的時間，遠比我們最初花在寫程式的時間要多得多。當你正在對程式碼進行除錯時，如果有某種方式可以讓你更快速理解它究竟想完成什麼事，想找出哪裡出錯一定會更容易。

由整個團隊共同開發的專案更是如此，不過即使只有一個人在做的專案，也是如此。如果你正在進行某個重要的個人專案，而且你需要花費好幾個禮拜、好幾個月甚至好幾年的時間，到最後你一定需要重新去熟悉很久之前所寫出的程式碼。之前在寫程式碼時，當時在你腦海中的想法，現在全都消失了；只有程式碼本身被留了下來。只要時間過得夠久，你就會跟團隊型專案裡的那些人一樣，面臨到幾乎完全相同的處境：你還是必須仔細閱讀程式碼，才能搞清楚程式碼究竟在做什麼（或是想要做什麼）。

下面就是另一種思考的方式——未來的你，其實就是個陌生人。

除非你的專案在一兩天內就會結束並被拋棄掉，否則你就必須預期未來的你，會以陌生人的身分回來看你的程式碼。你一定要設法讓程式碼更容易閱讀，就當作是幫未來的你一個忙吧。

想像一下，假設有某個人要瀏覽你所寫的一些程式碼。如果你的團隊本來就會進行程式碼審查（你確實應該這麼做；參見守則 6），那你或許已經很習慣這種事了。你會說明這段程式碼想要完成什麼事，如何適應更大的專案範圍，以及你為什麼會做出你所做的那些決定。你會指出一些運用了小技巧或小聰明的地方（希望沒有太多），提醒大家注意其中尚未解決的問題，說明各部分如何組合起來，並講解你所寫的各個函式相應的控制流程。

簡而言之，你所講述的就是你這段程式碼的故事。你把這個故事講得越好，你的觀眾就會越快、越能夠完整理解這段程式碼。如果是完美的情況，程式碼自己就會講述自己的故事，根本無須你的旁白。

這是一個相當高遠的目標，尤其是你的程式碼如果必須透過稍微複雜的做法才能解決掉問題，要做到這點就更難了。不過，能夠講述自己故事的程式碼，絕對是你永遠都應該去追求的目標。

不要講不真實的故事

所以——程式碼會講述自己的故事，這究竟是什麼意思呢？我已經談到了一些重要的概念，例如挑個好名字（守則 3），還有盡可能讓程式碼的意圖簡單明瞭（守則 1）。畢竟，要瞭解一個簡單的故事，總比瞭解一個複雜的故事容易多了！

其實本書的程式碼其中關於格式與註解說明的部分，並沒有做得非常好——各個守則所附帶的程式碼範例，基本上都沒有註解說明。這並不是我想要鼓勵大家去做的事——因為我在本書中，可以用一大段文字來解釋我的程式碼範例，所以我一直盡可能讓程式碼保持在無註解說明、盡可能緊湊的狀態，這應該是很合理的做法才對。不過在實際的程式碼中，註解說明確實可以大幅提高程式碼的可讀性。

不過，這並不表示所有的註解說明都是好東西！註解說明完全有可能弊大於利。有些註解說明從一開始就有問題；有些人在寫註解說明時，一開始確實是正確的，但後來就離事實越來越遠了。

下面就是一個例子：

```
void postToStagingServer(string url, Blob * payload)
{
    // 由於有 Connect::Retry 的緣故，這裡一定可以取得一個有效的 handle

    ConnectionHandle handle = connectToStagingServer(
                            url,
                            Connect::Retry | Connect::InternalServer);

    // 用 Post 的方式發送資料

    postBlob(handle, payload);
}
```

這看起來好像很簡單，但事實並非如此——第一個註解說明就是錯誤的。在寫這段程式碼時，`Connect::Retry` 確實可以保證一定會在成功連線之後，程式碼才會往下走。假設在這個例子中，團隊開始認定無限進行重試（讓程式卡在這裡，直到成功建立連線為止）並不是個好策略，事情就會開始變複雜。也許 `Connect::Retry` 的行為已經改變了，但這段程式碼還是繼續依賴之前的舊行為，而沒有做出改變以符合最新的狀況。

如此一來，現在的 `postToStagingServer` 就有了一個 bug，但是，這個問題又不會經常出現，因為大部分情況下 `connectToStagingServer` 幾乎都不會出問題。那些想要對它進行除錯的程式設計者就很可憐了；如果 `postBlob` 被寫成即使遇到空的 handle 也不會出錯，而 `connectToStagingServer` 出錯時送回來的正好就是空的 handle，這樣還希望能找出問題，簡直太困難了。可憐的程式設計者只會去讀一讀程式碼，看一看註解說明，接受它的說法，然後就會繼續前進，完全看不出真正的問題。

如果沒有那段註解說明，或許這個 bug 反而會更早被發現，因為這裡很明顯有可能會出問題。正是因為有這樣的情況，導致有些程式設計者會爭辯說，所有的註解說明都是不好的；他們很堅持認為，過時的註解說明所帶來的問題，絕對超過正確的註解說明所帶來的好處。

各位還記得守則 8 吧——沒有在執行的程式碼，一定會出問題。如果有某些程式碼根本沒在執行，它就一定會出問題，而且你並不會知道它已經出問題了，因為它根本就不會被執行。

從某種意義上來說，註解說明就是永遠不會執行的程式碼——它最接近被執行的情況，就是有人真的去讀它，而且還把註解說明與實際的程式碼進行了比較。這樣的情況並不常發生，而且通常不會做得很徹底，所以「註解說明有問題」應該不足為奇，因為它所描述的程式碼功能，慢慢就會與註解說明本身脫節了。

如果想要避免這樣的情況，最簡單的做法就是把註解說明改成用 assert 下斷言的做法。如果函式的某個參數絕不能是 null，請不要用註解說明來描述這件事——改用下斷言的做法就好了。或是以我們這裡的例子來說，不要用註解說明宣稱 `connectToStagingServer` 一定會送回一個有效的 handle——直接下斷言就行了。這樣一來，你講的還是同樣的故事，只不過改用了另一種更有效的做法而已。

確保你所說的故事是有意義的

有時候註解說明並沒有錯——只是沒什麼用而已。我們都看過那種量很多但資訊不足的註解說明，通常都是因為專案裡所有程式碼都必須遵循某些固定的註解說明風格，所以才造就這種意外的結果。下面就是一個遵循專案規定的程式碼範例，它要求所有的函式都必須用 Doxygen 來建立文件[1]。這裡的註解說明確實有遵循這條守則，但實際上卻沒有傳遞出任何資訊：

```
/**
 * @brief 用 Post 的方式把資料發送到測試審查伺服器（staging server）
 *
 * 嘗試用 Post 的方式把資料發送到給定網址的測試審查伺服器，
 * 如果發送成功就送回 @c true
 * 如果因故失敗就送回 @c false
 *
 * @param url 伺服器網址
 * @param payload 要發送的資料
 * @returns 成功就送回 true
 */
bool tryPostToStagingServer(string url, Blob * payload);
```

這裡的註解說明並沒有任何的錯誤——它只是沒什麼用處而已。我們可以假設，函式名稱開頭的「try」應該是專案的約定慣例，表示這個函式若執行成功就會送回 true。如果是這樣的話，那麼註解說明裡所有的資訊其實全都已經直接隱含在函式的宣告裡了。這些註解說明並沒有增添任何新的資訊；它只是把函式的名稱重新說一次，然後再重新說一次，最後又重新再說一次而已。

如果註解說明只是把函式的宣告再說一次（如本例所示），而不是說明函式的定義，那麼固定格式的註解說明所佔用的空間，很快就會超過函式宣告實際上所佔用的空間。這就是這類註解說明風格的代價——註解說明反而會讓人很難找出實際的程式碼。註解說明本身若為了符合某種格式（例如註解說明裡的那些 @c[2]），結果反而會出現一些很尷尬的情況，根本無助於提高它的可讀性。

---

1 Doxygen 是一種被廣泛使用的工具，它可以從原始程式碼裡，提取出一些格式有點奇怪的註解說明，並根據這些東西來生成專案的文件。它的原始構想是，緊挨著程式碼的文件，比較有可能持續保持在最更新的狀態。這的確是事實，不過根據我的經驗，上面這句話裡的「比較」和「有可能」，實在很難讓人有很高的期待。關於這裡所用到的一些格式化做法，我要先對那些不是使用 C++ 語言的程式設計者說聲抱歉。我想用一個真實的範例來說明，所有這些文件生成工具都會故意使用某些奇怪的格式——因為這些工具都會去找出那些奇怪的格式，來標記出它所需要進行處理的文字。

2 這樣可以標記出一些應該用定寬字體（例如 Courier）來進行排版的術語。這就是「c」所代表的意思。

這麼做其實還是有一個潛在的好處——使用 Doxygen 的意義並不只是為了做註解說明，它還可以根據註解說明生成相應的文件。不過，那樣的文件已經不像過去那麼有用了，因為現在的程式碼編輯器，都已經非常擅長在專案裡連過來連過去，但如果有考慮周到的話，它還是很有用的。

不過，實際的情況通常並非如此。匆匆忙忙的程式設計者總會匆匆忙忙寫出一堆註解說明，而不是經過深思熟慮的註解說明。他們的目標就是趕快滿足這些機械化的標準，然後再繼續前進；這樣就會製造出一堆正確但沒什麼用的註解說明（如本節的註解說明所示）。針對函式和型別寫出一大堆沒什麼用的資訊，並不會對程式碼產生有用的說明或參考效果——你根本無法從中瞭解到任何東西，還不如直接去讀程式碼，瞭解到的東西還比較多呢。

好好說出一個好故事

那所謂比較好的註解說明，究竟是什麼樣子呢？

最顯而易見的答案就是，好的註解說明會告訴讀程式碼的人，一些與程式碼相關、但又「**不是很明顯的**」東西。註解說明若只是概要簡述一些顯而易見的東西（如前面的範例所示），這樣的內容雖然是正確的，卻沒什麼用處。一個好的註解說明，可以幫助讀程式碼的人理解程式碼，可以解釋程式碼為什麼要這樣寫，可以給出函式的預期使用方式，或是標記出一些可能還需要再進一步做點工作的邏輯。

好的註解說明還有另一個重要的作用——它可以在程式碼裡扮演標點符號的角色。它可以告訴你程式碼的哪些部分可以合起來一起看，也可以把不同想法的程式碼分隔開來。從這個角度來看，它就像我們在寫文章時會用到的空格和標點符號。如果句子沒有空格或標點符號，你還是可以看得懂……但是有空格或標點符號的句子，讀起來容易多了，對吧？空格會把每個單詞隔開。標點符號則會把一些句子和一些子句分隔開來。段落間的間隔，則可以把不同的想法分隔開來。

程式碼也是如此，空格和註解說明正好可以發揮空格和標點符號在一般文字寫作裡的作用。下面就是一個例子（我在這裡特別針對變數使用了超級緊湊的命名風格，而且還削減掉許多你通常會看到的一些空格，目的只是為了把效果誇張化而已）。

```cpp
bool findPermutation(const string & p, const string & s)
{
    int pl = p.length(), sl = s.length();
    if (sl < pl) return false;
    int pcs[CHAR_MAX] = {}, scs[CHAR_MAX] = {};
    for (unsigned char c : p)
    { ++pcs[c]; }
    int si = 0;
    for (; si < pl; ++si)
    { ++scs[static_cast<unsigned char>(s[si])]; }
    for (;; ++si)
    {
    for (int pi = 0;; ++pi)
    {
    if (pi >= pl) return true;
    unsigned char c = p[pi];
    if (pcs[c] != scs[c]) break;
    }
    if (si >= sl) break;
    --scs[static_cast<unsigned char>(s[si - pl])];
    ++scs[static_cast<unsigned char>(s[si])];
    }
    return false;
}
```

你一定有辦法搞清楚這個函式在做什麼——至少它用的是一個具有描述性的名稱，所以你應該還是有點頭緒才對。不過，只要多添加一些更具有描述性的名稱、再加上一些能把想法隔開的空間，以及解釋這些想法的註解說明，它就會變得容易閱讀許多：

```cpp
// 檢查排列字串（permute）有沒有任何排列方式，出現在
//  搜索字串（search）中

bool tryFindPermutation(const string & permute, const string & search)
{
    // 如果搜索字串的長度，小於排列字串的長度，絕不可能
    //  有滿足條件的排列方式。直接退出即可，這樣比較簡單。

    int permuteLength = permute.length();
    int searchLength = search.length();
    if (searchLength < permuteLength)
        return false;

    // 計算每個字母在排列字串中出現的次數。
    //  我們會針對搜索字串中各個要比對的子字串，
    //  逐一比對字母出現的次數是否相符。
```

```
int permuteCounts[UCHAR_MAX] = {};
for (unsigned char c : permute)
{
    ++permuteCounts[c];
}
```

```
// 搜索字串裡第一個要進行比對的子字串，也要計算
//   各個字母出現的次數。
```

```
int searchCounts[UCHAR_MAX] = {};
int searchIndex = 0;
```

```
for (; searchIndex < permuteLength; ++searchIndex)
{
    unsigned char c = search[searchIndex];
    ++searchCounts[c];
}
```

```
// 用迴圈遍歷搜索字串裡每一個要進行比對的子字串
```

```
for (;; ++searchIndex)
{
    // 檢查目前的子字串有沒有與排列字串比對相符

    for (int permuteIndex = 0;; ++permuteIndex)
    {
        // 如果檢查過排列字串的每一個字母，每一個都對上了，
        //   那就表示我們已經找到相符的排列方式了。這樣就可以
        //     送回 true，表示我們已經成功找到了。

        if (permuteIndex >= permuteLength)
            return true;

        // 如果排列字串的這個字元，出現的次數與搜索字串
        //   的子字串裡同一個字元出現的次數不一樣，就表示
        //     這個子字串並不是符合條件的排列方式。繼續檢查下一個吧。

        unsigned char c = permute[permuteIndex];
        if (permuteCounts[c] != searchCounts[c])
            break;
    }

    // 檢查過搜索字串裡所有的子字串之後，就可以
    //   停止檢查了。

    if (searchIndex >= searchLength)
        break;
```

```
    // 針對下一個子字串，更新字元出現的次數，以進行
    //   下一次的比對

    unsigned char drop = search[searchIndex - permuteLength];
    unsigned char add = search[searchIndex];

    --searchCounts[drop];
    ++searchCounts[add];
  }

  // 如果執行到了這裡，就表示我們已經找過所有的子字串，並沒有找到
  //   任何滿足條件的排列方式，因為如果有找到的話，早就已經立刻送回
  //   true 的結果了。

  return false;
}
```

更容易理解了，對吧？在讀之前那個例子時，你會發現如果想理解其中的某些意思，好像有點困難。但後面這個範例你只要從上往下好好閱讀，應該就能準確理解它究竟在做什麼，還有為什麼要這樣做了。

額外的空格會把邏輯切開，就像空格會把句子裡的單詞切開一樣的效果。縮排的做法則可以讓相關的想法構成一團一團的效果。為變數挑個好名字，是理解其用途的一個捷徑——好名字可說是你第一個、也是最重要的一個文件。註解說明可用來提供背景資訊和解釋，主要關注的是整體的大局觀，用來說明程式碼「為什麼」這樣寫，而不是其中寫了些「什麼」東西。

如果你已經很習慣向別人解釋或聽別人向你解釋程式碼，那麼以這種方式寫出的程式碼，你閱讀起來應該會感覺很熟悉才對。好的註解說明，感覺就像是在讀一篇故事。

你也可以把那種寫得很好的程式碼，想像成一首歌。歌曲有詞有曲，各有相輔相成的作用。好的程式碼也是如此——實際的程式碼與註解說明，各自具有獨立但相關的作用。他們是互相支援的關係。程式碼是讓各種功能真正運作起來的部分；良好的命名與格式則會讓每一行的程式碼變得很清楚。註解說明可透過各種背景資訊來支援程式碼，說明這些程式碼是如何組合起來的，並解釋每一行的目的究竟是什麼。

你的程式碼編輯器或許可以針對不同的東西標上不同的顏色，例如讓註解說明與程式碼採用不同的顏色來顯示。由於大多數人的大腦都非常擅長針對不同顏色做區隔，因此不管是用空格還是用不同的顏色，都可以讓你很容易把程式碼和註解說明區隔開來，同時可以讓你很輕鬆把它們放在很靠近的地方一起查看。這就像是在閱讀樂譜一樣：樂譜顯示的是五線譜上的音符，而歌詞則印在旁邊，大致對齊但又有所區隔。閱讀樂譜時，你可以專注於音樂的部分；你也可以只專注在歌詞的部分，完全不會互相干擾。

你只要記得，好的註解說明可以作為程式碼的補充，而不只是把程式碼重新說一遍，這樣你就能保持在很好的狀態了。這樣可以把程式碼的基本機制，拉進一個故事的架構中，讓程式碼變得更容易理解。如果你可以完全忽略程式碼，同時通讀所有的註解說明，然後還是覺得你可以理解發生了什麼事，那就表示你完成了非常出色的工作。

以平行方式進行改造

大部分情況下，程式設計者所做的大部分工作，都只會短暫偏離主要的程式碼庫。你會去對問題進行調查、簽出（check out）解決問題所需的檔案、進行各種測試，然後反覆檢視你的改動，最後再把程式碼提交回主分支。你有可能一天之內就把整個週期完成了；如果還要加上測試，這樣就算是很快了；更常見的情況是，你需要花好幾天的時間，去處理你簽出的東西。

不過到了後來，你就會遇到一種情況，讓這種簡單的做法無法再順利運作下去。比方說，你正在與另一位程式設計者合作進行某件工作。如果是你自己一個人，你所進行的工作只會保存在你的機器中，但如果是與其他人合作，情況就不是如此了。你們兩人必須針對進行中的工作，共同維護一個可共用的版本。

像這樣的需求，標準的做法就是運用原始碼版本控制系統，針對你打算要做的工作，建立一個新的分支。這個分支一開始只是主分支的副本，不過隨著工作的進行，它就會迅速與主分支分叉開來。或許你偶爾會想找個機會，把主分支那邊的改動整合到你的分支裡，這樣才能跟得上團隊裡其他人的腳步，及時解決掉主分支的改動所帶來的各種衝突問題。最後你的工作終於完成了；你與主分支進行了最後一次整合，然後再進行最終測試，重新檢視你的工作確實沒有問題之後，才會把程式碼簽入（check in）程式碼庫。

前方道路崎嶇

這樣的做法確實是有效的——這就是它成為標準做法的理由——但這個做法也不是完全沒問題。

舉例來說，想把主分支的改動整合進來，有可能是很困難的事。團隊裡其他的成員並不瞭解你在分支裡所做的事情，因此他們很容易就會對你的工作造成破壞。這有可能只是個小問題，比如說有人針對你正在改造的系統，引入了新的調用。不過，情況也有可能比較麻煩，比如說有人修正了老系統裡

的 bug，而這個 bug 的影響一定也會反映在你所改造過的版本。當然，整件事也有可能變成非常痛苦的過程，例如有人決定重新調整某個原始檔案的架構，一下子就把你一直以來所依賴的東西全都破壞掉了。

如果你直接就地修改老系統（這其實是很常見的做法），老系統原本的運作方式很容易就會被忽視掉。一開始你當然會去查看老系統的原始程式碼，去瞭解它的各項功能——但你所改動的每一行，都會讓你更難看出哪些是原始的行為，哪些是後來才添加的行為。解決這個問題的做法——比如保留原始程式碼的完整副本以供參考，或是不斷參照程式碼之間的差異——這樣其實是很痛苦的。

如果你是大團隊裡的一員，光是要跟上團隊裡其他成員的快速變動，很可能就是一個大挑戰。通常你最關注的核心程式碼，可能只局限在少數幾個原始檔案中，不過針對這些核心程式碼的調用，卻有可能分散在好幾十個檔案中。這幾十個檔案如果有任何一個發生了改動，都有可能會發生合併衝突的情況。如果你有一大群人都會把自己對主分支的改動簽入進來，光是要把這些主分支的改動整合進來，就有可能把一群在分支上工作的小團隊搞得人仰馬翻，忙不過來。

在一團混亂的原始碼版本控制分支裡，大家很容易就會迷失方向。分支所提供的靈活性確實很誘人，而且大家很容易就會得意忘形。我在標準做法裡所描述的簡單分支做法——單一分支脫離主分支，稍後再重新整合回來——感覺好像很容易就能做到。但如果情況變得比較複雜——例如有某些一次性分支，只是為了用來測試某個問題的新做法；有些分支只是用來作為個人的備份；還有許多主要的分支，則是用來針對軟體發佈階段進行管理——光只是這樣，你應該很快就會昏頭轉向了。

我們在 Sucker Punch 公司裡，通常只會在遇到重大改動的情況下，才會去依循這種標準的分支改動做法。那樣的過程實在太痛苦了，所以我們確實有嘗試去採用一些替代的做法。很幸運的是，我們後來找到了一種特殊的做法，也就是所謂的「複製切換」（duplicate-and-switch）模型。

打造出一個平行的系統

下面就是我們的構想——我們並不會直接就地改動系統，而是先打造出一個平行的系統。當其他人的工作還在進行時，新的系統就會被簽入進來，不過只有參與新系統相關工作的小團隊，才有能力去「啟用」這個新的系統（透過執行階段的一個開關）來繼續他們的工作。團隊裡大多數的人都還是繼續使用老系統，並不會接觸到那些新的程式碼。如果新的系統準備就緒了，我們就可以利用這個執行階段的開關，讓每個人都去啟用這個新系統。一旦每個人都可以順利使用這個新系統，我們才會把老系統從專案裡刪除掉。

Kent Beck（*https://oreil.ly/8YWdU*）有一句很棒的格言，套用在這裡特別有感覺：

> 每次想要進行改動，都要先讓改動變得很簡單（警告：有可能很難做到），然後再去進行那個簡單的改動。

如果是比較小型的專案，要套用這句格言的做法並不困難。而我們的平行系統技術，則可以針對比較大型的專案，把這句格言套用到重大改動的過程中。通常在比較大型的專案中，都有許多程式設計者會提交各種不同的程式碼，因此，所牽涉到的工作肯定複雜許多。這時候只要先打造出一個平行系統，就可以針對那些複雜的工作設一個切入點，這樣相對來說就會比較簡單一點了。

一個具體的例子

我們就來看一個真實世界裡的例子吧。接下來我們會先用好幾頁的篇幅，來設定一些背景狀況，不過我們稍後就會回到「打造平行系統」的概念了。

我們 Sucker Punch 公司大部分程式碼在記憶體配置方面，並不是所有情況全都採用標準的 Heap，而是會盡量用 Stack 來配置記憶體^{譯註}。之所以用 Stack 來配置記憶體，基本的想法就是隨後並不需要去釋放那些已配置的記憶體區塊（至少不用一個一個去釋放），這樣就可以簡化記憶體配置的工作。如果是用標準的 Heap 來配置記憶體，只要是已配置的每個記憶體區塊，隨後一

譯註 Heap 的中文或譯為「堆積、堆」，Stack 的中文也有「堆疊、堆棧、棧」這幾種不同的翻譯方式；然而，這幾種翻譯方式並不精確，反而容易造成混淆，所以並沒有被大家普遍接受；因此，本書隨後仍保留原文，以利閱讀與理解，還望各位讀者見察。

定都要再進行釋放的動作。用 Stack 來配置記憶體，比較像是在使用 Call Stack 裡的變數——只要是函式所配置的記憶體區塊，退出函式之後一定都會自動被釋放掉。用 Stack 來配置記憶體的方式用起來比較簡單，因為你根本不用擔心釋放記憶體區塊的問題。而且，速度上也快很多，因此在許多遊戲程式設計的場景中，這可說是一種非常重要的做法。

我們會用一個「Context」物件來定義「有效作用範圍」（Scope）。所有在 Stack 裡所配置的記憶體，都與當下的 Context 相關聯。一旦脫離 Context 的有效作用範圍，與 Context 相關聯的所有記憶體區塊全都會被釋放掉。這些記憶體區塊在配置的時候，都有按照一定的順序排列，所以要釋放大量的記憶體也很容易，就跟記憶體的配置操作一樣，並不是一件很花力氣的事。我們所要做的工作，就只是對一些指針進行一些操作而已。下面就是記憶體配置器的程式碼：

```cpp
class StackAlloc
{
    friend class StackContext;

public:

    static void * alloc(int byteCount);

    template <class T>
    static T * alloc(int count)
        { return static_cast<T *>(alloc(sizeof(T) * count)); }

protected:

    struct Index
    {
        int m_chunkIndex;
        int m_byteIndex;
    };

    static Index s_index;
    static vector<char *> s_chunks;
};

StackAlloc::Index StackAlloc::s_index;
vector<char *> StackAlloc::s_chunks;

const int c_chunkSize = 1024 * 1024;

void * StackAlloc::alloc(int byteCount)
```

```
{
    assert(byteCount <= c_chunkSize);

    while (true)
    {
        int chunkIndex = s_index.m_chunkIndex;
        int byteIndex = s_index.m_byteIndex;

        if (chunkIndex >= s_chunks.size())
        {
            s_chunks.push_back(new char[c_chunkSize]);
        }

        if (s_index.m_byteIndex + byteCount <= c_chunkSize)
        {
            s_index.m_byteIndex += byteCount;
            return &s_chunks[chunkIndex][byteIndex];
        }

        s_index = { chunkIndex + 1, 0 };
    }
}
```

這個 Stack 記憶體配置器會持續追蹤一個 s_chunks 列表，其中有許多一塊一塊固定大小的記憶體（chunks），而程式碼所配置的許多記憶體區塊（blocks），全都放在這一塊一塊的記憶體之中。如果要配置一塊新的記憶體區塊，我們會先檢查這個列表裡最後一個 chunk，雖然它之前很可能已經被一些記憶體區塊佔用掉部分的空間，但只要剩餘的空間還夠用，我們還是會利用這個 chunk 最後面尚未配置過的部分，配置出一個新的記憶體區塊。如果剩餘的空間不夠用，我們就會再配置出一個新的 chunk，然後再把新的記憶體區塊，配置到這個新 chunk 的開頭處。

Context 物件就簡單多了。它只會記住我們下一次可以配置記憶體區塊的下一個位置：

```
class StackContext
{
public:

    StackContext()
    : m_index(StackAlloc::s_index)
        { ; }
    ~StackContext()
        { StackAlloc::s_index = m_index; }
```

```
protected:

    StackAlloc::Index m_index;
};
```

這個記憶體配置模型有幾個優點。它的速度比一般的 Heap 記憶體配置器快很多，因為記憶體配置只不過是很單純的指針數學運算，而且釋放 Context 幾乎是沒有什麼成本的[1]。更重要的是，它具有很棒的局部性，因為連續配置的記憶體區塊，在實際的記憶體裡全都是彼此相鄰的。而且，由於記憶體區塊全都會自動釋放，所以你並不會有忘記釋放記憶體區塊的風險。

缺點其實也不少[2]，不過有兩個主要的使用情境，非常適合用 Stack 來配置記憶體。第一種情況是，你經常需要在函式的內部邏輯裡，配置一些暫存用的記憶體空間，用 Stack 來配置記憶體的做法非常適合這樣的情況。第二種情況是，如果你的函式所要送回來的資料大小是可變的，那麼用 StackAlloc 來為那些資料配置記憶體空間，也是非常好用的做法。

用 Stack 來配置記憶體的實務做法

Sucker Punch 公司原本的 Stack 記憶體配置版本，大致上看起來與前一節的程式碼還蠻像的。不過，隨著時間的推移，後來我們發現有很多情況都會用 Stack 來配置向量——只要快速搜索一下程式碼庫就會發現，其中有好幾百個地方確實是採用原始的 Stack 記憶體配置做法，不過用 Stack 來配置向量的做法，竟然出現了 5000 次之多。

下面就是用 Stack 來配置向量物件類別的一個簡化版程式碼；這裡所選擇的方法名稱，基本上與標準 C++ 向量是相一致的：

```
template <class ELEMENT>
class StackVector
{
public:

    StackVector();
    ~StackVector();
```

---

1 是的，正如守則 5 所解釋的，最佳化的第一課就是「別去做最佳化」；請相信我，因為我們有大量的資料可以證明，在我們的遊戲裡，快速動態記憶體配置真的超級重要的。

2 最重要的是，記憶體區塊只會與 Context 共存亡。如果你想讓某些資料保留的時間超過 Context 的生命週期，那就只能說很抱歉了。

```
    void reserve(int capacity);
    int size() const;
    void push_back(const ELEMENT & element);
    void pop_back();
    ELEMENT & back();
    ELEMENT & operator [](int index);

protected:

    int m_count;
    int m_capacity;
    ELEMENT * m_elements;
};
```

要建立向量很簡單，因為一開始並沒有任何元素。要把它銷毀掉，幾乎也是一樣的簡單。根本不用去擔心什麼記憶體釋放的工作，只要調用向量裡每個元素的解構函數就行了：

```
template <class ELEMENT>
StackVector<ELEMENT>::StackVector() :
    m_count(0),
    m_capacity(0),
    m_elements(nullptr)
{
}

template <class ELEMENT>
StackVector<ELEMENT>::~StackVector()
{
    for (int index = 0; index < m_count; ++index)
    {
        m_elements[index].~ELEMENT();
    }
}
```

這個向量的一些基本操作，全都非常簡單明瞭。請注意，如果要重新調整向量所保留的記憶體空間容量，並不需要去釋放掉舊的記憶體。只要直接把元素複製到新的儲存空間，這樣就可以了：

```
template <class ELEMENT>
void StackVector<ELEMENT>::reserve(int capacity)
{
    if (capacity <= m_capacity)
        return;

    ELEMENT * newElements = StackAlloc::alloc<ELEMENT>(capacity);
```

```
    for (int index = 0; index < m_count; ++index)
    {
        newElements[index] = move(m_elements[index]);
    }

    m_capacity = capacity;
    m_elements = newElements;
}

template <class ELEMENT>
int StackVector<ELEMENT>::size() const
{
    return m_count;
}

template <class ELEMENT>
void StackVector<ELEMENT>::push_back(const ELEMENT & element)
{
    if (m_count >= m_capacity)
    {
        reserve(max(8, m_capacity * 2));
    }

    new (&m_elements[m_count++]) ELEMENT(element);
}

template <class ELEMENT>
void StackVector<ELEMENT>::pop_back()
{
    m_elements[--m_count].~ELEMENT();
}

template <class ELEMENT>
ELEMENT & StackVector<ELEMENT>::back()
{
    return m_elements[m_count - 1];
}

template <class ELEMENT>
ELEMENT & StackVector<ELEMENT>::operator [](int index)
{
    return m_elements[index];
}
```

下面就是一個簡單的使用範例：

```
void getPrimeFactors(
    int number,
    StackVector<int> * factors)
{
    for (int factor = 2; factor * factor <= number; )
    {
        if (number % factor == 0)
        {
            factors->push_back(factor);
            number /= factor;
        }
        else
        {
            ++factor;
        }
    }

    factors->push_back(number);
}
```

到目前為止，一切都很好！它其實就只是一個向量而已，只不過在某些明確定義的情況下，它會有比較好的效能表現，這應該很容易理解才對。這也就是為什麼 Stack 向量在我們的程式碼庫裡被廣泛使用的理由。

地平線上籠罩的烏雲

不過，有一個蠻棘手的問題。Stack 向量有兩個主要的使用情境——一個是讓函式用來配置暫存空間，另一個則是讓函式送回一些值——問題是，這兩種用法有時會出現一些問題。請容我稍作解釋。

想像一下，假設你想為遊戲寫出一個函式，取得玩家 5 米範圍內所有敵人的列表。再想像一下，假設你已經有一個很好的起點：你手中已經有一個函式，可以取得玩家附近所有的角色（完全不管與玩家是什麼樣的關係），而且還有他們各自的位置，全都放在一個 StackVector 中。我們應該可以先去調用這個函式，取得玩家附近所有的角色，然後再把敵人以外的角色全都篩選掉就行了。

下面就是你所寫出的程式碼：

```
void findNearbyEnemies(
    float maxDistance,
```

```
        StackVector<Character *> * enemies)
    {
        StackContext context;
        StackVector<CharacterData> datas;
        findNearbyCharacters(maxDistance, &datas);

        for (const CharacterData & data : datas)
        {
            if (data.m_character->isEnemy())
            {
                enemies->push_back(data.m_character);
            }
        }
    }
```

可是這樣其實行不通,至少對於前一節所定義的簡單 Stack 記憶體配置器來說,確實會有點問題。

問題在於這裡的兩個 StackContext 糾纏在一起了。你建立了一個 Stack Context 和 StackVector,用來放 findNearbyCharacters 所送回來的角色資料,這個部分沒什麼問題。但是你在函式後半段會去調用 enemies->push_back,這時候在進行記憶體配置時,所根據的是你在這個函式裡所建立的 StackContext,而不是根據 enemies 真正相關聯的 StackContext。這個 enemies 很可能是在另一個函式裡定義的,當初定義時所用的是另一個不同的 StackContext。

這可就糟糕了!從調用方這邊來看,這個函式送回來的很可能是一些無法預測的結果。事實上,我們 Sucker Punch 公司真正在使用 StackVector 這個物件類別時,只要一發現用來配置記憶體的 StackContext 不太對勁,就會以下斷言的方式準確抓出這類的 bug。StackContext 互相糾纏的問題是有可能解決的,不過解決的方式老實說有點令人尷尬就是了。

讓 StackContext 稍微聰明一點

其實有一個相當簡單的方法,可以修正這個問題。之前所定義的 Stack 記憶體配置器是全局的(global),就像標準 Heap 記憶體配置器一樣——你只要配置了一個記憶體區塊,它自然就會與最近所建立的 StackContext 相關聯。這就是 StackContext 會互相糾纏的根本原因,也是我們真正應該去解決的問題。如果可以讓每一個記憶體區塊都能與自己專屬的 StackContext 相關聯,就可以解決這個問題了。

這其實並不難。最簡單的做法就是把 alloc 方法移入 StackContext 物件中。
如果你是根據當下的 StackContext 來配置記憶體，那就表示你確實是要根據
一個共用的 Stack 來配置記憶體。只有極少數的情況下，你才會選擇不根據
當下的 StackContext 來配置記憶體，而是切換到另一個備份的記憶體配置策
略。如果你在實作時特別小心謹慎，就可以不用犧牲 Stack 記憶體配置的優
勢、同時做到這樣的效果。

首先來看看，重新調整過結構之後的 StackContext 物件類別如下：

```
class StackContext
{
public:

    StackContext();
    ~StackContext();

    void * alloc(int byteCount);

    template <class T>
    T * alloc(int count)
        { return static_cast<T *>(alloc(sizeof(T) * count)); }

    static StackContext * currentContext();

protected:

    struct Index
    {
        int m_chunkIndex;
        int m_byteIndex;
    };

    static char * ensureChunk();
    static void recoverChunk(char * chunk);

    struct Sequence
    {
        Sequence() :
            m_index({ 0, 0 }), m_chunks()
            { ; }

        void * alloc(int byteCount);

        Index m_index;
        vector<char *> m_chunks;
    };
```

```
    Index m_initialIndex;
    Sequence m_extraSequence;

    static const int c_chunkSize = 1024 * 1024;

    static Sequence s_mainSequence;
    static vector<char *> s_unusedChunks;
    static vector<StackContext *> s_contexts;
};
```

這裡建立了幾個新的函式,可依照需要創建出一塊一塊的記憶體(chunk),用不到的時候也可以先保存起來重複使用:

```
char * StackContext::ensureChunk()
{
    char * chunk = nullptr;

    if (!s_unusedChunks.empty())
    {
        chunk = s_unusedChunks.back();
        s_unusedChunks.pop_back();
    }
    else
    {
        chunk = new char[c_chunkSize];
    }

    return chunk;
}

void StackContext::recoverChunk(char * chunk)
{
    s_unusedChunks.push_back(chunk);
}
```

「在最後一塊 chunk 記憶體裡,配置一個新的記憶體區塊」這整段程式碼,被移到新的 Sequence 物件裡了:

```
void * StackContext::Sequence::alloc(int byteCount)
{
    assert(byteCount <= c_chunkSize);

    while (true)
    {
        int chunkIndex = m_index.m_chunkIndex;
        int byteIndex = m_index.m_byteIndex;
```

```
        if (chunkIndex >= m_chunks.size())
        {
            m_chunks.push_back(new char[c_chunkSize]);
        }

        if (m_index.m_byteIndex + byteCount <= c_chunkSize)
        {
            m_index.m_byteIndex += byteCount;
            return &m_chunks[chunkIndex][byteIndex];
        }

        m_index = { chunkIndex + 1, 0 };
    }
}
```

StackContext 其他的方法都還蠻簡單的。主要是持續追蹤目前這組巢狀的 StackContext。如果是根據最頂層的 StackContext（這算是典型的情況）來配置記憶體，它採用的就是全局共用的那一串 chunks 記憶體（s_mainSequence）。如果是根據任何其他的 StackContext（這屬於例外的情況）來配置記憶體，就改用那個 StackContext 本身所擁有的那一串 chunks 記憶體（m_extraSequence）：

```
StackContext::StackContext() :
    m_initialIndex(s_mainSequence.m_index),
    m_extraSequence()
{
    s_contexts.push_back(this);
}

StackContext::~StackContext()
{
    assert(s_contexts.back() == this);

    for (char * chunk : m_extraSequence.m_chunks)
    {
        recoverChunk(chunk);
    }

    s_mainSequence.m_index = m_initialIndex;
    s_contexts.pop_back();
}

void * StackContext::alloc(int byteCount)
{
    return (s_contexts.back() == this) ?
```

```
                        s_mainSequence.alloc(byteCount) :
                        m_extraSequence.alloc(byteCount);
    }
```

正常使用情況下，並不會使用到 StackContext 裡的那個 m_extraSequence，所以這個新功能所造成的不良影響其實是很小的。記憶體配置還是非常快速又簡單。

這段新的 StackContext 程式碼會強迫我們，必須對 StackVector 物件類別進行一些簡單的改動；現在我們要配置記憶體時，一定要指定根據哪一個 StackContext 來進行配置。沒有改變的部分就不多提了：

```
template <class ELEMENT>
class StackVector
{
public:

    StackVector(StackContext * context);

protected:

    StackContext * m_context;
    int m_count;
    int m_capacity;
    ELEMENT * m_elements;
};

template <class ELEMENT>
StackVector<ELEMENT>::StackVector(StackContext * context) :
    m_context(context),
    m_count(0),
    m_capacity(0),
    m_elements(nullptr)
{
}

template <class ELEMENT>
void StackVector<ELEMENT>::reserve(int capacity)
{
    if (capacity <= m_capacity)
        return;

    ELEMENT * newElements = m_context->alloc<ELEMENT>(capacity);

    for (int index = 0; index < m_count; ++index)
    {
```

```
        newElements[index] = move(m_elements[index]);
    }

    m_capacity = capacity;
    m_elements = newElements;
}
```

有了這些新的實作程式碼，問題就解決得差不多了。我們保留了用 Stack 來配置記憶體的好處——閃電般快速的配置速度與自由的操作，再加上良好的局部性——而且函式內部的暫存空間與送回值，如果都使用 Stack 來配置記憶體，原本有可能會出現一些問題，現在這些討厭的問題全都解決了。

從舊的 StackContext 遷移到新的 StackContext

現在總算可以回到本章的重點了；在經歷過前面那一陣程式碼風暴之後，你搞不好已經忘了這件事。你可以回想一下，我們現在有一個舊版和一個新版的 Stack 記憶體配置做法，兩個做法並不完全相同。

那麼，我們要如何從 A 點來到 B 點呢？新版的 Stack 記憶體配置器與 Stack Vector，在概念上其實是與舊版相同的，不過在界面上稍有改進。我們的原始程式碼有好幾千個地方使用到 StackContext 的舊模型，而且 StackVector 與新的界面並不完全相容，所以我們並不能直接跳去使用新的實作程式碼。原本的程式碼有很多地方都需要稍作改動。

要切換到新版的實作程式碼時，你的心裡應該會有點緊張，生怕會引入一些新的問題。舊模型被使用了好幾千次，也許有某個地方潛藏著某些 bug。也許某個地方有某個人就是會依賴老系統的行為——也許是沒發現自己根據錯誤的 StackContext 來配置記憶體，然後就依賴這樣的行為來讓自己的程式碼持續運作。如果我們貿然切換到新模型，而這個新模型實際上已經不再支援那種有問題的記憶體配置做法，原本那段程式碼就會出問題了。

解決這些問題的其中一種簡單做法，就是打造出一整組平行的實作程式碼，然後在執行階段用一個標記來作為開關進行切換。

第一，可以給兩個物件類別不同的名稱，好讓兩者可以共存於同一個程式碼庫中。C++ 可以用兩個命名空間（比如 OldStack 和 NewStack）來把 StackAlloc 和 StackContext 這兩個物件類別包裝起來，這樣一來，物件類別

的名稱就會變成像是 NewStack::StackContext 這樣。（你可以很輕鬆把物件類別重新命名為 NewStackAlloc 和 OldStackAlloc。）

第二，利用轉接器（adapter）的方式，重新去建立 StackAlloc 和 StackContext 這兩個物件類別。這些改用轉接器方式所建立的物件類別，實際上會在內部用一個新的全局標記來做出判斷，然後再把相應的工作正確委託給舊版或新版的 StackAlloc 和 StackContext。像這種採用轉接器做法來生成的物件類別，在其內部就可以針對新舊物件類別略有不同的界面進行整合，以順利提供支援。

實際的做法其實相當簡單：

```
bool g_useNewStackAlloc = false;

class StackAlloc
{
public:

    static void * alloc(int byteCount);
};

void * StackAlloc::alloc(int byteCount)
{
    return (g_useNewStackAlloc) ?
        NewStack::StackContext::currentContext()->alloc(byteCount) :
        OldStack::StackAlloc::alloc(byteCount);
}
```

這個轉接版的 StackAlloc，會在執行階段去查詢一下標記的值，然後再去調用正確的記憶體配置器；這實在有夠簡單的。轉接版的 StackContext 甚至還更簡單 —— 因為之前舊的 StackContext 本身並沒有 alloc 方法，所以之前根本不可能有任何程式碼去調用它的 alloc 方法。新的程式碼只要去調用到 StackContext 的 alloc 方法，就表示所要使用的一定是新版的 StackContext：

```
class StackContext
{
public:

    StackContext() :
        m_oldContext(),
        m_newContext()
        { s_contexts.push_back(this); }
    ~StackContext()
```

```
        { s_contexts.pop_back(); }

    void * alloc(int byteCount);

    static StackContext * currentContext()
        { return (s_contexts.empty()) ? nullptr : s_contexts.back(); }

protected:

    OldStack::StackContext m_oldContext;
    NewStack::StackContext m_newContext;

    static vector<StackContext *> s_contexts;
};

vector<StackContext *> StackContext::s_contexts;

void * StackContext::alloc(int byteCount)
{
    return m_newContext.alloc(byteCount);
}
```

這時候你的目標，就是盡量不要去影響到舊的程式碼。只要全局標記的值為 false，程式碼的執行邏輯幾乎就與改動之前完全相同。你還是會像之前一樣，建立舊版的 StackContext，而 StackAlloc 的運作方式也會完全像之前一樣，所以你在進行測試時，應該不會發現任何大問題。

在這個時候，如果你的測試很成功，你就可以直接提交你的程式碼。你並不需要先去更新 StackVector，因為它還是會按照原來的方式正常運作。當你要配置 Stack 記憶體時，做法上還是跟 Stack 記憶體的任何其他使用者一樣，不過你可以利用那個標記，在執行階段切換新版或舊版的 Stack 記憶體配置器。

有能力可以隨時把部分的工作成果簽入到主分支，這種能力就是本章所說的平行改造技術其中一個很大的優勢。在這個小小的範例中，它好像並沒有那麼重要——你可以很輕鬆地把好幾個步驟合併成一次的改動，直接跳過中間很多的步驟。不過，比較實際的情況是，解決問題的過程經常會有一系列的步驟，每次都只會做一小部分的工作；如果我們有能力用這種方式慢慢遷移到新的解法，這樣絕對可以讓整個程序更容易完成。

接下來準備遷移到 StackVector

接下來的步驟，就是要決定如何把新的做法遷移到 StackVector 這個物件類別中。其中一個很明顯的做法就是遵循我們在 StackContext 所採用的模型，用一個新的 StackVector 物件類別，在其中同時嵌入舊版和新版的 StackVector，然後再根據全局標記的值來進行切換。這樣就會得到如下面這樣的委託方法：

```
template <class ELEMENT>
size_t StackVector<ELEMENT>::size() const
{
    if (g_useNewStackAlloc)
        return m_oldArray.size();
    else
        return m_newArray.size();
}
```

作為一個臨時性的做法，這個做法其實還不錯。這種建立委託函式的做法雖然有點讓人傷腦筋，不過在遷移到新系統的期間，對於那些偶然間看到這段程式碼的人來說，如果他們想知道發生了什麼事，這樣的程式碼至少看起來應該很明顯才對。

另一種可選擇的做法，則是在調用到 Stack 記憶體配置器的地方，進行切換的判斷。以這個例子來說，採用這種做法的效果特別好——因為 StackVector 這個物件類別，只會在一個地方配置 Stack 記憶體。在配置 Stack 記憶體時，不管是根據全局的 StackContext（原本的做法），還是根據特定的 StackContext（我們正打算改用的做法），程式碼應該都要能正確處理，不會有什麼問題才對：

```
template <class ELEMENT>
class StackVector
{
public:

    StackVector();
    StackVector(StackContext * context);

    void reserve(int capacity);

protected:

    bool m_isExplicitContext;
    StackContext * m_context;
```

```
    int m_count;
    int m_capacity;
    ELEMENT * m_elements;
};

template <class ELEMENT>
StackVector<ELEMENT>::StackVector()
: m_isExplicitContext(false),
    m_context(StackContext::currentContext()),
    m_count(0),
    m_capacity(0),
    m_elements(nullptr)
{
}

template <class ELEMENT>
StackVector<ELEMENT>::StackVector(StackContext * context)
: m_isExplicitContext(true),
    m_context(context),
    m_count(0),
    m_capacity(0),
    m_elements(nullptr)
{
}

template <class ELEMENT>
void StackVector<ELEMENT>::reserve(int capacity)
{
    if (capacity <= m_capacity)
        return;

    assert(
        m_isExplicitContext ||
        m_context == StackContext::currentContext());

    ELEMENT * newElements = (m_isExplicitContext) ?
        m_context->allocNew<ELEMENT>(capacity) :
        m_context->alloc<ELEMENT>(capacity);

    for (int index = 0; index < m_count; ++index)
    {
        newElements[index] = move(m_elements[index]);
    }

    m_elements = newElements;
}
```

這裡有兩個 StackVector 構建函式，可以讓你去選擇適當的記憶體配置方式。原本的程式碼全都會去使用第一種構建函式（至少一開始是這樣），因為它所採用的全都是與原版物件類別相同的參數。不過你最後還是會遷移到第二種構建函式，只是目前還沒有寫出相應的程式碼而已。如果使用第一種構建函式，isExplicitContext 的值就不會被設為 true，而 reserve 執行的方式也會像之前一樣。

這時候你如果要把改動提交出去，應該是一個很安全的點才對。如果全局標記的值被設為 false，所有使用到 StackVector 的程式碼全都會採用之前舊的 Stack 記憶體配置做法。只要把全局標記設為 true，就會透過新的程式碼途徑來執行；如果在建立 StackVector 時有明確指定 StackContext，同樣也有相同的效果。

正式進行遷移的時間點

現在你已經準備好，可以進行遷移了！

我們在 Sucker Punch 公司裡的做法，會分成好幾個步驟來進行。首先，第一批下海的少數幾隻企鵝勇士[3]會先把全局標記設為 true，切換成新的 Stack 記憶體配置系統。如果他們並沒有發現問題，我們就會再招募更多的人下海。如果所有狀況看起來都很安全，我們就會把全局標記設為 true，然後把這樣的設定簽入到版本控制系統中，讓所有人全都改用新系統。如果這段期間偵測到任何問題，我們可以在診斷與修正問題的同時，先讓大家切換回老系統，這也是非常簡單的。

一旦每個人都能夠安全使用新系統，我們就可以開始去把轉接器的做法拆除掉了。這時候改用新的 StackContext 物件類別來取代掉舊的物件類別，可說是毫不費力。我們也可以把之前在 StackVector 物件類別裡所添加的一些程式碼刪除掉，因為現在所有的情況全都要採用新的記憶體配置器了。

3　如果這個說法你不太能理解，請容我稍做解釋。企鵝都是在陸地上築巢，不過他們必須到海裡捕食。這也就表示，他們必須從浮冰上面潛入海中，可是又很難確定海浪底下，有沒有躲著一隻飢餓的海豹。企鵝們往往會一整群聚集在海邊，大家都會等待某隻企鵝勇敢潛入海中──或者更可能的情況，其實是被擠到海裡去的；企鵝之間可沒有什麼榮譽心可言。總之，如果那隻可憐的企鵝沒有被吃掉，其他的企鵝就會跟著跳進海中。所以，這就是「第一隻企鵝勇士」的意思了。

關於是否一定要把一個 StackContext 傳遞給每個 StackVector，這裡需要做出一個策略上的決斷。我們必須在兩件事情上進行一番取捨，一邊是每次都要去指出最頂層 StackContext 的方便性，另一邊則是 StackContext 被意外刪除或放錯位置時就會跑出 bug 的風險性。如果我們決定，一定要指出所要使用的 StackContext，我們還是可以先想一下怎麼做比較好——程式碼裡總共有 5,000 個（！）地方會去建立 StackVector，先不用急著馬上就全部進行更新。

如果有一個合理的預設做法，可以讓我們不用去進行任何轉換，我們卻還是考慮去轉換那 5,000 行的程式碼，這樣似乎就太瘋狂了⋯⋯不過，我們的重點還是應該要從長期來考慮。如果要求一定要有 StackContext，就可以讓我們避免掉一整大類的 bug，讓我們變得更有效率，或許這麼做就是值得的。

程式碼的轉換其實並不困難。只要寫一些 Python 來找出所有的 StackVector，搞清楚應該用哪個 StackContext 才對（這並不困難，因為幾乎都是最近才定義的那個 StackContext），然後更新構建函式，再簽出改動後的檔案即可。真正的成本其實不是程式碼的修改，而是要去搞清楚如何對這些改動進行測試。

編譯器幾乎可以抓出所有的問題，不過對於這裡的例子來說，我會以遞迴的方式套用本章的策略。我會在每個我有指定 StackContext 的地方，添加一個特殊的構建函式，然後在執行階段用下斷言的方式，斷定送進來的構建函式就是最上面的那個 StackContent。只要可以確認 StackContext 並沒有改變，我就會切換成普通的構建函式。只要對程式碼進行足夠全面的覆蓋測試，應該就不會有什麼問題了。

這時候就只剩下直接配置 Stack 記憶體的程式碼了。我們有兩個選擇：一個是繼續支援那種使用當前 StackContext 的全局 Stack 記憶體配置做法，另一個則是轉換幾百行的程式碼，以便直接調用 StackContext 變數的 alloc 方法。以這裡的例子來說，我會選擇轉換所有的東西，讓新的記憶體配置模型更加穩健而可靠。

只要直接配置記憶體的部分也全都轉換完成，你的工作就完成了。之前舊的 Stack 記憶體配置做法，所有的痕跡全都消失了——你可以一點一滴完成這些工作，在一系列的提交過程中，一步一步採取比較小而安全的步驟。在這樣的做法下，如果你在過程中遇到任何障礙，你還是可以快速回到原來的行為方式，這樣一來整個團隊就不會受到影響了。

辨識出以平行方式進行改造的好時機

以平行方式進行改造的策略，在適當的情況下非常有用，不過它並不是萬靈藥。偶爾你還是會遇到同時有兩個地方都需要修正 bug 的情況。那些沒使用新版本系統的程式設計者，還是有可能無意間對你的工作造成破壞。相較於你在原始碼版本控制系統下使用自己專用分支的做法，這種做法發生問題的頻率比較小，破壞性也比較小，不過，還是有可能會發生一些問題。

平行改造的做法，也會帶來一些額外的負擔。光是針對同一個概念，就必須管理三種不同的版本──原始版、改造版、轉接版，這確實是一件很麻煩的事。總體上來說，你一定會寫出更多的程式碼，因為你很可能會去複製原始解法其中某些部分的程式碼。

也許你重新改造之後的新系統，與原始版本有根本上的差別，這時候以平行方式改造系統的做法或許就沒有意義了。如果你根本無法定義出一個轉接層，在新舊版本之間以動態方式進行切換，這樣就無法套用我在這裡所描述的技術做法了。

不過，在很多情況下，以平行方式進行改造的做法確實提供了一種比較好管理的方式，讓我們可以很安全地逐步針對程式碼庫進行重大的改動。我們在 Sucker Punch 公司裡，並不會把它運用到所有的改動，但如果碰上大型的改造工作，它就是我們的首選策略。

還是要用數學算一下

本書並不是一本很喜歡用到數學的書。當然，有些數字確實會出現在其中一些守則中（比如守則 4：「至少要有三個例子，才能採用通用的做法」，還有守則 11：「有比之前好兩倍以上嗎？」），但這些守則所談的更多是概念而不是方程式。

有點令人驚訝的是，電腦程式設計並沒有用到非常多的數學。畢竟電腦主要是用來處理數字的機器。所有的東西都會被簡化成數字來進行處理──單詞其實就是一串用數字來表示的字元，bitmap 位元圖則是用數字來表示顏色的一堆像素，而音樂則是用一系列數字來表示的一堆波形。你或許會認為，其中總有用到某些數學的東西吧──身為一名程式設計者，你總會在某個時刻開始要去解方程式之類的東西吧。不過，這種情況其實並不經常發生。

程式設計者所做出的決定，有很多是模模糊糊而沒那麼明確的。比如說，究竟是否值得去添加一段冗長的註解說明來提高清晰度，而讓邏輯流程複雜化？究竟要選擇 getPriority 還是 calculatePriority 來作為函式的名稱[1]？究竟該如何判斷何時才是切換到系統新版本的正確時間點？

大家很容易就會認為，不只是「大多數的」決定、甚至「所有的」決定都是這樣模模糊糊的。不過，有些決定其實可以用簡單的數學來判斷，而你在這種情況出現時，應該要察覺得出來才對。如果這時候你不去做簡單的數學判斷就繼續往下走，之後你或許就會很痛苦地發現，早知道就該這麼做才對。或許你後來才發現，自己所採用的做法根本就沒用；如果你之前先做過一些簡單的計算，就能省下很多時間了。這種事到後來才發現，你一定會很難過；所以，還是先算一下比較好啦。

---

1 我們在 Sucker Punch 公司裡有這樣的一個約定慣例，你知道了應該也不會感到太驚訝才對：「get」就表示並沒有（或很少）進行計算，而「calculate」或類似的字眼則表示它應該會丟出某個值。這是讓我們更瞭解函式的一個好的開始。

究竟要不要自動化？

下面是一個很常見的情境。你一直在進行某些程序，而且你一直都是用人工的方式來完成的，現在你正在考慮，要不要把它自動化。自動化值得嗎？

其實這只不過是個數學問題而已！如果你去寫自動化程式碼的時間，比你用人工方式重複執行任務的時間還少，那就是值得的。如果不是如此，那就不值得。

這看起來應該很明顯才對，而且確實是如此；不過，這並不表示大家都會去做這樣的計算。

就我所知，這樣的計算被省略掉的次數，遠比大家真正去做計算的次數還要多得多。我來舉個典型的反例好了——有個程式設計者覺得某些人工程序實在很煩，於是就馬上花兩天的時間去把它自動化，然後每次執行這段自動化的巨集時，心裡都會覺得很開心。不過，這些程序有可能每個禮拜只會做一次，每次只能節省 15 秒的時間。

花兩天的時間去寫自動化程式碼，過程或許蠻有趣的，不過這樣並不合理，如果在開始之前先算一下，判斷起來就更清楚了。我們都是因為很喜歡設計程式，才變成一個程式設計者的。我們一定會比較傾向於透過程式設計的方式來解決問題——可是，程式設計並不一定是解決所有問題的正確做法。

判斷要不要把某些任務自動化，其實是一個最佳化問題——只不過你應該最佳化的其實是*工作程序*，而不是你所要執行的程式碼。不管你要最佳化什麼東西，都應該遵循相同的步驟，例如在進行最佳化之前，絕對都要先對整件事進行一番衡量。

我們就來看個具體的自動化場景吧。假設你正在寫一本關於程式設計的書。你所有的程式設計範例全都是用 Visual Studio 來編輯的，不過你是用 Word 來撰寫這本書的內容。原始檔案裡的程式碼範例都有縮排的效果，可是在書裡並不進行縮排[2]。你用人工方式來處理這件事，做起來既簡單又快速：

1. 把編輯器裡一整塊程式碼框選起來。

2. 取消縮排的效果。

3. 把它複製到剪貼簿。

---

2 咳咳。對我來說，這並不是一個難以想像的情境。

4. 撤消掉之前取消縮排的操作。

5. 切換到 Word。

6. 用正確的樣式建立一個段落。

7. 把程式碼範例黏貼到段落中。

這些工作值得去把它自動化嗎？自動執行這些操作，總體來說可以幫你節省一些時間嗎？是時候該去做些計算了。

這裡的計算可分成兩個方面：成本面和效益面。成本指的是寫自動化程式碼所需要的工作量。效益則是指這些工作一旦被自動化之後，你可以省下多少的時間。

在這個具體的場景中，就算把整個工作自動化了，其中有一些步驟還是省不掉。你還是要切換到程式碼編輯器裡，去框選整塊的程式碼，然後還是要切換回到 Word，把程式碼黏貼進來。你在進行數學計算時，沒有改變的步驟其實可以忽略掉，因為你只在意自動化前後的時間差而已。其他所有的步驟全都可以自動化，一旦自動化之後，這些步驟幾乎就不用再花時間，會變得非常有效率。

沒有數字就無法進行計算。只要有可能，就要盡量使用真實的數字，而不是估計的數字。這也就表示，你要先去測量一些可以測量到的東西——以這個例子來說，你就是要去測量整個人工程序需要花多長的時間。比如說需要 6 秒好了 [3]。然後你再看一下目前已經寫好的章節，每一章平均大概有 8 段程式碼範例，因此你就用每一章 8 段程式碼來進行計算。你的出版合約談的是總共 20 章左右的內容，所以這就是你要使用的數字。而且你也注意到，修改程式碼範例的情況很常見，這也就表示，你或許會不只一次去對程式碼進行剪下貼上的動作。你認為每個範例平均大概會被剪下貼上 3 次左右；這是一個估計出來的值。

這樣就足以計算出這整件事的效益了：

6 秒（每次複製操作）×
8（每章的程式碼範例數量）×
20（章數）×
3（每個範例的修訂次數）= 48 分鐘

---

3 因為這就是我用計時器測出來的、人工程序所花費的時間。

好了，這就是做這件事的效益。再來看看成本面吧。

寫自動化程式碼，需要花多長的時間？要在 Visual Studio 裡實現自動化並不容易，至少在預設情況下的確是如此，不過 Word 的自動化程度蠻令人驚訝的。如果你之前寫過 Word 巨集，尤其是你如果寫過剪貼簿操作相關的程式碼，那你應該已經掌握基礎知識了。在剪貼簿操作的基礎上，你只需要處理一些文字清理的工作就行了。

而且這些清理工作好像並不是很難。把剪貼簿的內容拉進一個字串陣列中，每一行文字就是一個字串。你可以去偵測出每個字串裡的最小縮排量，然後再重建陣列，把那些縮排去掉就可以了。你或許要考慮一下空白行會有什麼影響，也應該考慮一下文字編輯器裡的空格和 tab 看起來幾乎是完全相同的，不過在 Word 裡卻大不相同。每一行都清理過之後，你必須把它們重新組合成文字區塊，然後再把它插入到文件中，最後還可以把這個新巨集綁定到某個快速鍵。

假設你估計需要花一個小時，才能讓這一切正常運作起來 [4]。

一個小時比 48 分鐘還多，所以這個計算結果告訴我們，不要去進行自動化。不過，感覺好像很接近；也許我們對效益面的估算有點偏差。也許每個範例平均會有 4 次的修訂，而不是 3 次。這樣就可以得出正效益的計算結果了——如果每個範例都會有 4 次的修訂，而不只是 3 次而已，那麼計算結果就會告訴你，放手去做就對了。事實上，用人工方式執行這些步驟真的很煩，就算每一次只需要花 6 秒也一樣。

再忍耐一下吧，小伙子。你認為下面哪一種可能性比較大呢——是你對自動化的效益估計過於悲觀，還是你對寫程式碼所需的時間過於樂觀？身為一個程式設計者，你一定知道這個問題的答案。你絕對比較有可能錯估自己寫程式所要花的時間。

如果自動化的成本效益計算之後看起來比較像是在瞎折騰，那就別去做了吧。

4　在我來看，這是一個蠻樂觀的估計。

找出硬性的限制

如果你的問題空間或解法有一些硬性的限制，你從設計程序一開始，就應該把這些限制列入考慮。

幫電視遊樂器做遊戲的好處之一，就是它有很多硬性的限制。比如說遊樂器主機的記憶體，就是固定的大小。你可以放進藍光光碟的資料量也是固定的。UDP 網路封包的大小也是固定的。每個畫面就是六十分之一秒，沒什麼好說的。

我們的團隊還會自己發明出一些硬性的限制，讓我們的技術設計程序更加明確。這裡就以網路頻寬為例好了。雖然網路頻寬隨不同使用者而異，而且也不太可能去預測，不過我們對於全球玩家網路頻寬的量測結果，有一個相當可靠的數字。對於玩家可使用的網路頻寬，我們可以自己設下某個硬性的限制；只要我們能夠一直保持在這個硬性限制內，幾乎每個人都可以順利執行遊戲[5]。

明明有各種硬性的限制，我們卻因此而感到開心，這樣好像蠻奇怪的。為什麼有硬性限制是一件值得慶祝的事呢？

以我們為遊樂器主機進行程式設計時所使用的記憶體硬性限制為例好了。這好像是一件壞事——虛擬記憶體不是會讓程式寫起來更容易嗎？答案當然是肯定的，不過這其實是把記憶體的硬性限制，變成了軟性限制以作為代價。如果可用的實體記憶體用光了，虛擬記憶體就會切換到磁碟，用時間來換取空間。這對於遊戲來說是很有問題的。虛擬記憶體一旦開始介入，畫面就會每隔幾秒才更新一次，這是沒辦法接受的；我們的每個畫面都有六十分之一秒的硬性限制。到了最後，直接接受記憶體的硬性限制，就變成比較簡單的做法了。

因此，我們都會先去確認一些天生就存在的硬性限制，然後再根據一些軟性限制自行創建出一些硬性的限制，以簡化我們的設計決策。這對於程式設計團隊來說確實是如此，不過在 Sucker Puncher 公司裡，就算不是程式設計者，同樣也會受到這些限制的約束。大家其實很難理解，那些軟性的限制究

5 　不過，並非每個地方都是如此。南極洲的 McMurdo 觀測站在夏天時，大約有 1000 人共用 25 Mbps 的頻寬。這遠低於我們的硬性限制；抱歉了，科學家們。各位科學家如果能少看點 Netflix，或許會有點幫助；對此我也感到很遺憾。不過，還是請各位繼續努力工作吧。

竟該如何去進行權衡取捨。硬性的限制就比較容易了——它會把設計程序的某些部分變成簡單的數學計算，而且做起來蠻容易的 [6]。

我們可以來看一個網路協議設計的例子。基本的網路設計是固定的——你正在寫一個 P2P 點對點的遊戲，所以每台連線的主機都可以直接與其他連線主機進行通訊。每台主機都是遊戲裡部分角色的「管理者」，負責向其他主機廣播這些角色的狀態。你所要遵守的硬性限制，就是網路下載頻寬為 1 Mbps，上傳頻寬則為 256 Kbps——你只要一直保持在這樣的範圍內，幾乎所有玩家都可以得到很好的效能表現。另外，你需要支援四個連線的玩家。

你所考慮的設計方式，是讓每台主機針對每個畫面裡它所負責管理的角色，用 UDP 封包來廣播每個角色的位置和方向，再加上其他足夠的資訊，來重建出該角色當下所要套用的動畫。把這些東西結合起來，就足以讓其他主機確定各個角色的位置，並擺出相應的姿勢。如果封包被丟棄，也沒什麼大不了的，因為你每秒都會發送 60 次關於該角色的資訊。

這只不過是另一個數學計算的問題而已！你必須遵守網路頻寬的硬性限制，因此你必須搞清楚你的設計每一秒需要發送出多少資料。這也就表示你要盡可能去測量每個能測量到的地方，並在無法進行測量的地方做出相應的估計。

在這個設計的最簡單版本中，你會用原生的表達方式來呈現那些你要送上網路的東西。在遊戲的內部，角色的位置是用 3 個 32 位元浮點數所組成的向量來表示，角色的方向則是用一個浮點數來表示他的羅盤指向。這樣就涵蓋了位置和方向，留下了足夠的資訊，可以讓遠端的主機重建出相應的動畫。

幸運的是，你有一個單人遊戲版本，可用來衡量一些東西，而且你發現平均每個角色都會用到 6 個動畫效果。你必須發送出一個動畫計數值，加上其他足夠的資料，來重建出每個角色的動畫效果。這也就表示你要識別出動畫目前的狀態——在遊戲的內部，你會用一個獨一無二不會重複的 8 Byte 標識符號來做到這件事。你還要擷取你在動畫時間軸上的位置，在遊戲內部是用一個 4 Byte 的浮點數來表示，另外還有兩個動畫結果之間的任何混合因素，也是用浮點數來表示。

6　好吧，至少對程式設計者來說，做數學計算應該是很容易的事。而且程式設計者要向那些不想做數學計算的人解釋起來也很容易。

在這個簡單的設計版本中，每個角色相關的數字現在都很清楚了。你的浮點數值全都儲存在 4 個 Byte 裡，預設情況下你會用 4 Byte 整數來進行計數。

位置是 12 Byte，加上 4 Byte 用來表示方向，再加上 4 Byte 用來作為動畫計數值。每個動畫都是一個 8 Byte 的標識符號，然後時間軸和混合因子則是 2 個 4 Byte 的浮點值。也就是每個角色會用到 12 + 4 + 4 + 6 × (8 + 4 + 4) = 116 Byte，這樣看起來還不錯。

不過，還有更多的東西要計算。你每個畫面都要把每個角色的相關資訊廣播一次，所以你要再乘以 60，來計算出每秒會使用到多少 Byte 的頻寬。

由於你使用的是 P2P 點對點的架構，這也就表示你要在每個畫面裡發送出三份角色資料的副本——3 個對等點其中的每個點都需要一份副本。你還要從三個對等點其中的每個點，接收它們各自所負責處理的角色資料。這個設計最糟的情況就是，某台主機到後來必須負責管理所有的角色——這台主機必須發送出所有角色的 3 份副本，完全不用接收任何副本。

你還有另一個固定的限制——你所需要處理的角色數量，遊戲設計團隊決定把它設為 30 個。現在你有足夠的數字可以來進行計算了：

　　30（每秒的畫面數量）×
　　3（給其他對等點的副本數量）×
　　30（角色數量）×
　　116（每個角色的 Byte 數量）×
　　8（每個 Byte 的位元數量）= 2.5 Mbps

糟糕。這是上傳頻寬限制的 10 倍。只要稍微做一下計算，你就知道你心目中的簡單設計是行不通的。實際上，比較危險的部分在於，這個設計絕對可以在你公司內部的 1G 網路上正常運作，甚至不會對你的頻寬造成什麼影響。只有在部署到玩家的主機時，你才會發現這個問題。哎呀。

想要挽救這個簡單的設計，其實有點困難。

每個角色所要發送的資料，有很多空間可以進行壓縮；這就是你可以開始進行嘗試的起點。考慮到多人遊戲的活動區域都很小，每個座標或許只需要 16 位元也就足夠了，然後 8 位元應該就足以表示方向了。只要建立一個包含所有可連網動畫名稱的表格，這樣用 10 位元就足以識別動畫，而且每個動畫都可以寫出自己的連網狀態，這比你原本發送的原始混合權重和時間值更容

易壓縮。針對這個問題運用所有的壓縮技巧之後，你就可以把每個角色所需的 Byte 數量壓縮到 16 個而不是 116 個。

再次計算的結果，還是沒達到要求：

30（每秒的畫面數量）×
3（給其他對等點的副本數量）×
30（角色數量）×
16（每個角色的 Byte 數量）×
8（每個 Byte 的位元數量）= 345 Kbps

計算結果更接近了，不過還是超過硬性的限制。有些東西不得不放棄——也許你可以試著說服設計團隊，24 個角色數量就足夠了。在技術方面，或許也可以改用每兩個畫面、而不是每一個畫面都發送出角色的相關資料。這些改動方式其中任何一種做法，都可以讓設計落回到安全的硬性限制範圍內[7]。

最重要的是，在實作開始之前，就應該先去做這些數學計算。數學計算會告訴你，最初的設計是行不通的。在真正寫出所有程式碼之前，先在數學計算上切換設計，顯然會容易許多。一旦構建出多人遊戲的所有內容，到時候要說服設計團隊把最大角色數量降為 24，就會變成很困難的事了！

重要的是一定要注意，進行數學計算的目的，主要是為了提前發現無效的解法，不過倒不一定能驗證出某個解法是不是有效的。這個簡單的網路設計，還是有可能會因為許多其他的原因而出問題——不過，至少它不會因為沒有先計算過，到後來才發現有問題。

如果數學計算有所變動

我們姑且先回到第一個範例，你要判斷是否改用自動化的方式，去執行原本以人工方式進行的程序，把程式碼範例從 Visual Studio 剪貼到 Word 中。這整個程序的重點就是要把程式碼範例的縮排規範化，而數學計算則告訴你，並不值得去把它自動化。

7　實際上，最簡單的解法就是把遊戲的發佈日期往後推幾年，然後祈求玩家的網路連線速度變得越來越快。你會很驚訝地發現，對於效能相關問題來說，這經常都是最終極最有效的解決方案。

想像一下，假設你對這個問題一開始的理解並不完整。只是把縮排規範化其實並不夠。程式碼範例裡所有的 tab 也都要轉換為空格，因為這就是出版商排版書籍的做法。

原本的數學計算還能適用嗎？當然不再適用了——因為你針對人工程序所進行的測量，已經不符合新的要求了。你必須調整一下人工的程序——舉例來說，你可以去找出一個能把 tab 轉換成空格的 Visual Studio 插件 [8]，然後添加一個額外的步驟，在框選文字之後觸發此插件，然後再多添加一個額外的撤消步驟，最後再重新進行測量。

這樣的調整對於成本面與效益面的數學計算，都有一定的影響。額外的兩個步驟——把 tab 轉換成空格，還有額外的撤消操作，這些都會拖慢人工的程序。也許現在每次要執行這整個剪貼程序，都需要 10 秒而不是 6 秒，這樣一來效益面就提升了。

這樣的調整也會影響人工程序的成本面，因為現在你還要花時間去找出正確的插件並進行安裝，然後還要花時間去進行試驗，以準確理解它的工作原理。舉例來說，你的程序很大程度取決於新插件如何與撤消的操作進行互動。把它添加到數學計算的成本面還算公平，因為你花在插件上的時間，原本會花在你的自動化工作上。

如果你針對這兩個調整和一些新的估計值再次進行計算，平衡關係就會發生變動，首先來看看人工程序的變化：

10 秒（每次進行剪貼操作）×
8（每章的程式碼範例數量）×
20（章數）×
3（每個範例的修訂次數）= 80 分鐘

如果你要多花 45 分鐘去研究把 tab 轉換成空格的插件（包括安裝和試驗），並把你對自動化的估計時間增加到 90 分鐘，以包含把 tab 轉換成空格的額外工作，相應的數學計算就會變成：

80 分鐘 + 45 分鐘（人工程序）＞ 90 分鐘（自動化程序）

8　因為要你在程式碼裡，把所有的 tab 切換成空格，這樣的替代方案自然是完全不能接受的。我們每個人都有自己的怪癖。

現在數學計算的結果告訴你，去把它自動化吧。你還是可以透過人工程序去剪貼程式碼範例，但整個程序會比較慢，而且還需要花時間來搞清楚怎麼做。你最好還是把它自動化了吧[9]。

如果數學計算題變回文字題

如果你把本章的提醒放在心上，你就會更容易識別出那些需要先進行數學計算的問題。可量化的限制與可衡量的解法，都是很好的線索——如果你同時看到這兩者，你就應該去進行數學計算，以協助你早點看出那種永遠行不通的解法。

不過請注意，在所有定量的分析中，都不應該潛伏著定性的問題！以工作自動化為例：情況並不一定總是像在做數學計算那樣簡單。

在把工作轉為自動化時，主要的目標就是降低所花費的總時間……不過這有可能並不是你唯一的目標。舉例來說，人工程序或許更容易出錯。或許你也可以量化錯誤發生的頻率，以及修正錯誤所需的時間，不過這些全都是很難明確說清楚的東西。

或許某個人工完成的工作，每天都應該做一次，但這樣實在太煩了，以至於它只會每個禮拜做一次。只聚焦於我們會花在工作上的時間，並不一定是合理的。如果自動化之後，就可以讓工作從每週變成每天做一次，這樣或許就很值得去做，雖然省下來的時間並不多。

把整個團隊的心理健康視為一個軟性的目標，並不是完全沒有道理的事。以人工方式完成工作或許並不會真的那麼耗時，但如果它是一件持續要去做的麻煩事，而且自動化之後相對比較容易處理，那麼就算數學計算不那麼建議，它還是值得去做。不要怕偶爾花一天時間，去讓大家的生活更愉快——尤其是當數學計算結果差距不大的情況下。

---

9 順帶一提，我在寫這個 Word 巨集時，玩得還蠻開心的。Word 巨集是用 Visual Basic for Applications 來寫的，而 Basic 正是我所學過的第一種程式設計語言。那真是一段美好的時光呀。

另一方面，如果你對某件工作沒有深入的瞭解，就算計算出來的數字看起來很不錯，進行自動化之前最好還是小心一點！在前面的範例中，我要自動化的是我自己的一個工作。我很清楚它所有的來龍去脈。如果把程式碼範例剪貼到本書裡是其他人的工作，整件事情或許就沒那麼清楚了。我沒辦法確定自己是否很清楚知道正確的自動化做法是什麼，更別說我的數學計算正不正確了。

不過，從根本上來說，還是請你相信數字。如果有快速的計算方式可以幫你做驗證，針對你正在考慮的解法做出一些基本的判斷，那就快去算一下吧。

有時你就是得去做一些敲釘子的工作

程式設計天生就是一種很具有創造性、很挑戰智力的活動。這就是我很喜歡它的一個很重要的理由，我猜想你或許也會說出同樣的話。每個問題都跟以前遇過的不大相同，要有一點點聰明才智才能解決——不過，本書的守則倒像是希望大家不需要用到太多聰明才智似的！

話說回來，並不是每個問題都有優雅的解法。就算是最激動人心的程式設計工作，也有單調沉悶的時刻：也就是那些沒人感興趣的工作、很難讓人感到興奮的工作、沒有人願意去做的工作之類的。大家很自然就會去做其他比較讓人興奮的事，不斷把那些苦差事往後拖延，然後在心裡暗中期待，你的團隊裡會有其他人去把那些工作做掉。

在這樣的理解下，本章的寓意也就不足為奇了——**不要再跳過苦差事了**。那些不討人喜歡的工作，沒人做就不會有任何進展。天底下並沒有什麼程式碼精靈大軍，會在你睡覺時幫你完成工作。未完成的工作只會變成一種慢性毒藥，扼殺掉你的專案。

關鍵在於要懂得看出危險的徵兆。你是個聰明人 [1]，聰明到足以找出合理的理由，把你不喜歡的工作的必要性抹滅掉。如果你手上還積壓著很多更有趣的工作，這樣的情況只會更嚴重。

瞭解你自己比較傾向於忽略掉哪一類的工作，其實也是自我認識的關鍵部分。你自己的列表很有可能與我的不太相同，與你的同事也不相同——有些工作對於某個程式設計者而言是苦差事，但是對於另一個程式設計者來說，卻有可能是很有趣的挑戰。一旦你能分辨出自己比較傾向於迴避掉哪些工作，你就應該更加留意，是否應該多給予那些工作應有的優先權。

---

1 你已經讀到本書的最後一條守則，我會把這點視為你擁有智慧和洞察力的證據。

沒錯,如果沒有舉一些例子的話,本章的內容就太空洞了!這樣的例子其實並不難找到,因為我只要去想想我個人比較害怕的工作類型,再看看別人比較想躲掉的工作,就能舉出不少例子了。

一個新的參數

想像一下,假設你有下面這樣的一個函式:

```
vector<Character *> findNearbyCharacters(
    const Point & point,
    float maxDistance);
```

這個函式會送回某個球形邊界裡的所有角色。在你的程式碼庫裡,有好幾十段分散在不同位置的程式碼,都會調用到這個函式。你發現這個函式有些基本的行為,在某些地方的表現似乎不太正確。在這樣的情況下,你希望能先從搜索結果裡排除掉其中一些角色,所以你決定添加一個新的參數,來處理這種排除角色的操作:

```
vector<Character *> findNearbyCharacters(
    const Point & point,
    float maxDistance,
    vector<Character *> excludeCharacters);
```

現在你面臨了一個抉擇——你要不要去更新舊程式碼裡所有調用到此函式的地方,把新的參數添加進去呢?或是你想透過指定參數預設值的方式,來避免掉前面所說的工作(做法如下):

```
vector<Character *> findNearbyCharacters(
    const Point & point,
    float maxDistance,
    vector<Character *> excludeCharacters = vector<Character *>())
{
    return vector<Character *>();
}
```

或許你也可以透過此函式的兩個多載(overloaded)版本,來避免掉那些工作:

```
vector<Character *> findNearbyCharacters(
    const Point & point,
    float maxDistance);
vector<Character *> findNearbyCharacters(
    const Point & point,
```

```
    float maxDistance,
    vector<Character *> excludeCharacters);
```

多載和參數預設值的做法，可以讓你省去很多工作，不用再逐一去更新所有調用到 findNearbyCharacters 的其他程式碼。這樣很好，對吧？你可以繼續去處理待辦事項列表裡的其他工作了。

或許吧，但也有可能沒那麼簡單。逐一去檢查所有舊版本函式被調用的地方，不僅僅只是為了進行轉換而已——這也是去查看那些程式碼如何使用此函式的一個機會。或許那些程式碼其中有一些本來就會從列表裡排除掉某些角色——這正是你的新參數所要處理的事情。在那樣的情況下，就應該轉換成使用新的參數才對。

想像一下，假設過了沒多久，你又需要再進行更細粒度的篩選操作。假設你只想找出附近有威脅的敵人，而不是找出所有的角色。於是，你決定再添加一個簡單的篩選界面：

```
struct CharacterFilter
{
    virtual bool isCharacterAllowed(Character * character) const = 0;
};

vector<Character *> findNearbyCharacters(
    const Point & point,
    float maxDistance,
    CharacterFilter * filter);
```

下面這個篩選器，就會篩選出具有威脅性的敵人，並把盟友和喪失行動能力的角色全都篩選掉：

```
struct ThreatFilter : public CharacterFilter
{
    ThreatFilter(const Character * character) :
        m_character(character)
        { ; }

    bool isCharacterAllowed(Character * character) const override
    {
        return !character->isAlliedWith(m_character) &&
                !character->isIncapacitated();
    }

    const Character * m_character;
};
```

現在你要做出另一個決定。要不要再添加另一個 findNearbyCharacters 的多載版本呢？還是採用兩個新的多載版本：一個可以對角色列表進行排除和篩選的操作，另一個則只能進行篩選操作？這樣一來，你的這個函式就會有三到四個多載版本。感覺好像蠻複雜的——三、四個版本的函式，要如何保持同步呢？究竟該怎麼做才對，你會不會覺得很困惑呢？情況好像要開始失控了。

最好還是把排除角色的操作，交給篩選器來處理吧。實作出一個可以針對角色列表進行檢查的 CharacterFilter，並不是很困難的事。這樣一來，就可以把這個函式的版本數量保持在可控制的範圍了；而且你可能會發現，有了篩選器之後，findNearbyCharacters 的用途更多，而且也更簡單了：

```cpp
struct ExcludeFilter : public CharacterFilter
{
    ExcludeFilter(const vector<const Character *> & characters) :
        m_characters(characters)
        { ;  }

    bool isCharacterAllowed(Character * character) const override
    {
        return m_characters.end() == find(
                                    m_characters.begin(),
                                    m_characters.end(),
                                    character);
    }

    vector<const Character *> m_characters;
};
```

每個地方都要轉換成使用篩選器的做法，這也就表示還有一些額外的工作要做。原本的程式碼裡，有好幾十個地方會調用到 findNearbyCharacters。所有調用到它的程式碼，全都必須進行檢查，其中至少有一些程式碼，會被轉換成新的篩選器模型。這對我來說，聽起來就像是件苦差事。面對如此多的工作量，還不如忍受三個多載版本、然後只去轉換那些一定要轉換的程式碼——這樣的想法確實還蠻誘人的。

不過，這樣是不對的——或者充其量可以說，這只是出於錯誤的理由所做出來的合理決定。你在心裡權衡取捨的，一邊是檢查並更新現有程式碼的短期成本，另一邊則是能找出附近角色、模型也更簡單更清楚的長期利益。

身為程式設計者，我們大多數人都比較會傾向於短期成本而非長期利益，結果通常會讓我們在事後感到懊惱。如果你認為自己知道問題的正確解法是什麼，但由於牽涉到的工作量而不願意這樣做，那就拿出你女牛仔的勇氣吧 [2]，別想太多，正確的解法做下去就對了。

永遠不會只有一個 bug

下面就是另一個例子。你偶然間發現了一個 bug —— 有些程式碼以一種不正確的方式去調用了另一段程式碼。這是可以理解的，因為第二段程式碼的名稱取得很爛，而且也沒有任何的文件說明：

```
void squashAdjacentDups(
    vector<Unit> & units,
    unsigned int (* hash)(const Unit &));
```

看起來好像很簡單 —— 這個函式看起來好像會用所提供的雜湊函式來壓縮相鄰的重複值。這「差不多就是」它所做的事情：

```
void squashAdjacentDups(
    vector<Unit> & units,
    int (* hash)(const Unit &))
{
    int nextIndex = 1;

    for (int index = 1; index < units.size(); ++index)
    {
        if (hash(units[index]) != hash(units[nextIndex - 1]))
        {
            units[nextIndex++] = units[index];
        }
    }

    while (units.size() > nextIndex)
    {
        units.pop_back();
    }
}
```

問題在於，squashAdjacentDups 應該會認定 hash 這個參數是一個雜湊函式，會送回一個獨一無二的唯一值。可是，雜湊函式並沒有這樣的效果。如果給雜湊函式兩個相同的物件，確實會送回相同的雜湊值；但反過來說，就算送

2　或是牛仔的勇氣，如果那是你個人風格的話。

回來的雜湊值是相同的，也「不能保證」兩個物件是相同的。比較過雜湊值之後，一定要再檢查一下兩個東西到底相不相同，不過 squashAdjacentDups 並沒有這麼做。

你所要修正的 bug，其實是下面這件事所帶來的結果——送進來的 hash 只是一個普通的雜湊函式，並不會真的生成獨一無二的唯一結果：

```
struct Unit
{
    int m_id;
    string m_firstName;
    string m_lastName;
    string m_userName;
};

unsigned int hashUnit(const Unit & unit)
{
    return combineHashes(
                hashString(unit.m_firstName),
                hashString(unit.m_lastName),
                hashString(unit.m_userName));
}
```

不過這段程式碼大部分情況下幾乎都不會出問題，這就是為什麼沒有更早發現這個 bug 的理由……但是只要相鄰的兩個不同 Unit 具有相同的雜湊值，就會出問題了。

所以，你只要修正掉這個 bug，就可以繼續前進了嗎？不，這裡會有一堆的苦差事，全都搞定了再說吧。

首先，你必須重新命名 hash 參數。它目前的名字會有騙人的效果，這樣只會導致更多的問題。你可以把它視為真正的雜湊函式，調用之後一定要再檢查實際上相不相等；要不然你就要重新命名這個參數，才能反映出它真正的使用方式。

其次，你應該重新檢視 squashAdjacentDups 被調用的所有其他位置。那些地方很可能也會出現完全相同的 bug。事實上，「所有」調用到 squashAdjacentDups 的地方，全都有可能出現這個 bug。既然你好不容易才診斷出這個非常微妙的 bug，接下來當然要善用這個好不容易才理解的認知，把程式碼裡有可能出現這個 bug 的地方全都找出來。

修改名稱只需要花很少的時間——你應該很容易就能說服自己去邁出這一步才對。另一方面，你還要重新去檢視所有會調用到 `squashAdjacentDups` 的地方，這就是一個很艱巨的任務了。不過，這些做法終究會得到回報——也許不是回報在你身上，而是團隊裡的某個人得到了很好的回報。短期來說雖然很痛苦，但長期而言還是很有好處的。你不妨慢慢來，好好重新檢視每一個會調用到此函式的地方，然後把你所發現的問題一個一個解決掉吧。

自動化的警笛聲

程式設計者遇到一些苦差事時，經常會有一種很容易預測的反應：他們總希望可以讓它自動化完成。

自動化可以有很多種不同的形式。或許你可以在原始程式碼編輯器裡拼湊出一個正則表達式，以找出所有會調用到 `findNearbyCharacters` 的地方，然後再自動插入新的參數。或許更好的做法就是去寫一些 Python 程式碼來做這件事，因為這樣可以讓你更輕鬆處理掉那些異常的問題。這麼說吧，或許你之前就處理過這種添加參數的工作——也許現在真正需要的，就是用 Python 寫出一個可通用的參數添加公用程式。這應該是個蠻不錯的小任務；最好趕快開始動手吧！

相信我，我非常理解你的想法。仔細研究正則表達式，讓它能夠完美處理你所面臨的各種苦差事，或是寫出一堆乾淨的 Python 程式碼來做同樣的事情，應該是比較有趣的做法。比起一遍又一遍重複進行人工編輯的工作，自動化肯定好玩多了。不過，這並不一定是很聰明的做法。你用人工方式去進行編輯，有時反而很快就解決了；根據守則 20，還是要先用數學算一下才知道。

也許你可以先別去想什麼正則表達式之類的東西——嘿，如果有個很簡單的做法，不必去搞什麼正則表達式，就能解決 80% 的苦差事，那就先用它去解決 80% 的問題吧！至於剩下 20% 的苦差事，只要再用人工方式去清理掉就行了。

請提醒自己，像這裡所介紹的例子，感覺上雖然是重複的工作，但重複的情況卻很少達到可以輕鬆實現自動化的程度。就算是拆分多行函式調用，或是調整註解說明以符合新函式簽名，像這種簡單的苦差事，其實還是會牽涉到不少的判斷。

盡量控制住檔案的大小

程式碼會隨著時間推移而逐漸發展——雖然刪除程式碼還蠻過癮的，但最後你在專案裡添加的程式碼，還是會多於刪除掉的程式碼。在陸續添加程式碼的過程中，你的原始檔案會變得越來越大，或許會大到令人不舒服的地步。

這有可能是在你們團隊約定慣例下很自然的結果。在 Sucker Punch 公司裡，按照慣例，特定物件類別的原始程式碼，全都會放在一個單獨的原始檔案和一個單獨的標頭檔案中。而且就像很多團隊一樣，雖然我們已經盡了最大的努力，但我們最後還是做出了好幾個包攬一切的物件類別（例如我們的主要角色物件類別）。這是在物件類別層次結構裡添加功能很方便的一個地方，因此很多功能都會被添加在這裡，而很多的功能就意味著有很多的原始程式碼。我剛剛檢查了一下，我們的主要角色物件類別相應的實作程式碼檔案就長達 19,000 行左右。我的媽呀。

這樣有什麼問題嗎？沒錯，至少是有那麼一點問題。那麼大的檔案，用起來真的比較麻煩。你必須使用文字搜索的方式，才能找出你想要的東西，因為單純翻看程式碼的方式，根本無法讓你快速找到你要的東西。它編譯起來也比其他檔案更花時間，這肯定會影響到你的構建發佈流程。好幾千行的程式碼，實在很難分辨出某段程式碼與其他段程式碼之間有什麼相關性。

那為什麼還不去修正這個問題呢？因為要減少程式碼的行數，會牽涉到很多的苦差事：把程式碼複製並貼到新檔案；把不同的行為重構到單獨的物件類別中，以遵循「每個物件類別對應一個原始檔案」的約定慣例；重新檢查新舊標頭檔案，以確保其內容依然是合適的；在檔案移動之後，也要解決掉隨之而來的一些引用錯誤的問題。這些工作一點都不好玩，而且我們大家都很忙。雖然我們都比較喜歡小一點的檔案，可是大家很自然就會去避開那些讓人不愉快的東西，逃避掉那些苦差事，結果檔案越來越笨重的問題，就這樣被忽略掉了。

我應該特別提醒一下，Sucker Punch 公司的團隊已經算是調整得很好，團隊裡每個人每天都在致力於打造出一個乾淨且功能齊全的程式碼庫。以前面的兩個例子來說，我們團隊裡的每個人都會去選擇比較艱難的道路，去做那些更新程式碼的苦差事，以符合新的參數組合，而且還會嘗試去把所有類似的 bug 全都找出來。但是，我們還是擁有一個 19,000 行的原始檔案，這實在讓我們感到有點尷尬。

你看，就算是一支紀律嚴明的團隊，要大家投入到苦差事裡還是很困難。第一步還是要察覺到你自己正在逃避某些工作，只因為你實在很不想去做那些工作。第二步則是退後一步，評估一下解決它所帶來的長期利益——或許那些工作既不愉快又不是特別有價值，這樣的話你當然不應該去做！但就算它短期來看很糟糕，如果長遠來看還是可以得到回報，那就可以進入第三步了：去好好敲釘子吧。

沒有捷徑

想像一下，假設你有一大塊木頭，上面有 100 個釘子。這些釘子會讓這塊木頭沒有任何用武之地。你可以選擇不去管那些釘子。或許你會暗自希望，有人幫你把那些釘子敲一敲。你可能會花很多時間，去修補一台不知道哪天才會用到的自動敲釘器。

又或者，你也可以直接拿出你的鐵錘，開始敲釘子。有時候，直接去敲釘子就行了。

結論：制定出你自己的守則

我在本書所列出的這些守則，可說是我們在 Sucker Punch 公司成立四分之一世紀以來所精煉出來的學習經驗與教訓。它主要源自於我們自身所經歷過的體驗，同時也反映出我們認為很重要的一些東西——也就是我們的程式設計文化。這種程式設計的文化可以反映出 Sucker Punch 公司所製作出來的各式遊戲，本身非常獨特的限制和特色。

到目前為止，你已經讀過我們許多的守則了。我猜想你馬上就能看出其中有一些守則，可以直接套用到你所進行的工作中，另外也有一些守則，以你個人的經驗來說，或許比較沒有感覺。這並沒有什麼好奇怪的！如果你所做的程式設計工作，與我們所做的工作截然不同，或許我們就有一些守則，對你來說是沒意義的。

那麼，究竟是什麼東西，讓我們寫出如此與眾不同的遊戲呢——這對於我們的守則，又有什麼樣的影響呢？

- 首先，我們所做的都是一些很大的專案。我們的前一款遊戲《對馬戰鬼》花了大約 6 年的時間來製作。而且我們並不是從頭開始做起的——《對馬戰鬼》裡大部分的程式碼，都是從 Sucker Punch 公司早期的遊戲程式碼演化（或直接複製）出來的。我們非常重視程式碼的長期品質，因為我們「一定要」這樣做才行——畢竟我們現在所寫出來的程式碼，很有可能經過十年之後依然還在執行。

- 我們的程式設計團隊很大，目前大概有 30 多名全職的程式設計者。以每個人不同的經驗來看，這個規模或許真的很大，但也許你覺得很小也不一定。就我個人而言，我會把所謂的「小型」程式設計團隊，定義成一個人就可以徹底瞭解所有程式碼全部細節的團隊。按照這個標準，Sucker Punch 公司已經有很長一段時間，都不能算是小型團隊了。到了這個程度，就沒有人完全清楚知道程式碼庫裡「所有的」細節，而我們所有人全都必須在不熟悉的程式碼裡，嘗試解決各種問題。如果我們的程式碼很不容易閱讀與理解，我們就會遇到很大的麻煩。

- 效能表現對遊戲來說非常重要，尤其是相對於大多數其他類型的程式碼來說，效能表現對遊戲來說更加重要。有些網站（*https://oreil.ly/eB0hg*）甚至會用精確到毫秒的方式，來衡量我們的遊戲效能表現！不過這並不表示，我們所有的程式碼全都要執行得非常快速。就像其他任何專案一樣——我們的效能表現只取決於我們的程式碼其中的一小部分。我們確實有一些程式碼必須「執行」得非常快，不過我們大部分的程式碼，能夠很快速「建立起來」才是比較重要的事。

- 我們的遊戲很少發佈新版本更新。並非*所有*遊戲皆是如此——你在手機上玩的不管是什麼遊戲，很可能都會一直在更新——不過，我們的遊戲並不常進行更新。這樣就可以讓我們在對程式碼進行重大改動時，變得更加容易。同時這也就表示，我們在維持品質方面，負擔會比較小一點——比較重要的是，我們的程式碼可以持續保持可靠，持續正確運行，否則 Sucker Punch 公司裡 80% 不屬於程式設計團隊的人，脾氣一定會變得非常暴躁；我們所做的改動，通常都是在我們仔細檢查過很久之後，才會出現在玩家的體驗之中。如果稍微容忍一下某些暫時性的 bug，有助於我們更快把遊戲建立起來，我們就會選擇這樣做。

- 每個遊戲對我們來說，都像是一張全新的白紙。雖然我們是站在上一款遊戲所打下的基礎上，但我們並沒有因此而被綁住。我們並沒有什麼往前相容或持續支援的問題，因此我們更容易進行重大的改動。

- 我們的遊戲是採用迭代式的開發做法。我們的成功，是因為我們會去嘗試大量的新想法，再看看哪一個可行，而不是先在紙上談兵，然後就直接去建構遊戲了。我們會對各種想法進行各種調整與試驗；行不通的想法就會立刻被刪除。我們會優先考慮能夠快速建立、快速迭代的新程式碼……但我們也不會忘記，只要能夠生存下來的程式碼，就有可能永遠生存下去。要能夠把這些做法結合起來，絕對是一個很艱難的挑戰。

上面這些特色對於我們的守則，絕對有明顯的影響。舉例來說，我們並不會經常發佈遊戲，這一事實對於我們處理程式碼重大改動的方式，有著非常巨大的影響——如果我們每個禮拜都要發佈新版本，那絕對會有另一種截然不同的做法。

拿出你最好的判斷能力

這些守則本身也有可能彼此相互矛盾——也許你們團隊的約定慣例，就是希

望大家用 get 和 set 函式來存取物件裡受到保護的一些狀態，不過這也就表示，你一定要去寫出一些你很清楚永遠不會被調用的 set 函式。這就是同時要遵守團隊的約定慣例（守則 12）、又要移除掉不會被調用的程式碼（守則 8）這兩個守則之間的衝突。在這樣的情況下，就要拿出你最好的判斷能力了──如果 set 函式很簡單，我就會遵守團隊的約定慣例，不過那也只是我個人的選擇而已。

你還是要根據自己最好的判斷能力，去判斷哪些守則可以適用於自己的情況。如果你的工作特性與我們在 Sucker Punch 公司裡的專案差異很大，我們的某些守則或許就不適合了。如果是這樣的話，就別去遵循那些守則了──這並不是鐵打不動的教條，只是一些蠻有用的守則而已。

不過……有一些守則就算很難接受，但是對你來說還是有可能非常適用。我現在所接受的很多東西，十多年前的我很有可能會拒絕接受。就以守則 10：「把複雜性局限在局部範圍內」為例好了。在 Sucker Punch 公司的早期，我設計並構建了一個有許多物件彼此糾纏在一起的系統。我花了很長的時間──還用了許多失敗的架構，後來才意識到我的錯誤是很根本性的問題。守則 10 就是那些失敗所得出的教訓，後來我們因為把複雜性局限在局部範圍內，確實獲得了成功，這才更堅定了我們這樣的做法。

你們自己要多多討論

本書從沒打算提出一套完整的守則，這些只不過是一套蠻有用的守則而已。你可以把這些守則當成起點，而不是終點。去制定出你自己的一套守則吧。

如果你與團隊裡其他的成員能保持一致，效果顯然是最好的！如果團隊裡的每個人全都各自選擇自己的一套守則，那一定會導致各種混亂與衝突的情況。那應該不會是你的目標吧。

下面有個想法──去開一個讀書會吧。團隊裡的每個人都去負責閱讀本書的一、兩條守則，然後大家再聚起來一起討論，看看如何把自己閱讀過的守則，應用到你們自己的專案中。如果某個守則並不太適用於你們的狀況，也可以花點功夫搞清楚如何修改那個守則，讓它能夠更符合你們的狀況。或是決定完全拋棄掉它也行，如果你們大家都認為這樣很有道理的話！

如果你們和大多數技術團隊一樣，大概都不會花很多時間去談論程式設計的理念。通常你們之所以會去做這件事，很可能是因為你們正需要解決某些特定的技術問題；在這樣的背景下，技術上的討論與理念上的討論經常都會糾纏不清，這也是很難避免的情況。不過，這絕不是能獲得進展的秘訣。這兩種討論最好還是能分開來；因為這樣你們才比較有可能得到一個比較快樂的結局。

如果你們可以在如何寫程式的理念上達成一致，你們這個團隊一定會更有效率，而達到這個目標最快的方式，就是多去討論你們的這些想法。本書的這些守則，可以作為你們此類討論的良好起點。它可以為你們的討論提供一些架構，可以讓你們針對如何寫程式，提供一個可達成共識的框架。這一定是值得的——投資於開發出共同寫程式的理念，一定可以讓你們得到很多倍的回報。

準備退場了

我已經說完了！已經沒有更多的守則了！

我寫這本書時感覺很有趣；希望你們讀起來也覺得很有趣。

如果你有想要分享的回應或評論，請參見《程式設計守則》（The Rules of Programming）的官方網站（*https://oreil.ly/jTEGo*）。我可以向你保證，你的輸入絕不會直接被送往 /dev/null。這個網站也會指引你，取得本書所使用到的原始程式碼範例。

Python 程式設計師
如何看懂 C++

本書所有的範例全都是用 C++ 寫的。我寫的程式大多是採用這個語言，這可說是我最精通的一種程式語言。話雖如此，但我也寫了不少 Python 程式碼——Python 是我在 Sucker Punch 公司裡第二常用的程式語言。目前在我們的程式碼庫裡，大概就有 280 萬行的 C++ 和 60 萬行左右的 Python 程式碼。

如果你是 Python 程式設計者，其實你並不用去學怎麼用 C++ 寫程式，也能看懂本書的範例。基本上來說，程式碼多半大同小異——大致上就是一些迴圈啦、變數啦、函式之類的東西。也許外觀上有一些差異，但本書 C++ 範例裡的一些基本構想，全都可以直接轉換成 Python，有時候甚至不需要什麼明顯的轉換！

本附錄就是關於這些轉換的說明。看完本附錄的內容之後，你應該還是沒辦法直接去寫 C++ 程式碼（這恐怕需要一整本書才能說清楚），不過你應該會比較看得懂本書的 C++ 程式碼才對。

型別

對於一個 Python 程式設計者來說，如果想知道看懂 C++ 有多麼簡單，用範例來說明就對了！下面就是一個很簡單的函式，可用來計算出某個陣列裡所有數字的總和；首先來看看 Python 的寫法：

```
def calculateSum (numbers):

    sum = 0

    for number in numbers:
        sum += number

    return sum
```

再來是 C++ 的寫法：

```cpp
int calculateSum(const vector<int> & numbers)
{
    int sum = 0;

    for (int number : numbers)
        sum += number;

    return sum;
}
```

這兩段程式碼幾乎是相同的，對吧？ C++ 的版本多了一些東西，不過其中的變數和邏輯全都是一樣的。

身為一個 Python 程式設計者，你一看到本書範例裡的大括號和分號，幾乎都可以直接忽略掉就行了。在 C++ 的寫法中，大括號和分號都是用來替程式碼切段落的，其效果就相當於 Python 裡的縮排做法。不過，我同樣也會用縮排方式來呈現 C++ 的程式碼，因為這樣讀起來更輕鬆；大括號和分號其實並沒有提供什麼額外的價值 [1]。

對一些老派的 Python 程式設計者來說，C++ 最煩的就是型別（type）的部分——也就是 int 和 const vector <int> & 這類的語法。這些特別標註出來的型別可以告訴 C++ 的編譯器，相應的變數或參數值屬於哪一種型別——以這個例子來說，就是一個整數和一個整數列表。編譯器真正去編譯程式碼之前，一定要先知道所使用的型別。

Python 當然也有各種不同的型別，不過它並不會強迫你特別去標註這些東西。Python 通常都要等到程式碼執行階段，才會把型別相關的細節整理出來，而不會在編譯階段做這件事。而且你永遠都可以去調用 isinstance()，查出某個表達式真正的型別。

C++ 早點知道型別的資訊是有好處的，其中最重要的就是可以幫你更早察覺出問題，但事先要求指定好型別，確實需要寫出比較多的程式碼。Python 可以讓你跳過 C++ 所要求的一些步驟，所以用 Python 寫程式碼確實比較輕鬆一點。

---

[1] 這其實就是 Guido 拋棄這兩個東西的理由。

你也可以看到，這兩種語言各自都提供了往另一種做法靠攏的寫法：新版的 C++ 可以讓你在很多情況下不用標註型別，而最新版的 Python 則可以讓你添加型別標註。現在你已經可以把 Python 寫得更像 C++ 的感覺了：

```python
def calculateSum (numbers: Iterable[int]) -> int:

    sum:int = 0

    for number in numbers:
        sum += number

    return sum
```

你也可以把 C++ 寫得更像 Python 的感覺：

```cpp
auto calculateSum(const vector<int> & numbers)
{
    auto sum = 0;

    for (auto number : numbers)
        sum += number;

    return sum;
}
```

本書的範例堅持使用 C++ 的「老派」寫法，用很明確的方式標示出相應的型別。這就是我們 Sucker Punch 公司所採納的政策性做法——我們認為這樣可以讓程式碼更容易閱讀，所以我在本書還是會持續採用這樣的實務做法。

格式和註解說明

有時候程式碼的整體結構雖然是相同的，但是 C++ 和 Python 所採用的語法差異，有可能比前面那個範例大很多。下面就是守則 1 出現過的一個函式——它會用交錯洗牌（Riffle shuffle）隨機取值的方式，把兩個陣列合併成一個陣列[2]。先來看 Python 的寫法：

```python
# 用交錯洗牌（Riffle shuffle）的方式，把兩個列表隨機合併成一個列表
# 從兩個列表裡隨機任選出一個值，直到兩個列表裡的值
# 全都被選完為止
```

2　通常是把撲克牌分成兩疊來交錯洗牌。也有人可以用撲克籌碼來做同樣的事，這樣看起來更像是個職業撲克玩家。

```python
def riffleShuffle (leftValues, rightValues):

    leftIndex = 0
    rightIndex = 0

    shuffledValues = []

    while leftIndex < len(leftValues) or \
            rightIndex < len(rightValues):

        if rightIndex >= len(rightValues):
            nextValue = leftValues[leftIndex]
            leftIndex += 1
        elif leftIndex >= len(leftValues):
            nextValue = rightValues[rightIndex]
            rightIndex += 1
        elif random.randrange(0, 2) == 0:
            nextValue = leftValues[leftIndex]
            leftIndex += 1
        else:
            nextValue = rightValues[rightIndex]
            rightIndex += 1

        shuffledValues.append(nextValue)

    return shuffledValues
```

這個演算法很簡單——隨機從兩個列表裡選出一個值,直到兩個列表裡的值全都被用完為止,過程中會陸續把這些值一個接一個放進另一個列表中,這樣一來最後這個列表裡每個值的順序就被打亂了。同樣的做法改用 C++ 的寫法,程式碼如下:

```cpp
// 用交錯洗牌(Riffle shuffle)的方式,把兩個列表隨機合併成一個列表
//  從兩個列表裡隨機任選出一個值,直到兩個列表裡的值
//  全都被選完為止

vector<int> riffleShuffle(
    const vector<int> & leftValues,
    const vector<int> & rightValues)
{
    int leftIndex = 0;
    int rightIndex = 0;

    vector<int> shuffledValues;

    while (leftIndex < leftValues.size() ||
            rightIndex < rightValues.size())
```

```
    {
        int nextValue = 0;

        if (rightIndex >= rightValues.size())
        {
            nextValue = leftValues[leftIndex++];
        }
        else if (leftIndex >= leftValues.size())
        {
            nextValue = rightValues[rightIndex++];
        }
        else if (rand() % 2 == 0)
        {
            nextValue = leftValues[leftIndex++];
        }
        else
        {
            nextValue = rightValues[rightIndex++];
        }

        shuffledValues.push_back(nextValue);
    }

    return shuffledValues;
}
```

我再說一次，這兩段程式碼的結構是相同的。這兩種語言具有相同的基本功能，所以很容易就能看出各部分相互對應的情況，不過句法上確實有很多細微的差別。

註解說明

首先來看一下註解的寫法——C++ 程式碼有好幾種註解的寫法，不過本書的範例全都是用雙斜線來把註解的部分標記出來：

```
// 用交錯洗牌（Riffle shuffle）的方式，把兩個列表隨機合併成一個列表
//   從兩個列表裡隨機任選出一個值，直到兩個列表裡的值
//   全都被選完為止
```

Python 則是用 # 來標出註解的部分：

```
# 用交錯洗牌（Riffle shuffle）的方式，把兩個列表隨機合併成一個列表
#   從兩個列表裡隨機任選出一個值，直到兩個列表裡的值
#   全都被選完為止
```

縮排與斷行

斷行的規則也不一樣。在 C++ 裡，所有空格類的東西全都被視為是等價的。空格、tab 和換行符號全都是可以互換的，所以如果想把 while 迴圈拆成兩行，並不需要特殊的語法。你只要把一個空格改成換行符號就行了：

```
while (leftIndex < leftValues.size() ||
       rightIndex < rightValues.size())
```

換行符號在 Python 裡則有很重要的意義；如果要把條件拆成兩行，就必須用反斜線這種明確的方式，來表達出這兩行其實是同一行的意思：

```
while leftIndex < len(leftValues) or \
      rightIndex < len(rightValues):
```

C++ 的縮排形式也比較自由，因此對於 Python 程式設計者來說，可能需要稍微適應一下。實際上用來切分段落的是大括號或分號──縮排本身並沒有實際的意義。在這個範例中，兩個條件子句上下有對齊，不過這只是為了讓程式碼更容易閱讀而已。

布林運算

布林運算在 C++ 是用一些符號來表示。在這個 while 迴圈的條件裡，C++ 用的是 ||，而 Python 則是用更直接的 or。同樣的，C++ 會用 && 來對應 Python 的 and，用 ! 來對應 Python 的 not。

有時候，這兩種語言並不一定會採用完全相同的做法。C++ 的 rand 函式會送回一個隨機整數；然後這裡的範例會去檢查隨機整數是偶數還是奇數，用這樣的方式來隨機選出其中一個向量（vector）。這裡的 % 符號可用來計算出兩數相除的餘數值；如果隨機值是偶數，計算結果就是 0；如果是奇數，結果就是 1：

```
else if (rand() % 2 == 0)
```

在 Python 裡，則是用 random 模組裡的 randrange 函式來達到同樣的效果：

```
elif random.randrange(0, 2) == 0:
```

列表

Python 所謂的「列表」（list），在 C++ 裡則被稱之為「向量」（vector）。Python 的列表與 C++ 的向量雖然名稱不同，但運作方式幾乎都是相同的。

C++ 會用 push_back 這樣一個特別可愛的名稱,來把一個項目附加到向量的末尾處:

```
shuffledValues.push_back(nextValue);
```

Python 的 append 就更清楚了:

```
shuffledValues.append(nextValue)
```

你也可以用 size 方法來取得 C++ 向量的長度,Python 則是調用 len 這個全局函式來做同樣的事。

累加運算符號

最後,C++ 有一個可以讓變數值遞增或遞減的簡寫式語法(這個範例裡有很多小細節喲)。下面這個表達式會從 leftValues 裡取出其中第 leftIndex 個值,然後把取出的值放進 nextValue,再把 leftIndex 的值加一:

```
nextValue = leftValues[leftIndex++];
```

同樣的邏輯在 Python 裡需要兩行程式碼:

```
nextValue = leftValues[leftIndex]
leftIndex += 1
```

所以,總體來說,確實有很多小小的差異,不過這個 C++ 範例裡所有的東西,在 Python 裡都有非常接近的寫法。

物件類別

C++ 和 Python 都有支援物件類別,而且語法上也沒有很大的差別。其實這兩種語言是用不同的方式來實作出物件類別,不過這對於本書的範例來說並不重要。如果你把 C++ 物件類別想像成 Python 物件類別,其中只要是物件實體的屬性,全都是在 __init__ 裡進行設定,這樣你就會發現,那些範例還蠻容易理解的。

下面就是一個實作出 3D 向量概念的 Python 物件類別:

```
class Vector:

    _vectorCount = 0

    def __init__(self):
```

```python
            self.x = 0
            self.y = 0
            self.z = 0
            self._length = 0
            Vector._vectorCount = Vector._vectorCount + 1

        def __del__(self):
            Vector._vectorCount = Vector._vectorCount - 1

        def set(self, x, y, z):
            self.x = x
            self.y = y
            self.z = z
            self._calculateLength()

        def getLength(self):
            return self._length

        def getVectorCount():
            return Vector._vectorCount

        def _calculateLength(self):
            self._length = math.sqrt(self.x ** 2 + self.y ** 2 + self.z ** 2)
```

每一個 3D 向量物件類別都會存放三個座標：x、y、z。這個特定的物件類別還會用快取的方式記錄向量的長度，並記錄目前已經有多少個向量。順帶一提，後面這兩個功能純粹只是為了說明 Python 和 C++ 之間的幾個語法差異，除此之外並沒有什麼特別的意思。

下面則是 C++ 的寫法：

```cpp
    class Vector
    {
    public:

        Vector() :
            m_x(0.0f),
            m_y(0.0f),
            m_z(0.0f),
            m_length(0.0f)
            { ++s_vectorCount; }
        ~Vector()
            { --s_vectorCount; }

        void set(float x, float y, float z);

        float getLength() const
```

```cpp
    {
        return m_length;
    }

    static int getVectorCount()
    {
        return s_vectorCount;
    }

protected:

    void calculateLength();

    float m_x;
    float m_y;
    float m_z;
    float m_length;

    static int s_vectorCount;
};

void Vector::set(float x, float y, float z)
{
    m_x = x;
    m_y = y;
    m_z = z;
    calculateLength();
}

void Vector::calculateLength()
{
    m_length = sqrtf(m_x * m_x + m_y * m_y + m_z * m_z);
}
```

我在這裡無意間展現出 Python 的其中一個優勢——Python 的寫法通常比 C++ 更簡潔，以這個範例來說，Python 版本的行數大概就只有 C++ 版本的一半而已。

這兩個版本的物件類別都具有相同的用意，不過程式碼的內容被重新排列過了。有時候重新排列的目的很明顯。在 Python 裡，建立物件時就會調用 __init__ 方法，銷毀物件時則會調用 __del__：

```python
class Vector:

    def __init__(self):
        self.x = 0
```

```
        self.y = 0
        self.z = 0
        self._length = 0
        Vector._vectorCount = Vector._vectorCount + 1

    def __del__(self):
        Vector._vectorCount = Vector._vectorCount - 1
```

在 C++ 裡，上面所說的兩個方法會直接使用物件類別的名稱，其中前面帶有波浪符號（~）的寫法，代表的是銷毀物件時所調用的方法。這兩個方法在 C++ 的世界裡，分別被稱之為**構建函式**（constructor）和**解構函式**（destructor）。若要初始化物件實體的變數，也會用到特殊的語法：

```
class Vector
{
public:

    Vector() :
        m_x(0.0f),
        m_y(0.0f),
        m_z(0.0f),
        m_length(0.0f)
        { ++s_vectorCount; }
    ~Vector()
        { --s_vectorCount; }
};
```

若要存取物件類別的變數，所用到的語法也略有不同。在 Python 裡，你必須用 self 這個關鍵字，明確指出你所要存取的變數：

```
class Vector:

    def getLength(self):
        return self._length
```

C++ 就不是非如此不可。你可以使用 this，它在 C++ 裡是與 self 相同的意思，不過物件類別的變數已經落在有效作用範圍（scope）內，不一定要用 this 明確指出來。編譯器可以用一種隱晦的方式，幫你取得成員變數的值：

```
class Vector
{
    float getLength() const
    {
        return m_length;
    }
};
```

如果你在 C++ 裡看到某處引用了某個變數，可是又好像沒有進行定義，那它就有可能是一個物件類別變數。

可見性（Visibility）

Python 和 C++ 採用不同的方式，來管理物件類別裡不應該讓使用者接觸到的內部邏輯。在 Python 的做法中，這些東西必須遵循一個約定慣例：名稱都要以底線為開頭。前面的 Python 範例裡，就有一個物件類別的變數用到這樣的做法：

```python
class Vector:

    _vectorCount = 0
```

另外還有一個方法：

```python
class Vector:

    def _calculateLength(self):
        self.length = math.sqrt(self.x ** 2 + self.y ** 2 + self.z ** 2)
```

C++ 並不是採用約定慣例的做法，而是用語法來處理這個同樣的問題。在 Vector 這個物件類別裡，最上面的 public 這個關鍵字後面的內容，就是所有擁有此物件實體的人全都可以看到、也可以使用的東西。再往下一點的 protected 這個關鍵字後面的東西則會被隱藏起來，只要是物件類別外部的任何程式碼，全都看不到這些東西。以結果來說，這個物件類別的使用者可以調用到 set 方法，但是卻無法調用到 calculateLength。這個 calculateLength 方法只能從 Vector 內部的其他方法來進行調用。

```cpp
Class Vector
{
public:

    void set(float x, float y, float z);

protected:

    void calculateLength();
};
```

宣告與定義

接下來，我們就來看看如何把函式的宣告與定義切分開來。在 Python 裡，
物件類別的所有方法全都是由物件類別本身來定義：

```python
class Vector:

    def set(self, x, y, z):
        self.x = x
        self.y = y
        self.z = z
        self._calculateLength()

    def getLength(self):
        return self.length
```

本書的許多範例也會用 C++ 來做相同的事：

```cpp
class Vector
{
public:

    float getLength() const
    {
        return m_length;
    }
};
```

不過也有一些情況下，範例會把方法的宣告部分拆開來，移到其他的位置。
首先，程式碼會先用一個給定的名稱與型別簽名，來建立一個方法：

```cpp
class Vector
{
public:

    void set(float x, float y, float z);
};
```

然後再另外去定義函式的內容：

```cpp
void Vector::set(float x, float y, float z)
{
    m_x = x;
    m_y = y;
    m_z = z;
    calculateLength();
}
```

這兩種形式在 C++ 的編譯方式通常並不相同，在物件類別內部定義的方法會以 *inline* 的方式來進行編譯，這也就表示在調用到函式的任何地方，都會單獨複製一份函式的副本，而獨立進行定義的函式則只會存在一個副本。不過，這對於本書的範例來說並不重要，所以各位不用去擔心有什麼區別。

最後這裡要特別說明一下，C++ 處理物件類別屬性的做法。在 Python 裡，物件類別的屬性會在物件類別裡用一些語句來加以定義，物件實體的屬性則是在 __init__ 方法裡才會被加進來：

```python
class Vector:

    _vectorCount = 0

    def __init__(self):
        self.x = 0
        self.y = 0
        self.z = 0
        self._length = 0
```

在 C++ 裡，物件類別和物件實體的屬性（或是用 C++ 的說法——「成員」）都是在物件類別定義裡添加進來的。每一個物件類別的屬性，都會標示 static 這個關鍵字；至於沒有標示 static 的，則全都是物件實體的屬性：

```cpp
class Vector
{
protected:

    float m_x;
    float m_y;
    float m_z;
    float m_length;

    static int s_vectorCount;
};
```

函式多載（Overloading）

C++ 有某些功能，在 Python 裡並沒有直接對應的東西。當然也有一些反過來的情況——Python 也有很多功能是 C++ 所沒有的——不過那些東西在這裡並不重要，因為我們的重點是看懂 C++ 程式碼。

Python 程式設計者可能會感到困惑的一件事，就是看到兩個具有相同名稱的
函式。下面就是 C++ 的一個範例：

```cpp
int min(int a, int b)
{
    return (a <= b) ? a : b;
}

int min(int a, int b, int c)
{
    return min(a, min(b, c));
}

void example()
{
    printf("%d %d\n", min(5, 8), min(13, 21, 34));
}
```

你或許會搞不清楚怎麼回事——如果你去調用這個 min 函式，實際上調用的
是哪個版本呢？實際上，C++ 編譯器會根據參數來做出判斷。如果有兩個整
數送進來，就會調用第一個；如果有三個整數，就會調用第二個。example
這個函式最後會給出 5 和 13 的結果。

我還會在一些函式裡加入一些蠻好用的 C++ 語法——問號運算符號可以讓你
根據一個表達式，來判斷該選擇兩個值其中的哪一個：

```cpp
return (a <= b) ? a : b;
```

Python 等效的做法，同樣也很有趣：

```python
return a if a <= b else b
```

值得一提的是，每次看到這種 Python 語法，我都會感到有點困惑。所以，
你如果想讓 C++ 程式設計者感覺到有點不知所措，只要在程式碼裡大量添
加這類的三元表達式就行了。

樣板（Template）

另一個來自 C++、但 Python 裡並沒有的概念就是「樣板」（template）。簡
單說的話：C++ 樣板就是一種可以處理多種型別的程式碼寫法。編譯器會針
對所使用到的每一組型別，用這個樣板來產生出相應的新程式碼。

本附錄的第一個範例，就是對一個整數值陣列求和。如果你想對一組浮點值求和，你可以另外寫出一段新的程式碼：

```
float calculateSum(const vector<float> & numbers)
{
    float sum = 0;

    for (float number : numbers)
        sum += number;

    return sum;
}
```

或者你也可以利用樣板的做法，寫出單一版本的 calculateSum，然後再讓編譯器來為你完成這件事：

```
template <class T>
T calculateSum(const vector<T> & numbers)
{
    T sum = T(0);

    for (T number : numbers)
        sum += number;

    return sum;
}
```

樣板化版本的 calculateSum 可適用於任何型別，只要可以使用 += 運算符號、也支援 0 作為其值的型別，都可以使用這個樣板函式。對於整數和浮點值來說，這兩個要求都沒有問題，而且就算要擴展到其他型別也很容易。舉例來說，像是之前那個 Vector 物件類別，你只要幫它實作出 += 和 0 的能力，由 Vector 所組成的陣列就能具有求和的能力。

在 Python 裡，這些東西全都是不需要的。我只要用 Python 寫出一個可用來對列表裡的值進行求和的程式碼，它自然就能適用於任何可支援加法、初始值為 0 的型別：

```
def calculateSum (numbers):

    sum = 0

    for number in numbers:
        sum = sum + number

    return sum
```

如果你在範例裡看到 C++ 的樣板語法，這些程式碼通常都可以直接在 Python 裡正常運作，而無須針對樣板程式碼做出什麼調整。

指針與參照

最後一個東西，在 Python 裡基本上都被隱藏了起來，不過 C++ 還是會讓程式設計者去擔心這個東西，那就是在傳遞參數時，究竟是要「傳值」（by value）還是「傳引用參照」（by reference；也就是所謂的「傳址」）。在 Python 裡，像數字或字串這類的簡單型別，都是採用傳值的做法──只要是指定某個值給變數，或是傳遞某個參數給函式，都會建立一個新的副本。至於列表或物件之類的型別，就比較複雜了。下面就是一個範例：

```python
def makeChanges (number, numbers):

    number = 3
    numbers.append(21)
    print(number, numbers)

globalNumber = 0
globalNumbers = [3, 5, 8, 13]

print(globalNumber, globalNumbers)
makeChanges(globalNumber, globalNumbers)
print(globalNumber, globalNumbers)
```

執行這段程式碼就會得到下面的結果：

```
0 [3, 5, 8, 13]
3 [3, 5, 8, 13, 21]
0 [3, 5, 8, 13, 21]
```

你可以注意到，簡單的值在 makeChanges 這個函式內部會變成 3，然後從 makeChanges 回來之後又會變回原來的 0，不過列表的變動則沒有變回原來的樣子。這是因為 0 是用傳值的方式被送進函式的。在調用 makeChanges 時，實際上是製作了一個新的副本。當 makeChanges 把 number 設成 3 時，它只會改動到這個副本而已。

不過 Python 並沒有幫 globalNumbers 這個列表另外製作出一個副本──它只會把原本那個列表送進去。numbers 和 globalNumbers 都是對應到同一個列表。當我們用 append 把 21 添加進去時，它就會被附加到這個列表的最後面。不管你是在函式 return 之前列印 numbers，或是在函式 return 之後列印

globalNumbers，結果都會出現 21，因為在這兩種情況下，列印的都是同一個列表。

相較之下，C++ 的做法就會讓這一切變得更加明確。所有的變數和參數，全都必須用很明確的方式指出，究竟是採用傳值還是傳引用參照的做法。之前的 Python 程式碼相應的 C++ 寫法如下：

```cpp
void makeChanges(int number, vector<int> & numbers)
{
    number = 3;
    numbers.push_back(21);
    cout << number << " " << numbers << "\n";
}
```

numbers 前面的 & 符號很重要 —— 它會告訴編譯器，這個參數傳的是引用參照，而不是傳值，所以編譯器在調用 makeChanges 時並不會另外去製作出一個副本。number 就沒有 & 符號，所以編譯器就會幫 number 製作出一個副本。

如果把 & 符號交換位置，編譯器就會幫 numbers 製作出一個副本，而 number 則沒有副本：

```cpp
void makeChanges(int & number, vector<int> numbers)
{
    number = 3;
    numbers.push_back(21);
    cout << number << " " << numbers << "\n";
}
```

這個版本就會得出不同的輸出結果。現在那個簡單的值會被永久改變掉，而列表則會跳回到原本的值：

```
0 [3 5 8 13]
3 [3 5 8 13 21]
3 [3 5 8 13]
```

本書的範例通常會使用引用參照，以避免一些很佔空間的值，用很高的成本去製作副本。在很多情況下，引用參照經常會搭配 const 這個關鍵字來進行標記，這樣一來，雖然是採用引用參照的做法，但它的值卻不會被改動。在本附錄的第一個 C++ 範例中，就曾經出現過這樣的用法（而且當初並沒有任何解釋）：

```cpp
int calculateSum(const vector<int> & numbers)
```

在這樣的用法下，numbers 並不會生成任何的副本，不過編譯器也不會允許對 numbers 進行任何的改動。實際上，這樣就跟傳值的效果很相似，只不過成本就會低很多了。

最後要注意的是，在少數情況下，範例裡也會使用其他的（哎！） C++ 語法，來透過引用參照傳遞某些東西——這個做法就是使用所謂的「指針」（pointer）。指針和引用參照幾乎是相同的東西，如果你只是想搞清楚程式碼究竟在做什麼，那麼這兩者之間的區別就沒那麼重要了。語法上主要的差異就是：

- 定義指針時用的是 * 這個符號，而不是 &。

- 用指針來取得成員時，使用的是 -> 而不是 . 點號。

- 如果要把指針轉換成一個引用參照，你可以使用 *；如果要把引用參照轉換成指針，你可以使用 &。

下面就是用指針所寫出來的範例程式碼：

```cpp
void example(int number, vector<int> * numbers)
{
    number = 3;
    numbers->push_back(21);
    cout << number << " " << *numbers << "\n";
}

void callExample()
{
    int number = 0;
    vector<int> numbers = { 3, 5, 8, 13 };
    cout << number << " " << numbers << "\n";
    example(3, &numbers);
    cout << number << " " << numbers << "\n";
}
```

只要參數在概念上是要傳值，本書的範例就會採用 const 搭配引用參照的寫法；實際上，參數傳值的代價是很高的。至於其他所有的情況，我們都是採用指針的寫法。

JavaScript 程式設計師
如何看懂 C++

本書所有的範例全都是用 C++ 寫的。我寫的程式大多是採用這個語言,這可說是我最精通的一種程式語言。

如果你是個 JavaScript 程式設計者,請不要失望——本書的守則還是很有用的啦!其實你不必去學怎麼用 C++ 寫程式,也能看懂本書裡的範例。基本上,程式碼多半大同小異——大致上就是一些迴圈啦、變數啦、函式之類的東西。也許外觀上有一些差異,但本書 C++ 範例裡的一些基本構想,全都可以直接轉換成 JavaScript,有時候甚至不需要什麼明顯的轉換!

本附錄就是關於這些轉換的說明——也就是如何看懂 C++ 程式碼,並在腦中把它轉換成相應的 JavaScript 程式碼。看完本附錄的內容之後,你應該還是沒辦法直接去寫 C++ 的程式碼(這恐怕需要一整本書才能說清楚),不過你應該會比較看得懂本書的 C++ 程式碼才對。

型別

現在應該來舉個例子了!下面就是一個簡單的函式,可用來計算出某個陣列裡所有數字的總和;首先來看看 JavaScript 的寫法[1]:

```
function calculateSum(numbers) {

    let sum = 0;

    for (let number of numbers)
        sum += value

    return sum;
}
```

---

[1] JavaScript 本身有很多種不同的版本。不管是好是壞,總之我選擇了 ES6。如果你還停留在比較早的版本,我只能說很抱歉了。

再來是 C++ 的寫法：

```cpp
int calculateSum(const vector<int> & numbers)
{
    int sum = 0;

    for (int number : numbers)
        sum += number;

    return sum;
}
```

嗯……這根本就是相同的程式碼——也許我們根本就不需要這個附錄嘛。

或許我們還是需要啦。由於 JavaScript 的語法深受 C 語法的影響，因此我不用像前面的 Python 附錄裡那樣，花時間去解釋大括號和分號的含義，不過這兩段程式碼之間，還是有許多奇怪的差別。

首先，C++ 裡所有的東西都有一定的作用範圍。你可以想像一下，範例裡所定義的每個變數前面其實都應該有一個 let 或 const，因為 C++ 裡所有的變數都隱含有這樣的意思。

如果你還沒接觸過 TypeScript——也許你整個程式設計生涯到目前為止，一直都很堅持直接使用 JavaScript——這樣的話，在 C++ 範例裡那種明確寫出型別的做法，可能就會讓你感到有點困擾。其中 int 和 const vector<int>& 這樣的型別標註會告訴 C++ 編譯器，隨後應該會看到什麼樣的值——以這個例子來說，就是一個整數和一個整數列表。編譯器真正去編譯程式碼之前，一定要先知道相應的型別。

JavaScript 當然也有各種不同的型別，不過它並不會強迫你特別去注意這些東西。如果你真的很想知道某個表達式的型別，也可以調用 typeof()，不過你通常並不會那麼在意。JavaScript 通常都要等到程式碼執行階段，才會把型別相關的細節整理出來，而不會在編譯階段做這件事。不過，情況也並非總是如此——你的 Web 瀏覽器就會非常努力去推斷出所有東西的型別，因為如果可以的話，JavaScript 還是可以編譯成更高效的形式，執行得更加快速。

C++ 則會直接跳到「執行得更加快速」的做法，不過在寫程式時會增加一些額外的工作。編譯器如果知道型別，也可以更早偵測出某一類的 bug，這是個非常大的好處。

你也可以看到，這兩種語言各自都提供了往另一種做法靠攏的寫法：新版的 C++ 可以讓你在很多情況下不用標註型別，而越來越流行的 JavaScript/TypeScript 則可以讓你標註型別。現在你已經可以寫出看起來更像 C++ 的 JavaScript/TypeScript：

```
function calculateSum(numbers: int[]): int {

    let sum: int = 0;

    for (let number of numbers)
        sum += number;

    return sum;
}
```

你也可以把 C++ 寫得更像 JavaScript 的感覺：

```
auto calculateSum(const vector<int> & numbers)
{
    auto sum = 0;

    for (auto number : numbers)
        sum += number;

    return sum;
}
```

本書的範例堅持使用 C++ 的「老派」寫法，用很明確的方式標示出相應的型別。這就是我們 Sucker Punch 公司所採納的政策性做法——我們認為這樣可以讓程式碼更容易閱讀，所以我在本書還是會持續採用這樣的實務做法。

陣列

C++ 和 JavaScript 表面上看起來好像很相似，但其中還是有無窮無盡的古怪差異。下面就是一個很簡單的範例，它會把陣列裡的值反轉過來；首先是 JavaScript 的寫法：

```
function reverseList(values) {

    let reversedValues = []

    for (let index = values.length; --index >= 0; ) {
```

```
        reversedValues.push(values[index]);
    }

    return reversedValues;
}
```

再來是 C++ 的寫法：

```
vector<int> reverseList(const vector<int> values)
{
    vector<int> reversedValues;

    for (int index = values.size(); --index >= 0; )
        reversedValues.push_back(values[index]);

    return reversedValues;
}
```

同樣的，這兩段程式碼看起來非常相似。在 C++ 裡，最接近 JavaScript 陣列的東西就是 vector 向量型別。這兩個東西的概念是相同的，不過細節稍有不同。在 JavaScript 裡，length 屬性會告訴你陣列裡有多少個元素。C++ 並沒有所謂的屬性，只有資料成員與方法；你可以去調用一個叫做 size() 的方法，來取得向量裡的元素數量。

JavaScript 陣列和 C++ 向量都可以添加新的元素。C++ 用的是 push_back() 方法，而 JavaScript 則是用 push()。這是一個非常簡單的轉換。

值得注意的是，雖然語法上很接近，但其中卻隱藏著非常大的差異。舉例來說，*values* 這個 JavaScript 陣列裡可以放入任何的東西——甚至可以混入各種完全不同的型別，比如 [1, "hello", true]。vector 這個 C++ 向量則一定是一個整數列表，裡頭絕不會有其他型別的東西。

不過你在讀 C++ 的範例時，這應該不是什麼問題。JavaScript 可以使用各種不同的型別，確實比 C++ 更加靈活，不過 JavaScript 一定也很樂意去處理一些型別很單純的列表。

物件類別

C++ 和 JavaScript 都有支援物件類別，而且語法上也沒有很大的差別。其實這兩種語言實作出物件類別的做法非常不同，不過這對於本書的範例來說並沒有那麼重要。如果你把 C++ 物件類別想像成一個 JavaScript 物件類別，

其中所有欄位（field）都是用 public 或 private 來宣告其欄位定義，這樣你就會發現，這些範例其實很容易理解。

下面就是實作出 3D 向量概念的一個 JavaScript 物件類別：

```javascript
class Vector {

    constructor () {
        ++Vector.#vectorCount;
    }

    set (x, y, z) {
        this.#x = x;
        this.#y = y;
        this.#z = z;
        this.#calculateLength();
    }

    getLength () {
        return this.#length;
    }

    static getVectorCount() {
        return Vector.#vectorCount;
    }

    #calculateLength () {
        this.#length = Math.sqrt(
                            this.#x ** 2 +
                            this.#y ** 2 +
                            this.#z ** 2);
    }

    #x = 0
    #y = 0
    #z = 0
    #length = 0

    static #vectorCount = 0
};
```

下面則是一個等效的 C++ 物件類別：

```cpp
class Vector
{
public:
```

```cpp
    Vector() :
        m_x(0.0f),
        m_y(0.0f),
        m_z(0.0f),
        m_length(0.0f)
        { ++s_vectorCount; }
    ~Vector()
        { --s_vectorCount; }

    void set(float x, float y, float z);

    float getLength() const
    {
        return m_length;
    }

    static int getVectorCount()
    {
        return s_vectorCount;
    }

protected:

    void calculateLength();

    float m_x;
    float m_y;
    float m_z;
    float m_length;

    static int s_vectorCount;
};

void Vector::set(float x, float y, float z)
{
    m_x = x;
    m_y = y;
    m_z = z;
    calculateLength();
}

void Vector::calculateLength()
{
    m_length = sqrtf(m_x * m_x + m_y * m_y + m_z * m_z);
}
```

Vector 這個物件類別的兩個版本都具有相同的用意，不過程式碼的內容被重新排列過了。在大多數情況下，轉換起來其實很簡單。在 JavaScript 裡，你必須透過 this 這個關鍵字或是物件類別的名稱，來明確指定所要存取的物件類別欄位：

```javascript
class Vector {

    getLength () {
        return this.#length;
    }

    static getVectorCount() {
        return Vector.#vectorCount;
    }

    #length = 0

    static #vectorCount = 0
};
```

C++ 在這些情況下也可以採用明確指定的做法——你可以分別使用 this-> 和 Vector:: 這兩種指定的方式，來消除掉一般成員與靜態成員引用的歧義——不過它也可以用一種隱晦的方式來使用成員，這其實也就是所有範例所使用的做法：

```cpp
class Vector
{
public:

    float getLength() const
    {
        return m_length;
    }

    static int getVectorCount()
    {
        return s_vectorCount;
    }

protected:

    float m_length;

    static int s_vectorCount;
};
```

這兩個範例也顯示了兩種語言處理成員可見性的做法。在 JavaScript 裡，私有的欄位名稱前面會加上一個井號（#）。C++ 則是用 private 這個關鍵字來達到此目的——它可用來標記出某個段落的開始，其中所宣告的所有方法和成員，都會被認為是私有的。本書所有的範例全都是採用 protected 這個關鍵字的做法。

接下來再看看構建函式！在 JavaScript 裡，建立一個新的 Vector 時，都會去調用一個特殊的 constructor 構建函式：

```javascript
class Vector {

    constructor () {
        ++Vector.#vectorCount;
    }
};
```

C++ 則是用物件類別本身的名稱，來作為這個方法的名稱。雖然如此（而且這實在有點讓人感到困惑），它還是被稱之為**構建函式**（*constructor*）：

```cpp
class Vector
{
public:

    Vector() :
        m_x(0.0f),
        m_y(0.0f),
        m_z(0.0f),
        m_length(0.0f)
        { ++s_vectorCount; }
};
```

C++ 物件類別還有一個在 JavaScript 裡並不真正存在的重要概念——**解構函式**（*destructor*）。建立物件時會調用物件的構建函式，銷毀物件時則會調用解構函式。解構函式也是用物件類別的名稱，不過這次會在前面加上波浪符號（~）：

```cpp
class Vector
{
public:

    ~Vector()
        { --s_vectorCount; }
};
```

在 JavaScript 裡並沒有真正可以對應的東西——最接近的做法就是用一個 FinalizationRegistry 物件來註冊一個回調函式，這是 JavaScript 最近才剛加入、（可以說）還不太成熟的一種補充做法。這樣的機制與 C++ 解構函式的行為並不完全相同。在 C++ 裡，只要物件一超出有效作用範圍，馬上就會去調用解構函式。下面就是一個範例，其中 a 這個 Vector 會被建立起來，以作為函式內部的一個局部變數：

```
void functionA()
{
    printf("%d, \n", Vector::getVectorCount());
    Vector a;
    printf("%d, \n", Vector::getVectorCount());
};

Vector b;
functionA();
printf("%d\n", Vector::getVectorCount());
```

執行這段程式碼的輸出結果為「1, 2, 1」—— functionA 這個函式執行完之後，a 的解構函式就會被調用，所以 s_vectorCount 的值馬上就會被減掉一。在 JavaScript 中，任何終結式的回調函式全都是由垃圾回收機制所觸發的，而垃圾回收的時間點則是與實作方式很有關係。在 JavaScript 裡並沒有很可靠的方式，可以掌握到之前 C++ 範例裡相同的時間點。

這實在太糟糕了。缺少解構函式確實讓我們無法使用某些有用的技巧—— Sucker Punch 公司的程式碼通常會使用物件生命週期來作為管理一些東西的可靠方式，你在 C++ 的範例中，就會看到一些例子。請記住，解構函式會立刻被調用，所以你可以馬上跟進，做出一些必要的反應。

宣告與定義

接下來，我們就來看看如何把函式的宣告與定義切分開來。在 JavaScript 裡，物件類別裡所有的方法，全都是在物件類別本身進行定義：

```
class Vector {

    set (x, y, z) {
        this.#x = x;
        this.#y = y;
        this.#z = z;
        this.#calculateLength();
```

```
    }

    getLength () {
        return this.#length;
    }
```

本書有許多範例都會用 C++ 來做同樣的事情：

```cpp
class Vector
{
public:

    float getLength() const
    {
        return m_length;
    }
};
```

不過也有一些情況下，範例會把方法的宣告部分拆開來，移到其他的位置。
首先，程式碼會先用一個給定的名稱與型別簽名，來建立一個方法：

```cpp
class Vector
{
public:

    void set(float x, float y, float z);
};
```

然後再另外去定義函式的內容：

```cpp
void Vector::set(float x, float y, float z)
{
    m_x = x;
    m_y = y;
    m_z = z;
    calculateLength();
}
```

這兩種形式在 C++ 的編譯方式通常並不相同，在物件類別內部定義的方法
會以 *inline* 的方式來進行編譯，這也就表示在調用到函式的任何地方，都會
單獨複製一份函式的副本，而獨立進行定義的函式則只會存在一個副本。不
過，這點對於本書的範例來說並不重要，所以各位並不用太擔心這其中的
區別。

函式多載（Overloading）

C++ 有某些功能，在 JavaScript 裡並沒有直接對應的東西。當然也有一些反過來的情況——JavaScript 也有很多功能是 C++ 所沒有的——不過那些東西在這裡並不重要，因為我們的重點是看懂 C++ 程式碼。

JavaScript 程式設計者可能會感到困惑的一件事，就是看到兩個具有相同名稱的函式。下面就是 C++ 的一個範例：

```cpp
int min(int a, int b)
{
    return (a <= b) ? a : b;
}

int min(int a, int b, int c)
{
    return min(a, min(b, c));
}

void example()
{
    printf("%d %d\n", min(5, 8), min(13, 21, 34));
}
```

你或許會搞不清楚怎麼回事——如果你去調用這個 min 函式，實際上調用的是哪個版本呢？實際上，C++ 編譯器會根據參數來做出判斷。如果有兩個整數送進來，就會調用第一個；如果有三個整數，就會調用第二個。example 這個函式最後會給出 5 和 13 的結果。

在 JavaScript 裡，你要寫的則是一個可支援任意數量參數的 min 函式。大概是像下面這樣：

```javascript
function min () {

    if (arguments.length == 0)
        return Infinity;

    let result = arguments[0];
    for (let index = 1; index < arguments.length; ++index) {
        result = Math.min(result, arguments[index])
    }

    return result;
}
```

當然囉，其實這就是 Math.min 的功用，所以根本就不用再靠我們自己去寫這
個函式！

樣板（Template）

另一個來自 C++、但 Javascript 裡並沒有的概念就是「樣板」（template）。
簡單說的話：C++ 樣板就是一種可以處理多種型別的程式碼寫法。編譯器會
針對所使用到的每一組型別，用這個樣板來產生出相應的新程式碼。

本附錄的第一個範例，就是對一個整數值陣列求和。如果你想對一組浮點值
求和，你可以另外寫出一段新的程式碼：

```
float calculateSum(const vector<float> & numbers)
{
    float sum = 0;

    for (float number : numbers)
        sum += number;

    return sum;
}
```

或者你也可以利用樣板的做法，寫出單一版本的 calculateSum，然後再讓編
譯器來為你完成這件事：

```
template <class T>
T calculateSum(const vector<T> & numbers)
{
    T sum = T(0);

    for (T number : numbers)
        sum += number;

    return sum;
}
```

樣板化版本的 calculateSum 可適用於任何型別，只要可以使用 += 運算符
號、也支援 0 作為其值的型別，都可以使用這個樣板函式。對於整數和浮點
值來說，這兩個要求都沒有問題，而且就算要擴展到其他型別也很容易。
舉例來說，像是之前那個 Vector 物件類別，你只要幫它實作出 += 和 0 的能
力，由 Vector 所組成的陣列就能具有求和的能力。

在 JavaScript 裡,這些東西全都是不需要的。我只要用 JavaScript 寫出一個可用來對列表裡的值進行求和的程式碼,它自然就能適用於任何可支援加法、初始值為 0 的型別:

```javascript
function calculateSum(number) {

    let sum = 0;

    for (let number of numbers)
        sum += number

    return sum;
}
```

如果你在範例裡看到 C++ 的樣板語法,這些程式碼通常都可以直接在 JavaScript 裡正常運作,而無須針對樣板程式碼做出什麼調整。

指針與參照

最後一個東西,在 JavaScript 裡基本上都被隱藏了起來,不過 C++ 還是會讓程式設計者去擔心這個東西,那就是在傳遞參數時,究竟是要「傳值」(by value)還是「傳引用參照」(by reference;也就是所謂的「傳址」)。在 JavaScript 裡,像數字或字串這類的簡單型別,都是採用傳值的做法——只要是指定某個值給變數,或是傳遞某個參數給函式,都會建立一個新的副本。至於列表或物件之類的型別,就比較複雜了。下面就是一個範例:

```javascript
function makeChanges (number, numbers) {
    number = 3;
    numbers.push(21);
    console.log(number, numbers);
}

let globalNumber = 0;
let globalNumbers = [3, 5, 8, 13];

console.log(globalNumber, globalNumbers);
makeChanges(globalNumber, globalNumbers);
console.log(globalNumber, globalNumbers);
```

執行這段程式碼就會得到下面的結果:

```
0 [3, 5, 8, 13]
3 [3, 5, 8, 13, 21]
0 [3, 5, 8, 13, 21]
```

你可以注意到,簡單的值在 makeChanges 這個函式內部會變成 3,然後從 makeChanges 回來之後又會變回原來的 0,不過列表的變動則沒有變回原來的樣子。這是因為 0 是用傳值的方式被送進函式的。在調用 makeChanges 時,實際上是製作了一個新的副本。當 makeChanges 把 number 設成 3 時,它只會改動到這個副本而已。

不過 JavaScript 並沒有幫 globalNumbers 這個列表另外製作出一個副本——它只是把原本那個列表送了進去。numbers 和 globalNumbers 都是對應到同一個列表。當我們用 append 把 21 添加進去時,它就會被附加到這個列表的最後面。不管你是在函式 return 之前列印 numbers,或是在函式 return 之後列印 globalNumbers,結果都會出現 21,因為在這兩種情況下,列印的都是同一個列表。

相較之下,C++ 的做法就會讓這一切變得更加明確。所有的變數和參數,全都必須用很明確的方式指出,究竟是採用傳值還是傳引用參照的做法。之前的 JavaScript 程式碼相應的 C++ 寫法如下:

```cpp
void makeChanges(int number, vector<int> & numbers)
{
    number = 3;
    numbers.push_back(21);
    cout << number << " " << numbers << "\n";
}
```

numbers 前面的 & 符號很重要——它會告訴編譯器,這個參數傳的是引用參照,而不是傳值,所以編譯器在調用 makeChanges 時並不會另外去製作出一個副本。number 沒有 & 符號,所以編譯器就會幫 number 製作出一個副本。

如果把 & 符號交換位置,編譯器就會幫 numbers 製作出一個副本,而 number 則沒有副本:

```cpp
void makeChanges(int & number, vector<int> numbers)
{
    number = 3;
    numbers.push_back(21);
    cout << number << " " << numbers << "\n";
}
```

這個版本就會得出不同的輸出結果。現在那個簡單的值會被永久改變掉，而列表則會跳回到原本的值：

```
0 [3 5 8 13]
3 [3 5 8 13 21]
3 [3 5 8 13]
```

本書的範例通常會使用引用參照，以避免一些很佔空間的值，用很高的成本去製作副本。在很多情況下，引用參照經常會搭配 const 這個關鍵字來進行標記，這樣一來，雖然是採用引用參照的做法，但它的值卻不會被改變。在本附錄的第一個 C++ 範例中，就曾經出現過這樣的用法（而且當初並沒有任何解釋）：

```
int calculateSum(const vector<int> & numbers);
```

在這樣的用法下，numbers 並不會生成不會生成任何的副本，不過編譯器也不會允許對 numbers 進行任何的改動。實際上，這樣就跟傳值的效果很相似，只不過成本就會低很多了。

最後要注意的是，在少數情況下，範例裡也會使用其他的（哎！）C++ 語法，來透過引用參照傳遞某些東西——這個做法就是會用到所謂的「指針」（pointer）。指針和引用參照幾乎是相同的東西，如果你只是想搞清楚程式碼究竟在做什麼，那麼這兩者之間的區別就沒有那麼重要了。語法上主要的差異就是：

- 定義指針時用的是 * 這個符號，而不是 &。

- 用指針來取得成員時，使用的是 -> 而不是 . 點號。

- 如果要把指針轉換成一個引用參照，你可以使用 *；如果要把引用參照轉換成指針，你可以使用 &。

下面就是用指針所寫出來的範例程式碼：

```
void example(int number, vector<int> * numbers)
{
    number = 3;
    numbers->push_back(21);
    cout << number << " " << *numbers << "\n";
}

void callExample()
{
    int number = 0;
```

```
    vector<int> numbers = { 3, 5, 8, 13 };
    cout << number << " " << numbers << "\n";
    example(3, &numbers);
    cout << number << " " << numbers << "\n";
}
```

只要參數在概念上是要傳值，本書的範例就會採用 const 搭配引用參照的寫法；實際上，參數傳值的代價是很高的。至於其他所有的情況，我們都是採用指針的寫法。

索引

A

D

關於作者

Chris Zimmerman 於 1997 年與他人共同創立了視頻遊戲工作室 Sucker Punch 公司,並在這 20 多年來,帶領程式設計團隊開發了許多成功的視頻遊戲,其中包括三款《Sly Cooper》遊戲,以及五款《inFamous》系列遊戲,最後推出了 2020 年度最具代表性的遊戲之一《對馬戰鬼》(*Ghost of Tsushima*)。他的時間分配主要都是在進行設計和寫程式,比如《對馬戰鬼》遊戲中的肉搏戰就是他負責的,而且他還建立了一個二十多人的程式設計團隊,並負責日常的管理工作。在創立 Sucker Punch 公司之前,他曾在微軟工作了大約十年左右,不過他在那裡所做的工作,並不是那麼有趣。他於 1988 年從普林斯頓大學畢業,因此他所擁有的橙色衣服,一定比你還多。

出版記事

封面設計與原創封面藝術設計,都是由 Susan Thompson 完成的。

程式設計守則｜如何寫出更好的程式碼

作　　者：Chris Zimmerman
譯　　者：藍子軒
企劃編輯：詹祐甯
文字編輯：江雅鈴
設計裝幀：陶相騰
發 行 人：廖文良

發 行 所：碁峰資訊股份有限公司
地　　址：台北市南港區三重路 66 號 7 樓之 6
電　　話：(02)2788-2408
傳　　真：(02)8192-4433
網　　站：www.gotop.com.tw
書　　號：A741
版　　次：2024 年 03 月初版
　　　　　2024 年 07 月初版二刷
建議售價：NT$620

國家圖書館出版品預行編目資料

程式設計守則：如何寫出更好的程式碼 / Chris Zimmerman
原著；藍子軒譯. -- 初版. -- 臺北市：碁峰資訊, 2024.03
　　面；　公分
　　譯自：The Rules of Programming.
　　ISBN 978-626-324-739-0(平裝)

1.CST：電腦程式設計

312.2　　　　　　　　　　　　　　　113000572

商標聲明：本書所引用之國內外公司各商標、商品名稱、網站畫面，其權利分屬合法註冊公司所有，絕無侵權之意，特此聲明。

版權聲明：本著作物內容僅授權合法持有本書之讀者學習所用，非經本書作者或碁峰資訊股份有限公司正式授權，不得以任何形式複製、抄襲、轉載或透過網路散佈其內容。
版權所有‧翻印必究

本書是根據寫作當時的資料撰寫而成，日後若因資料更新導致與書籍內容有所差異，敬請見諒。若是軟、硬體問題，請您直接與軟、硬體廠商聯絡。